U0274413

"十三五"国家重点出版物出版规划项目

载人航天出版工程
总 主 编：周建平
总 策 划：邓宁丰

空 间 救 援

——确保载人航天飞行的安全

Space Rescue

Ensuring the Safety of Manned Spaceflight

[英]戴维·J·谢勒(David J. Shayler)　著

曹晓勇　译

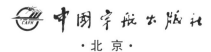

中国宇航出版社

·北京·

Translation from the English language edition：
Space Rescue，Ensuring the Safety of Manned Spaceflight by David J. Shayler
Copyright © Praxis Publishing Ltd，Chichester，UK，2009
Praxis Publishing Ltd. is a part of Springer Science＋Business Media
All Rights Reserved

　　本书中文简体字版由著作权人授权中国宇航出版社独家出版发行，未经出版者书面许可，不得以任何方式抄袭、复制或节录本书中的任何部分。

　　著作权合同登记号：图字：01－2013－4858 号

图书在版编目（CIP）数据

　　空间救援：确保载人航天飞行的安全／（英）戴维·J.谢勒（David J. Shayler）著；曹晓勇译 . --北京：中国宇航出版社，2017.8

　　书名原文：Space Rescue：Ensuring the Safety of Manned Spaceflight

　　ISBN 978-7-5159-1148-9

　　Ⅰ.①空…　Ⅱ.①戴…　②曹…　Ⅲ.①载人航天—救援　Ⅳ.①V445

　　中国版本图书馆 CIP 数据核字（2016）第 171811 号

| 责任编辑 | 马　航 | 封面设计 | 宇星文化 |

出　版
发　行　　**中国宇航出版社**

社　址	北京市阜成路 8 号	邮　编	100830
	（010）60286808		（010）68768548
网　址	www.caphbook.com		
经　销	新华书店		
发行部	（010）60286888		（010）68371900
	（010）60286887		（010）60286804（传真）
零售店	读者服务部		
	（010）68371105		
承　印	北京画中画印刷有限公司		
版　次	2017 年 8 月第 1 版		2017 年 8 月第 1 次印刷
规　格	880×1230	开　本	1/32
印　张	14	字　数	444 千字
书　号	ISBN 978-7-5159-1148-9		
定　价	128.00 元		

本书如有印装质量问题，可与发行部联系调换

《载人航天出版工程》 总序

  中国载人航天工程自 1992 年立项以来，已经走过了 20 多年的发展历程。经过载人航天工程全体研制人员的锐意创新、刻苦攻关、顽强拼搏，共发射了 10 艘神舟飞船和 1 个目标飞行器，完成了从无人飞行到载人飞行、从一人一天到多人多天、从舱内实验到出舱活动、从自动交会对接到人控交会对接、从单船飞行到组合体飞行等一系列技术跨越，拥有了可靠的载人天地往返运输的能力，实现了中华民族的千年飞天梦想，使中国成为世界上第三个独立掌握载人航天技术的国家。我国载人航天工程作为高科技领域最具代表性的科技实践活动之一，承载了中国人民期盼国家富强、民族复兴的伟大梦想，彰显了中华民族探索未知世界、发现科学真理的不懈追求，体现了不畏艰辛、大力协同的精神风貌。航天梦是中国梦的重要组成部分，载人航天事业的成就，充分展示了伟大的中国道路、中国精神、中国力量，坚定了全国各族人民实现中华民族伟大复兴中国梦的决心和信心。

  载人航天工程是十分复杂的大系统工程，既有赖于国家的整体科学技术发展水平，也起到了影响、促进和推动着科学技术进步的重要作用。载人航天技术的发展，涉及系统工程管理，自动控制技术，计算机技术，动力技术，材料和结构技术，环控生保技术，通信、遥感及测控技术，以及天文学、物理学、化学、生命科学、力学、地球科学和空间科学等诸多科学技术领域。在我国综合国力不断增强的今天，载人航天工程对促进中国科学技术的发展起到了积极的推动作用，是中国建设创新型国家的标志性工程之一。

  我国航天事业已经进入了承前启后、继往开来、加速发展的关键时期。我国载人航天工程已经完成了三步走战略的第一步和第二步第一阶段的研制和飞行任务，突破了载人天地往返、空间出舱和空间交会对接技术，建立了比较完善的载人航天研发技术体系，形成了完整配套的研制、生产、试验能力。现在，我们正在进行空间站工程的研制工作。2020年前后，我国将建造由20吨级舱段为基本模块构成的空间站，这将使我国载人航天工程进入一个新的发展阶段。建造具有中国特色和时代特征的中国空间站，和平开发和利用太空，为人类文明发展和进步做出新的贡献，是我们航天人肩负的责任和历史使命。要实现这一宏伟目标，无论是在科学技术方面，还是在工程组织方面，都对我们提出了新的挑战。

以图书为代表的文献资料既是载人航天工程的经验总结，也是后续任务研发的重要支撑。为了顺利实施这项国家重大科技工程，实现我国载人航天三步走的战略目标，我们必须充分总结实践成果，并充分借鉴国际同行的经验，形成具有系统性、前瞻性和实用性的，具有中国特色的理论与实践相结合的载人航天工程知识文献体系。

《载人航天出版工程》的编辑和出版就是要致力于建设这样的知识文献体系。书目的选择是在广泛听取参与我国载人航天工程的各专业领域的专家意见和建议的基础上确定的，其中专著内容涉及我国载人航天科研生产的最新技术成果，译著源于世界著名的出版机构，力图反映载人航天工程相关技术领域的当前水平和发展方向。

《载人航天出版工程》凝结了国内外载人航天专家学者的智慧和成果，具有较强的工程实用性和技术前瞻性，既可作为从事载人航天工程科研、生产、试验工作的参考用书，亦可供相关专业领域人员学习借鉴。期望这套丛书有助于载人航天工程的顺利实施，有利于中国航天事业的进一步发展，有益于航天科技领域的人才培养，为促进航天科技发展、建设创新型国家做出贡献。

2013 年 10 月

谨以此书

献给那些找到了确保航天员飞行安全方法的人们，

献给系统设计师和程序设计师，

献给训练团队、安全团队、控制人员和航天员。

因为他们拥有奉献精神和坚定信念：即使任务出现差错，也有时间和设备来解决问题，保证航天员的安全。

地月系统

致　谢

　　本书根据近 40 年间收集的资料和文献编撰而成，是对这些资料和文献的浓缩，是对早期航天事故和灾难文献以及本人其他作品的补充，也是对本书结尾参考书目中列出的实践出版社（Praxis）航天科学系列丛书的扩展。

　　如果没有相关人员和机构对本人工作的持续支持和协助，本书就无法完成。非常感谢我的同事：科林·伯吉斯（Colin Burgess），迈克尔·卡萨特（Michael Cassutt），约翰·查尔斯（John Charles），菲尔·克拉克（Phil Clark），雷克斯·霍尔（Rex Hall），戴维·哈兰德（David Harland），布赖恩·哈维（Brian Harvey），巴特·亨德里克斯（Bart Hendrickx），戈登·胡珀（Gordon Hooper），詹姆斯·奥伯格（James Oberg），安迪·萨尔门（Andy Salmon），阿西夫·西迪奇（Asif Siddiqi），伯特·维斯（Bert Vis）和安迪·威尔逊（Andy Wilson）。感谢罗伯特·埃德加（Robert Edgar）在 20 世纪 70 年代对本书提供的早期研究指导，感谢蒂姆·弗尼斯（Tim Furniss）的帮助。

　　特别感谢马克·韦德（Mark Wade）和他的在线参考网站"航天员大百科"（Encyclopaedia Astronautix），感谢位于伦敦的英国行星际协会的职员和他们提供的资源。

　　此外，要感谢美国国家航空航天局、欧洲空间局和俄罗斯航天局的公共事务部的帮助，同时还要感谢许多期刊，包括《航空周刊与航天技术》（*Aviation Week and Space Technology*）、《国际飞行》（*Flight International*）和美国国家航空航天局约翰逊航天中心出版的文集。

　　我必须向美国和俄罗斯的航天员前辈们献上真诚的感谢，他们让我们更加深入地了解了他们的职业生涯，包括生存培训、飞行准备和多年飞行任务的经历。特别感谢参与过天空实验室和航天飞机任务的前航天员保罗·J·维兹（Paul J. Weitz）为本书作序。

　　我要感谢我的家人，谢谢他们在本书编写过程中对我的帮助、支持和鼓励，使得这本书的写作要比之前的书容易得多。再次感谢的我的兄弟麦克（Mike），他完成了本书的初期编辑工作。

　　我要感谢实践出版社的克莱夫·霍伍德（Clive Horwood）和施普林格出版社（Springer - Verlag）的团队，他们一直支持我的工作，感谢吉姆·威尔基（Jim Wilkie）一直为我的著作设计封面。谢谢尼尔·沙特伍德（Neil Shuttlewood）和发起人出版社（Originator）的员工，感谢他们对本书进行了编辑和排版。

　　航天事业是团队合作的事业，写书出版也是如此，尽管封面上只出现一个作者名字，但其背后也是团队工作。作家的生存方式实际上是要把自己初期的草稿转化为最终出版的书，这个过程需要依靠幕后团队的支持，这与太空探险家不仅需要值得信任的设备和程序，还需要地面支持团队的指导，才能克服困难，脱离困境如出一辙。

　　在这次漫长、艰难和令人沮丧的旅途行将结束时，我要再次感谢我的支持团队。

　　特别感谢我的妈妈吉恩·谢勒（Jean Shayler）女士，她即将80岁了，她一直是我的坚强后盾，支持我每一项工作。谢谢妈妈，我爱你！

作者序

20世纪60年代末，美国和苏联都想成为第一个将人类送上月球的国家。那时，我也迷上了媒体所谓的"月球竞赛"。1969年，当我深入了解了阿波罗和联盟号任务之后，发现美苏双方在取得一定成功的背后也发生了许多悲剧。1967年1月，阿波罗1号在发射台起火，导致3名美国航天员丧生；3个月后，苏联联盟1号在着陆时返回舱中唯一一名航天员丧生。至今我还清楚地记得学校举行纪念阿波罗1号航天员的仪式，我也记得1970年阿波罗13号飞行任务几乎失败后次日的报道，我还记得次年3名航天员完成首次空间站任务后乘坐联盟11号返回时丧生的报道。当载人航天面临这些挫折时，新闻媒体报道了有关载人航天未来发展的细节问题，许多媒体还推出了专刊，探索在未来任务中如何营救受困于故障航天器中的航天员。

最近，我在本地一家电影院观看了1969年的故事片《蓝烟火》(*Marooned*)，改编自马丁·凯丁 (Martin Caidin) 1964年出版的书。影片中描述了美国航天员受困于地球轨道后，人们必须采取救援行动营救航天员的故事，在营救过程中，苏联也提供了一定的帮助。1970年圣诞节，我收到了一本名为《空间每日镜书》 (*Daily Mirror Book of Space*) 的书，其中有一章名为"如果……那将会怎样？"，专门研究以阿波罗13号为背景的未来空间救援前景。我从中了解了以往载人航天器逃生系统和紧急着陆的训练细节，以及用于营救天空实验室上的航天员的飞行器的研究前景，从而对航天员在不利环境中的逃生方法越来越感兴趣。

多年来，我收集了有关各类逃生系统的材料，以及无法使用逃生系统的航天事故真实实例。这些研究成果也促成本系列丛书之一的《载人航天飞行中的事故与灾难》（*Disasters and Accidents in Manned Spaceflight*）一书于 2000 年出版。由于篇幅限制，许多内容都没有包含进来，包括航天员可使用的各种逃生方法，以及专为受困航天员开发的各种逃生和救援系统与程序。其中有许多计划从未付诸实践，有些则已经应用了数十年，还有些则是由于多起事件连续发生的速度太快，根本就无法使用。

　　假如事先已经知道无法安全返回地球，那么任何航天员都不愿去执行飞行任务。尽管如此，大部分乘坐火箭进入太空执行任务的航天员都很清楚自己将要面临的风险和危险。或许对那些航天飞行生涯不长或经过充分训练的人来说，风险和威胁并不是很明显，但是大部分航天员都相信任务能够成功，并且可以安全返回地球。航天员都很清楚，哪些安全和救援系统可以使用，但是他们都不希望训练内容变成现实，并依靠紧急程序完成逃生。

　　本书讲述了航天事故的另外一面：载人航天的救援与安全，包括在发射台上、发射期间、空间飞行和返回地球等阶段。除挑战者号和哥伦比亚号有生动鲜明且悲惨的照片记录以外，载人航天历史上还写满了其他无数的事故：阿波罗 1 号、联盟 1 号和联盟 11 号、1966 年接近失败的双子座 8 号、阿波罗 13 号、1975 年联盟号发射失败、1983 年联盟号紧急中断发射。针对意外情况下使用救援系统的紧急训练和防备仍将是载人空间探索中的重要内容。随着我们的探索目的地向深空延伸，快速返回地球的救援路线图或许并不是最好或者最安全的方式。对未来的太空探险家来说，救援系统可以令人安心，但是真正用起来则是另外一回事了。

戴维·J·谢勒

航天信息服务公司（www. astroinfoservice. co. uk）主任

英国西米德兰兹郡，黑尔斯欧文

2008 年夏

保罗·J·维兹序

人类具有天生的探索欲望——去看一看山的那一边、河的那一侧有什么，或是距离我们最近的行星之外有什么。正如《人工重力和翘曲航行——企业号飞船上的生活真好》（*Artificial Gravity and Warp Drive—Life is Good on the Starship Enterprise*）一书中皮卡德（*Picard*）舰长所说的"大胆地探索别人没去过的地方"。我坚信我们会坚持这样做。因此，在航天器设计中仍应强调航天员的安全性。

保罗·J·维兹

　　任何航天器设计的主要目标都是取得任务成功，这要求进行一定的冗余设计，采取一定的自动防故障措施。当航天器还需要搭乘航天员时，相关的生命保障要求将使问题复杂化，不但使设计更复杂，对系统安全性的要求也更高。部分功能尽管非常可取，但是会带来其他许多问题。例如具有完全功能的航天员逃生舱，其本质上就是航天器内部的一个子航天器，但是由于其质量较大，因此对设计、试验和检验的要求更加苛刻。

　　在阿波罗任务和天空实验室任务期间，我们在华盛顿州东南部进行了沙漠生存训练，在巴拿马进行了丛林生存训练。我们也在水下指令舱中练习了紧急逃生程序。1983 年执行 STS - 6 任务时，我们穿的是飞行服，而不是增压服。因此，我们的应急程序仅限于成功着陆后，从侧舱门或顶舱门出舱。当然，在挑战者号事故之后，增压服重新得到使用，航天员也必须训练使用伸缩杆进行跳伞。

维兹在监控天空实验室的阿波罗望远镜控制台

　　作为航天员和管理人员，我发现保证安全的最好办法是在航天器和地面保障系统的设计中融入最高的可靠性，这样采取逃生和救援行动的概率就会最低。但是，地球上和空间中的任何旅行都无法保证 100% 的安全和人员生还。因此，我们面临的挑战就是要设计尽可能接近 100% 安全的航天器。

保罗·J·维兹①

美国海军上校，已退役

1966—1994 年任美国国家航空航天局航天员

1973 年任天空实验室 2 号驾驶员

1983 年任 STS-6 指令长

---

① 保罗·维兹于 1966 年通过选拔参加阿波罗计划，在 1970 年阿波罗 20 号取消之前一直是指令舱航天员的第一候选人。后来加入天空实验室任务，1973 年飞向空间站，完成了为期 28 天的任务，并且于 1983 年挑战者号的首次飞行（OV-099）任务中担任指令长。此后曾在美国国家航空航天局担任多个管理职位，直到 1994 年退休。

前　言

　　受困于太空并且没有营救的希望，不仅是太空探险者的噩梦，对地面控制人员、管理人员、行政人员以及航天员的家人来说也是如此。尽管没人希望发生这种惨剧，但是这一直是科幻小说的主题。事实上，故事片中常见的飞机题材将逐渐扩展到科幻领域，救援希望渺茫或根本不存在获救机会的受困航天员成为主角。引人入胜的故事之所以能够吸引观众是因为其结局总是不太圆满。从标志性的书籍和电影例如 1968 年的《2001：空间奥德赛》（2001：*A Space Odessey*），以及近期描述载人登陆火星的电影，救援场景通常都是其中不可缺少的情节。

　　空间救援同样是小说的永恒主题，马丁·凯丁于 1964 年出版的《蓝烟火》（*Marooned*）就是一部具有里程碑意义的作品，书中讲述了营救受困于地球轨道的航天员的故事。1963 年，小说初稿完成，正值水星号和东方号任务期间，双子座号和联盟号执行飞行任务之前。因此，对作者来说，技术准确性非常重要。1964 年，小说的电影版权出售，历经 5 年的拍摄，电影版的《蓝烟火》问世。其中的剧本和故事情节有所更新，增加了阿波罗飞船和一名航天员（代号为铁人 1 号）访问轨道工作室（后来命名为天空实验室）的情节。在太空中度过数周的时间后，航天员按计划将要返回地球，但是飞船的主发动机无法点火，同时飞船上的氧气量也越来越少，地面人员与时间赛跑，发射救援飞船，实施救援行动。影片中苏联人也参与进来，专门发射了搭载一名航天员的联盟号飞船，试图营救受困的美国航天员。铁人 1 号和营救航天员的故事是整书的主线，其中还讲述了长期太空飞行给航天员带来的紧张和压力、国际合作以及严酷的空间环境等方面的问题。影片上映第 2 年，阿波罗 13 号事件就登上了报纸的头条，空间救援问题成为现实。具有讽刺意味的是，1973 年，天空实验室在执行飞行任务期间，指令服务舱 2 号推力器出现故障，当时几乎就要发射救援飞船。当然，最终这次任务并不需要实施救援行动，航天员在空间飞行 59 天后安全返回地球。

1981 年哥伦比亚号航天飞机首次发射前夕，戴维·C·昂利（David C. Onley）就 STS-1 任务写了一本书，名为《航天飞机：令人震惊的空间灾难故事》（Shuttle：A Shattering Novel of Disaster in Space）。现代技术在这本书中依然是主题。书中的哥伦比亚号航天飞机计划由名为约克郡的有人驾驶超声速喷气式运输机从空中发射。这个方案最初也是实际建议的航天飞机发射方式之一，利用大型返回式助推器将轨道器送入太空，随后返回。由于技术难题和成本问题，最初的设计方案有所改动，由一对固体火箭助推器和一个外贮箱代替了返回式推进器。但是在昂利的书中，这个最初的设计方案成为导致航天事故、潜在的灾难和有希望的救援行动的原因。约克郡助推器出现重大故障，唯一的解决办法就是哥伦比亚号携带故障推力器进入太空。随后，书中讲述了如何发射另一架航天飞机，并营救两名受困航天员的故事。

两年后，一部由李·梅杰斯（Lee Majors）〔因出演《六百万美元先生》（Six Million Dollar Man）而闻名〕出演的电影也讲述了超声速飞机受困于太空、利用航天飞机实施救援的故事。影片名为《星际巡航号：不能着陆的飞机》（Starflight：The Plane that Couldn't Land）（影片中飞船名为星际巡航 1 号），"参演"的航天飞机同样名为哥伦比亚号。

在这部影片中，星际巡航号首次超声速飞行是从洛杉矶飞往澳大利亚悉尼，花了 2 个小时的时间。发射之后，星际巡航号撞上了运载火箭的碎片，该火箭在运载通信卫星时发生故障并爆炸，碎片遗留在超声速飞机的航线上。由于无法清除碎片，超声速飞机的燃烧冲压喷气发动机发生故障，导致引擎无法关闭，而星际巡航号飞行方向也偏离了预定轨道。随着燃料一点点消耗，飞机困在轨道中。地面人员发射了哥伦比亚号，对航天员实施救援。两次航天飞机发射之间的周转时间较短，有可能在数小时内发射多个轨道器实施救援，但是必须赶在大气阻力将超声速飞机高度拉低、并导致最终被摧毁之前。因此，可以采用由一个轨道器作为保护、飞机跟在其后的方案，利用空气阻力和跳跃式再入，最终实现安全着陆。

　　3 年后，真实的挑战者号航天飞机失事。具有讽刺意味的是，哥伦比亚号在《星际巡航》中担任配角的 20 年后，真实的哥伦比亚号航天飞机在 STS - 107 任务中也失事了。尽管此次任务过后，人们利用亚特兰蒂斯号作为模型，对救援方案进行了研究，但是其中许多假设的救援任务还是让我们联想起了 1981 年小说和 1983 年电影中的情节。

　　20 世纪 60 年代中期，美国提出了许多空间援救概念，马丁公司的（美国）国家轨道救援服务（National Orbital Rescue Service，NORS）概念就是其中之一。1965 年，马丁公司建议 NORS 应立即着手，以分阶段的方式实施，带头建议的是前美国退伍军人协会指挥官——咨询师厄尔·科克（Earl Cocke）。马丁公司建议，项目开发时间为 10 年，预计每年预算为 5 000 万美元（以 1965 年美元价值计算），其中包括一个临时性救援系统，在常规系统处于开发中时服役。这份建议首先递交给国家航空航天委员会，然后再转给时任国防部长的塞勒斯·万斯（Cyrus Vance），以便总统审阅。NASA 局长詹姆斯·韦伯（James Webb）当时认为，尽管未来任务中应当考虑空间救援问题，但是开发一个实用的空间救援系统为时尚早（Welsh，1965；Vance，1965）。

　　在给总统特别助理比尔·莫耶斯（Bill Moyers）的简报中，塞勒斯·万斯称，就马丁公司的建议而言，如果美国空军的载人轨道实验室项目按当时计划进度进行，那么航天员的安全性就要比早先的任务高得多。双子星座号飞船可作为"空间救生艇"，在选择优先的离轨和着陆序列之前有大约 6 h 的在轨运行能力。此外，载人轨道实验室拥有与双子星座号和阿波罗号相同的设计冗余，而且经过了大量的质量检验，并且在飞行的各个阶段都设置了航天员异常中止模式。

对于单独的空间救援服务来说（即与基础飞行硬件相分离），只有具备了快速发射能力时才有价值。此外，还必须在不确定条件下确保交会对接顺利完成，救援航天器的可靠性要比被救援航天器的可靠性高。这些技术在双子星座号、阿波罗号和载人轨道实验室任务中都已开发，但是在实际验证之前，单独的空间救援项目都不存在合理且真实的目标。

塞勒斯·万斯还称："未来某天，我们的航天员有可能困在轨道中。而航天员也很有可能因此牺牲，尽管采取放任不管的处理方式的可能性比较小，但国家在航天项目中必须预见到生命的损失。在我们的运载火箭发展历史中已经牺牲了多条生命。如果说，要我们的航天历史上没有牺牲，那么就是对民众撒谎。"

很明显，只要载人航天项目的能力和水平发展的速度足够快，那么未来就一定会发展空间救援计划，而且国防部将在常规行动以及救援行动中发挥更大的作用。人们过去已经对商业航空和商业航海的救援行动进行了比较。航空和航海领域都采用了各种实际预防措施以降低灾难发生的概率，并且确保无论何处发生重大事故，都具备有效且可行的救援设施营救乘客。针对每一次载人航天任务，美国国防部在全球各地都部署了大量的飞机和舰艇，这就是典型的救援行动。万斯还提出，（当时的）水下救援仅能达到 400 ft（1 ft＝0.304 8 m）的深度，与广袤的海洋相比，这个区域只占很小的比例，如果在这个深度以外发生事故，那么将和受困于太空的情况相似，难以实施救援。

塞勒斯·万斯称，在当时，并没有发现专门研究面向独立的空间救援服务有何好处，但是他也承认，航天员安全一直以来都是极其重要的，而且在军事项目中，航天员安全和其他危险的飞机试验项目都将获得更多的预算。

40 年后，空间救援服务的想法依旧未能实现。目前载人航天项目的发展和范围可以反映出 20 世纪 60 年代以来的长期规划，载人航天项目未来将会也将必定发展到包括大量轨道作业和月球作业，以支持火星探测的阶段，或许那时就会出现空间救援服务，在多个领域支持常规空间作业。

从人类突破大气层向外太空探险之初起，航天设备的可靠性和冗余、紧急行动、备选任务方案和生存训练就一直是各个项目中的重要部分，在现在也是如此。随着阿波罗登月计划的推进，整个项目对外开放，全球的媒体和预计数千人会见证这次发射，美国国家航空航天局开展了多次关于土星 5 号运载火箭在上升期间爆炸的可能性及其影响的研究。德维恩·戴（Dwayne Day，2006）在《空间回顾》（Space Review）上发表了一篇综述，总结了这几次研究的成果。正如戴所强调的，土星 5 号是当时最大的运载火箭，装载的燃料最多，因此，发射中止的选择余地最小，所有这些因素都会对公众造成潜在的威胁。

39 号发射场（LC39）的选址就是其中的研究成果之一，它降低了爆炸的影响。但是当地址确定后人们发现，相对于在逃生塔内躲避火球的工作人员，土星号运载火箭爆炸对周边区域的影响其实很低，据估计，在火箭爆炸后约 33～39 s 的时间内，周围温度将达到 1 370 ℃，热浪影响范围达到 600 m。阿波罗发射逃生系统的设计剖面正是根据这些研究而确定的。其他研究内容还包括：土星号运载火箭与发射塔的碰撞、在碰撞情况下逃生系统的操作，以及有哪些因素会影响运载火箭的性能等。研究发现，如果发生碰撞，压紧力变化±15%，推力偏离 4%，发动机失调，火箭重心发生变化，风切变超过限度，发动机发生故障并产生"急偏"。1967 年，土星 5 号执行首次非载人发射任务，工作人员在发射控制中心观看发射，若火箭突然爆炸则可以关闭防护罩实施保护；然而，土星 5 号运载火箭首次发射并未爆炸，其后 6 年间共计 12 次发射也都未发生爆炸。

　　尽管发射取得了多次成功，但是，还应研究有可能发生哪些事故，并对其影响进行评估，针对这些潜在事故提前制定应对计划。这些事故可能出现在载人航天飞行的各个阶段，因此要在发射架上、在火箭上升期间以及返回地球时提供逃生和救援服务。发射和返回是飞行任务中最常见的也是最引人注目的阶段，救援方式的选择要视环境和时间而定。在太空中，紧急飞行情况的种类逐渐增多，并且随着航天器距离地球越来越远而倍增。飞行中的紧急情况包括：摆渡航天器的损失、密封舱碰撞穿透、极端的太阳活动、姿态控制系统故障、航天器或舱段分离、控制和显示设备故障、航天器内部起火、航天员生理或心理问题、泄漏、通信中断、电故障、环境控制系统故障以及有毒气体的产生等。

　　到目前为止，针对这些事故提供支持一直是每个航天器设计团队都要面临的挑战。此外，要想确保任务成功，就必须考虑提供有效的发射、航行和着陆逃生或救援方法。各种支持保障、硬件设备和程序的复杂度和深度都是载人航天中不为人知的一面。

参 考 文 献

[1] Memo to the President, May 21, 1965, from E. C. Welsh, Executive Secretary National Aeronautics and Space Council.

[2] Memo for Mr. Bill Moyers, May 29, 1965, Special Assistant to the President, from Cyrus Vance, Secretary of Defence, Washington (declassified September 12, 1979).

[3] Saturn's fury: Effects of a Saturn 5 launch pad explosion, Dwayne Day, Space Review, April 3, 2006. Available at www. thespacereview. com/article/591/1, last accessed January 14, 2008.

目　录

第 1 章　STS‐107：救援还是在轨维修 ………………………… 1

1.1　哥伦比亚号最后一次飞行 ………………………………… 1

　　1.1.1　哥伦比亚号第 28 次任务 ……………………………… 4

　　1.1.2　哥伦比亚号失事 ……………………………………… 5

　　1.1.3　物理原因 ……………………………………………… 6

1.2　救援还是维修 ……………………………………………… 7

　　1.2.1　延长任务时间 ………………………………………… 7

　　1.2.2　舱外活动检查 ………………………………………… 8

　　1.2.3　亚特兰蒂斯号实施救援 ……………………………… 11

　　1.2.4　救援任务乘组 ………………………………………… 12

1.3　航天飞机救援球 …………………………………………… 12

1.4　哥伦比亚号救援任务假定剖面 …………………………… 16

　　1.4.1　模板对比 ……………………………………………… 17

　　1.4.2　亚特兰蒂斯号救援任务 ……………………………… 18

　　1.4.3　舱外活动——救援 …………………………………… 23

　　1.4.4　亚特兰蒂斯号返回和哥伦比亚号的处置 …………… 26

1.5　舱外活动——修理 ………………………………………… 28

　　1.5.1　有限的可选方案 ……………………………………… 29

　　1.5.2　舱外活动修理技术 …………………………………… 31

1.6　备选方案 …………………………………………………… 32

　　1.6.1　LiOH 再生 …………………………………………… 32

　　1.6.2　备选航天器 …………………………………………… 33

1.7　实践的检验 ……………………………………… 34

参考文献 ……………………………………………… 36

第 2 章　空间：终极边疆 ……………………………… 37

2.1　人类的大使 …………………………………… 38

2.1.1　外空条约——国际协议 ……………… 38

2.1.2　救援协议 …………………………… 39

2.1.3　协议的更新 ………………………… 40

2.1.4　回到未来 …………………………… 41

2.2　风险理论 ……………………………………… 42

2.2.1　保持公众关注 ……………………… 45

2.2.2　空间飞行中的危险 ………………… 45

2.2.3　救援系统与方案 …………………… 51

2.3　任务设计的安全性 …………………………… 55

2.3.1　任务设计 …………………………… 56

2.3.2　常规任务设计 ……………………… 58

2.3.3　应急任务设计 ……………………… 59

2.3.4　定义发射中止 ……………………… 61

2.3.5　轨道操作概述 ……………………… 63

2.3.6　下降阶段考虑因素 ………………… 63

2.4　小结 …………………………………………… 64

参考文献 ……………………………………………… 66

第 3 章　生存训练 ……………………………………… 67

3.1　NASA 航天员生存和野外训练 ……………… 67

3.1.1　水星计划 …………………………… 68

3.1.2　双子星座计划 ……………………… 70

3.1.3　阿波罗计划 ………………………… 74

3.1.4　航天飞机 …………………………… 78

3.1.5　星座计划 …………………………… 85

3.2 俄罗斯航天员生存训练 ························· 85
3.2.1 东方号与上升号 ··················· 85
3.2.2 联盟号 ····························· 87
3.2.3 探测器计划 ······················· 93
3.2.4 暴风雪号航天飞机 ··············· 93
3.3 中国的生存训练 ························· 93
3.4 乘客与专家生存训练 ··················· 94
3.4.1 美国有效载荷专家 ··············· 94
3.4.2 俄罗斯研究专家航天员 ··········· 96
3.4.3 国际航天员乘组 ················· 97

参考文献 ····································· 98

第4章 发射台逃生 ····························· 99
4.1 发射出现故障 ························· 99
4.2 发射台上 ····························· 100
4.2.1 拜科努尔发射场 ················· 101
4.2.2 卡纳维拉尔角 ··················· 104
4.2.3 肯尼迪航天中心 ················· 108
4.2.4 范登堡空军基地 ················· 121
4.2.5 中国 ····························· 122

第5章 发射逃逸1:逃逸塔 ··················· 123
5.1 逃逸塔 ······························· 123
5.2 水星计划发射逃逸塔 ················· 124
5.2.1 飞行可靠性和安全性 ··········· 124
5.2.2 水星号飞船逃逸塔 ············· 126
5.2.3 系统操作 ······················· 128
5.2.4 航天员紧急弹射按钮 ··········· 131
5.2.5 系统演变 ······················· 131
5.2.6 小火箭扮演大角色 ············· 132

5.2.7　形体匹配座椅 …………………………………… 135

5.2.8　风洞试验和地面测试 ……………………… 135

5.2.9　牵引火箭概念 …………………………………… 135

5.2.10　中止测试计划 ……………………………… 136

5.2.11　小乔伊运载火箭 …………………………… 137

5.2.12　水星—红石运载火箭 …………………… 141

5.2.13　逃逸塔发射之日 …………………………… 142

5.2.14　水星—宇宙神运载火箭 ………………… 143

5.2.15　小结 ……………………………………………… 144

5.3　双子星座号发射逃逸塔 ……………………… 144

5.4　阿波罗发射逃逸塔 …………………………… 146

5.4.1　概述 ………………………………………………… 147

5.4.2　硬件 ………………………………………………… 147

5.4.3　操作 ………………………………………………… 151

5.4.4　阿波罗异常中止性能 ……………………… 154

5.4.5　发射逃逸系统研制 …………………………… 158

5.4.6　白沙发射设施 ………………………………… 162

5.4.7　地面测试项目 ………………………………… 163

5.4.8　阿波罗发射逃逸系统飞行测试计划 … 165

5.4.9　发射台异常中止测试 ……………………… 165

5.4.10　小乔伊测试计划 …………………………… 169

5.4.11　土星 1 号无人测试计划 ………………… 173

5.4.12　载人操作 ……………………………………… 174

5.4.13　小结 ……………………………………………… 175

5.5　联盟号发射逃逸塔 …………………………… 175

5.5.1　研制 ………………………………………………… 176

5.5.2　测试系统 ………………………………………… 180

5.5.3　系统更新 ………………………………………… 182

5.5.4　描述和操作 …………………………………… 183

5.5.5　操作经历 ……………………………………… 186

5.5.6　小结 …………………………………………… 187

5.6　苏联的其他逃逸塔 ………………………………… 187

5.6.1　钻石空间站的运输保障船（TKS）运输 … 187

5.6.2　载人登月航天员 …………………………… 188

5.6.3　发射逃逸 …………………………………… 189

5.7　神舟飞船发射逃逸系统 …………………………… 192

5.8　猎户座发射逃逸塔 ………………………………… 193

5.8.1　飞行测试办公室 …………………………… 196

5.8.2　测试计划 …………………………………… 196

5.8.3　测试航天器配置 …………………………… 198

5.8.4　发射异常中止系统 ………………………… 199

5.8.5　试验支架准备 ……………………………… 200

5.8.6　AA-1 及以远 ……………………………… 203

5.9　小结 ………………………………………………… 203

参考文献 …………………………………………………… 205

第 6 章　发射逃逸 2：弹射座椅 ………………………… 207

6.1　弹射座椅历史 ……………………………………… 207

6.2　火箭飞机 …………………………………………… 208

6.2.1　X-1，突破音障后用降落伞着陆

（1946—1958） ………………………………… 209

6.2.2　"天空闪光"和"天空火箭"（1947—1956） … 209

6.2.3　X-2，不同的方法（1952—1956） ………… 209

6.2.4　X-3，"短剑"（1952—1956） ……………… 211

6.2.5　X-4，无尾研究（1948—1953） …………… 211

6.2.6　X-5，后掠翼和可变后掠翼研究

（1951—1955） ………………………………… 212

6.2.7 X-13，垂直起飞和着陆研究（1955—1959） …… 212

6.2.8 X-14，垂直起飞和着陆技术的发展

（1957—1981） …………………………………… 212

6.2.9 X-15，挑战大气层边缘极限（1959—1968） …… 212

6.2.10 X-20，戴纳—索尔（从未超越的飞行阶段）…… 214

6.2.11 升力体技术，"飞行的浴缸"（1963—1975） …… 216

6.2.12 从音障到航天飞机及以远 ………………………… 216

6.3 东方号飞船、单座椅弹射 …………………………………… 217

6.3.1 系统研制 ……………………………………………… 217

6.3.2 系统运行 ……………………………………………… 219

6.3.3 不携带逃逸系统的东方号飞船 …………………… 220

6.4 双子星座飞船：双人弹射 …………………………………… 220

6.4.1 载人的大力神运载火箭 …………………………… 221

6.4.2 双子星座飞船逃逸系统 …………………………… 222

6.4.3 系统介绍 ……………………………………………… 223

6.4.4 弹射顺序 ……………………………………………… 226

6.4.5 试验计划 ……………………………………………… 227

6.4.6 双子星座飞船的飞行 ……………………………… 236

6.5 双子星座飞船和载人轨道实验室 ………………………… 237

6.5.1 大力神2M运载火箭故障检测系统 ……………… 237

6.5.2 双子星座B飞船逃逸模式 ………………………… 238

6.5.3 双子星座B飞船上用逃逸塔 ……………………… 239

6.5.4 备选方案 ……………………………………………… 239

6.6 航天飞机进入空间 …………………………………………… 240

6.7 NASA航天飞机发射情况 …………………………………… 241

6.7.1 早期发展 ……………………………………………… 242

6.7.2 弹射座椅安装 ………………………………………… 244

6.8 NASA航天飞机中止模式 …………………………………… 251

　　　6.8.1　中止定义 ································· 254

　　　6.8.2　无损中止模式 ··························· 257

　6.9　苏联暴风雪号航天飞机的发射逃逸设备 ········· 261

　　　6.9.1　暴风雪号救援的起源 ··················· 262

　　　6.9.2　发射紧急情况 ························· 263

　　　6.9.3　弹射选项 ····························· 264

　　　6.9.4　暴风雪号全压力救援服 ··············· 266

　　　6.9.5　暴风雪号发射中止选项 ··············· 267

　6.10　欧洲的航天飞机——赫尔墨斯号 ·············· 269

　　　6.10.1　空天飞机起源 ························ 270

　　　6.10.2　欧洲航天员逃生 ····················· 270

　参考文献 ··· 277

第 7 章　飞离地球 ································· 279

　7.1　阿波罗时代 ································· 279

　　　7.1.1　阿波罗备选任务 ······················ 280

　　　7.1.2　阿波罗地球轨道 ······················ 280

　　　7.1.3　月球距离 ····························· 284

　　　7.1.4　阿波罗：人类登月的开始 ············· 286

　　　7.1.5　地面与空间保障 ······················ 295

　　　7.1.6　月球着陆地点 ························· 295

　　　7.1.7　自由返回还是混合返回 ··············· 296

　　　7.1.8　无备选方案 ························· 298

　　　7.1.9　阿波罗的伙伴系统 ··················· 299

　　　7.1.10　应急月球行走 ························ 301

　7.2　宏伟计划与设计研究 ······················· 301

　7.3　航天飞机应急操作 ························· 310

　　　7.3.1　研究焦点 ····························· 311

　　　7.3.2　航天飞机乘员应急保障 ·············· 315

　　7.4　简易舱外活动救援辅助装置舱外活动 ·········· 316

　　7.5　空间站紧急需要 ···················· 318

　　　7.5.1　从 FIRST 到 X－38 ··············· 318

　　　7.5.2　太空舱救援方案 ················· 323

　　7.6　空间站上的安全 ···················· 326

　　　7.6.1　问题领域 ··················· 327

　　　7.6.2　安全港 ···················· 327

　　7.7　你好，休斯顿 ····················· 328

　　　7.7.1　任务控制中心的作用 ·············· 329

　　　7.7.2　应急措施计划 ················· 330

　　　7.7.3　谁负责任 ··················· 331

　　　7.7.4　职责 ····················· 332

　　　7.7.5　团队精神 ··················· 333

　　　7.7.6　小结 ····················· 334

　　7.8　重返月球、去火星或更远 ·············· 334

　　参考文献 ························· 336

第8章　返回地球 ·························· 339

　　8.1　着陆记分板 ······················ 339

　　8.2　安全下降服 ······················ 341

　　8.3　空间猎鹰加压服 ···················· 343

　　8.4　降落伞 ························· 344

　　　8.4.1　东方号和上升号 ················ 345

　　　8.4.2　水星号 ···················· 347

　　　8.4.3　双子星座 ··················· 351

　　　8.4.4　阿波罗 ···················· 357

　　　8.4.5　联盟号 ···················· 368

　　8.4.6　神舟号飞船 ……………………………………… 372

　8.5　返回家园 ………………………………………………… 375

　　8.5.1　航天飞机 …………………………………………… 376

　　8.5.2　暴风雪号 …………………………………………… 377

　　8.5.3　从暴风雪号迅速退出 ……………………………… 378

　8.6　救生设备 ………………………………………………… 379

　　8.6.1　美国的救生设备 …………………………………… 379

　　8.6.2　苏联/俄罗斯的救生设备 ………………………… 383

　　8.6.3　中国的救生设备 …………………………………… 384

　8.7　搜寻和营救 ……………………………………………… 384

　　8.7.1　美国的搜寻和营救工作 …………………………… 385

　　8.7.2　苏联/俄罗斯的搜寻和营救工作 ………………… 397

　　8.7.3　中国的搜寻和营救工作 …………………………… 398

　8.8　小结 ……………………………………………………… 398

　参考文献 ……………………………………………………… 399

第9章　总结 …………………………………………………… 401

参考文献目录 ………………………………………………… 404

缩略语 ………………………………………………………… 411

第1章 STS‐107^①：救援还是在轨维修

2003 年初，曾经首次飞入太空、而且是整个航天飞机系列引以为荣的哥伦比亚号航天飞机失事了！机上 7 名航天员成功完成为期 2 周的研究任务后，在返回地球、再入大气时发生了惨剧，7 名航天员全部遇难。

在事故调查期间，所有证据都指向航天飞机从上升期间到再入大气过程中发生的一系列事件，但是当时，这些事件都不足以引起航天员或是地面控制人员的注意，因而无法及时采取措施防止惨剧的发生。随着调查工作的深入，人们开始质询，假设当时清楚地了解了潜在的危险，是否有可能通过航天员自己或利用另一个航天器进行救援呢？美国国家航空航天局（National Aeronautics and Space Administration，NASA）和事故调查委员会分别开展了相关研究，在实际飞行数据的基础上考察假定的救援场景。这些研究在某种程度上有些重复，因为它们都是在事实的基础上依靠一定的假设条件进行推断，而且如报告中所述，是"不考虑政治或管理因素的"。这只是一份纸面上的研究，假设航天员和地面团队可以足够早地充分了解哥伦比亚号可能遭受的损害，并且有条件做出补救措施的话，那么，他们究竟可以做些什么呢？

1.1 哥伦比亚号最后一次飞行

STS‐107 任务是一系列科学研究任务中最近的一次，目的是利用轨道飞行器开展原计划在国际空间站（International Space Sta-

---

① STS‐107 为哥伦比亚号执行航天任务代号。

tion，ISS）上进行的研究和实验。当任务被首次提出时，是若干次航天飞机任务计划的组成部分，利用诸如空间实验室（Spacelab）或空间居住舱（Spacehab module）等轨道器，不仅要在国际空间站科研设施建设完成前开展在轨科学研究，而且还要训练科学家和控制人员如何在空间站上进行实验和硬件操作。

当然，最初的计划并未考虑到国际空间站项目的延期。事实上，STS-107 在三年的时间内推迟了三次，最初定于 2000 年第三季度的发射，最后推迟到了 2003 年 1 月。预算受限导致了后续发射任务被取消，而这次任务的经费也划入了 STS-107。随着任务期限的逼近，很明显，这将是最后一次非面向国际空间站的航天飞机科学任务。这次任务在轨阶段非常成功，人们希望在 STS-107 返回地球后再执行一次任务——这当然没有发生。在事故发生后的一段时间内，尽管 STS-107 将是最后一次非面向国际空间站的航天飞机任务，但是，NASA、公众、政治和科学界的支持还是为航天飞机争取了一次科学任务的机会，执行哈勃望远镜第四次维修任务，当时计划在 2008 年底或 2009 年初执行。

之所以选择哥伦比亚号航天飞机来执行 STS-107 任务，是由于它的飞行任务周期可以延长，并且其结构足够坚固，可以支撑空间居住舱或空间实验室舱段。STS-107 要开展多项研究计划，覆盖领域包括生命科学、物理科学、空间与地球科学以及教育等。有 70 位来自于美国、欧洲、加拿大、澳大利亚、中国、日本和以色列的科学家参与了这项研究计划。

飞行乘组的名单于 2000 年 7 月公布，航天员的选拔遵循航天飞机轨道器乘组的标准程序进行。指令长为里克·赫斯本德（Rick Husband）；飞行员为威廉·麦库尔（William McCool）；上升和再入飞行工程师为卡尔帕娜·乔拉（Kalpana Chawala），代号为 MS2（任务专家 2），她将在上升和再入期间协助指令长和飞行员进行操作，并且在整个任务期间对轨道器系统进行监控；科学乘组包括有效载荷指令长迈克尔·安德森（Michael Anderson），代号为 MS3

（任务专家 3）；大卫·布朗（David Brown），代号为 MS1（任务专家 1）；劳雷尔·克拉克（Laurel Clark），代号为 MS4（任务专家 4）和以色列有效载荷专家伊兰·拉蒙（Ilan Ramon）。全部 7 名航天员将开展各种科学实验，并用仪器进行操作，分红、白两班轮流工作。红色轮班包括赫斯本德、乔拉、克拉克和拉蒙，而白色轮班包括麦库尔、布朗和安德森。

图 1 - 1　STS - 107 乘组
从下方中间起，顺时针依次为：赫斯本德，乔拉，
布朗，麦库尔，安德森，拉蒙和克拉克

　　由于这是一次纯研究性任务，无任何访问国际空间站、交会或对接其他航天器、部署有效载荷或回收的特殊要求，并且未安排任何舱外活动（Extra Vehicular Activity，EVA）计划，因此，这些活动在航天员训练中都不重要。但是，和所有航天员一样，此次任务特别训练了一个紧急舱外活动小组来应对计划外的舱外作业，例如手动关闭有效载荷舱门等。对于 STS - 107 任务，安德森（1 号舱外活动航天员）

和布朗（2号舱外活动航天员）针对舱外紧急情况进行了训练。麦库尔作为舱内活动（Intra - Vehicular Activity，IVA）工作人员进行了相关训练，在乘员舱内协助开展舱外活动的事先准备、绘制地图和舱外活动完成后的相关工作（Columbia Accident Investigation Report，I）。

1.1.1 哥伦比亚号第 28 次任务

2003 年 1 月 16 日，哥伦比亚号航天飞机发射，这是哥伦比亚号的第 28 次任务，也是整个航天飞机计划的第 113 次任务。2 分 7 秒后，两侧的固体火箭助推器与外贮箱分离。分离完成后的第 6 分 30 秒，主发动机正常关闭，并且与外贮箱分离。轨道机动发动机燃烧约 2 分钟，将哥伦比亚号推入高度为 175 英里（1 英里＝1.609 3 千米）、倾角为 39°的轨道。在轨初期的数个小时内，航天员将航天飞机调整为轨道飞行模式，开始为空间居住舱加电、激活实验和研究设备。至此，航天员开始了为期 16 天的绕地飞行任务。

在任务期间，航天员接收航天飞机的状态更新数据。地面未收到航天员任何有关影响航天飞机或科学项目性能的事件发生的报告。在飞行过程中，发射后图像分析工作也在开展。可以很清楚地看到，在上升初期，从外贮箱（External Tank，ET）上掉落的物体（后来发现是泡沫塑料块）撞在了哥伦比亚号的左翼上。1 月 17 日，即第 2 飞行日（Flight Date，FD），在航天员、飞行控制人员或其他任何人都不知晓的情况下，一个小型物体飘离了轨道器。事故发生后，利用空军航天司令部雷达跟踪数据才发现了这个物体，分析表明，这个物体是在上升阶段遭受撞击而产生的。

第 8 飞行日（1 月 24 日），休斯顿任务控制中心向赫斯本德和麦库尔发送了一封电子邮件，对上升期间泡沫塑料块撞击左翼的情况进行了说明。邮件称这次撞击对机翼前侧的隔热瓦或强化碳-碳复合材料（Reinforced Carbon - Carbon，RCC）不会产生影响。而且，在其他发射任务中也发生过类似的事件，不会影响大气再入。碎片撞击的视频通过电子邮件发送给值班航天员，值班航天员将这一信息转达给了其他航天员。整个任务按照预先制订的飞行计划向前推进。第 13 飞行日（1 月 28 日），航天员和地面控制人员举行了默哀仪式，纪念在阿波罗 1 号（1967 年 1 月 27 日）和挑战者号（1986 年 1 月 28 日）任务中牺牲的航天员。没人能料到 STS - 107 很快也将发生惨剧。

　　此次任务获得的初步科学成果非常有价值，关于后续任务的讨论也逐渐热烈起来。航天员们夜以继日地处理着与研究项目相关的繁琐工作。科学研究主要在居住舱内开展，包括 9 个商业有效载荷，共计 21 个单项研究。此外，还包括欧洲空间局的 4 个有效载荷，共计 14 项研究；NASA 生物和物理研究办公室（Office of Biological and Physical Research，OBPR）的 18 个有效载荷，共计 23 项研究；以及一项国际空间站风险减缓研究。另有 3 项试验在哥伦比亚号有效载荷舱进行，6 项试验在搭载试验（Hitchhiker）平板架上进行。试验的大部分科学数据在飞行期间就已经传回地面。在回收事故碎片时，发现了许多实验设备残片，但是，大部分要在任务结束后带回地球的样品和采集的数据却丢失了。

　　2 月 1 日，哥伦比亚号开始返回地球的旅程。东部时间（EST）上午 9 点，航天飞机位于德克萨斯州东部上空，在预计于肯尼迪航天中心（Kennedy Space Center，KSC）的着陆时间约 16 分钟之前，所有飞行数据和信号都丢失了。这次任务持续了 15 天 22 小时 20 分钟，美国和全世界都将为这 7 名勇敢的太空探险者哀悼。

1.1.2　哥伦比亚号失事

　　飞行控制人员很快就明白哥伦比亚号已经机毁人亡了。根据标准程序，控制大厅关门上锁、数据立即存档。保存数据和材料是应急行动计划中的一项重要工作，这份应急计划是在 1986 年挑战者号失事之后制订的。首先，NASA 宣布航天飞机出现"意外事故"，高层官员开始与航天员的家人、总统和国会议员联系。布什总统与以色列总统联系，告知伊兰·拉蒙牺牲的消息。稍后，布什总统面对全国发表了悲恸的讲话："哥伦比亚号失事，没有幸存者。"这时，NASA 局长西恩·奥基夫（Sean O'Keefe）已经组织起国际空间站和航天飞机事故跨机构调查委员会。事故得到证实后数分钟内，委员会就开始协调搜寻工作，回收再入及解体后留下的碎片。随着哥伦比亚号碎片从太空坠落，大量报告碎片撞击地面的电话涌入 911 紧急呼叫服务系统。委员会组织了一只大规模的搜索和回收团队，在后续 4 个月的时间内，在 230 万英亩（1 英亩＝4 046.86 平方米）的范围内回收了共计 85 000 块轨道器碎片（干重占轨道器总重量的 38％），搜索区域超过 2 000 平方英里。运到肯尼迪航天中心后，这些碎片经过了检查，核实其在哥伦比亚号上的位置，并确定受损坏的区域。根据回收到的碎片、找回的飞行数据和地面支持数据、证词以及对任务准备和操作的回顾，可以从中得到许多信息，调查委员会根据这些信息着手进行研究和调查，这项工作持续了 7 个月的时间。

1.1.3　物理原因

哥伦比亚号事故调查委员会根据收集到的证据，得出了以下结论：

"……哥伦比亚号机毁人亡的物理原因，是飞机左翼前缘的热防护系统受损。发射后 81.9 秒，外贮箱左侧尾部支架上的隔热泡沫塑料块脱离，撞击 8 号强化碳-碳复合材料防热瓦下半部分区域，导致防热瓦出现裂孔。再入期间，高温气体通过防热瓦裂孔进入左翼前缘，致使左翼的铝制结构熔化，导致结构弱化，不断增大的气动力使轨道器失去控制、左翼失效、最终解体。"

在研究哥伦比亚号在轨雷达图像和目视观察资料（包括再入和解体期间碎片脱落的视频）的基础上，结合存档的飞行数据和收集到的碎片证据一起进行分析，再经过模拟泡沫塑料块撞击强化碳-碳复合材料的试验，证实这种损害足以穿透表面，可以再现导致哥伦比亚号最后一次任务悲惨结局的一连串事件。据此，委员会认为掉落的泡沫塑料块是导致初始损伤的原因。

参考文献中列出了其他几本书，更深入详细地说明了哥伦比亚号的失事过程、导致事故的一连串事件、事故的调查以及这次事故对整个项目的影响。由于哥伦比亚号失事的原因不是本书的重点，所以在此不做深入讨论。这些内容将在本书的姊妹篇《空间事故与灾难》（*Disasters and Accident in Space*）一书中论述。本节的重点在于，假设事先知道哥伦比亚号受损的严重程度，而且时间比较充足，我们有哪些救援方法可供选择。

1.2　救援还是维修

在事故调查期间，多名 NASA 官员表示，即使事先知道轨道器受损的情况，也没有任何方法来营救航天员。调查委员会决定针对这一观点进行深入研究，要求 NASA 对一些假设场景进行评估，假设及时发现轨道器受损的情况，而且时间允许航天员进行修理或是组织一次救援任务。在这些场景中，NASA 本来事先知道轨道器左翼受损，可以确定相应的研究重点。在实际的 STS-107 任务中，即使明知轨道器受损，但因受损程度和位置不明，无法及时制定可行的补救方案。所以，这些评估研究中又增加了大量的前提假设（Columbia Accident Investigation Report，II）。

1.2.1　延长任务时间

为了确保拥有足够的时间进行修理或救援，因此，必须要确定轨道器上携带的消耗品可以支持多长时间，是否可以满足修理或救援所需的时间。根据轨道器的数据和航天员在任务期间新陈代谢的速度推算，最长在轨时间为 30 天（同时将 CO_2 的浓度维持在可接受的水平）。估算中的主要限制因素是氢氧化锂（LiOH）的储量，因它被用来清除乘员舱空气中的 CO_2。理论上这意味着哥伦比亚号在轨安全运行的时间可维持到 2 月 15 日，比预定任务周期延长了两周。同时认为其他所有的消耗品都足以支持 30 天以上的任务周期

（即超过 2 月 15 日），包括氧气、氢气、氮气、食物和水以及推进剂等。当然，还要假设在任务初期就发现左翼受损，从而最大限度地延长消耗品的使用时间。此外，航天员还必须执行一次舱外活动进行检查，以确定故障程度，并确定维修和救援两种方式哪种更好。

1.2.2 舱外活动检查

在对这两种方案进行评估时，NASA 还必须估算出任务初期的备选时间表；要求及时发现轨道器受损，航天员能够检查并报告受损程度，有充足的时间来考虑和实施补救方案。备选时间表假定，在第 1 飞行日期间，上升阶段的照片已拍摄并且送交分析。第 2 飞行日，发现照相机拍摄的照片表明轨道器很可能在上升期间受损。第 3 飞行日，NASA 申请利用国防设施来检查轨道器受损情况（国防部的雷达/卫星图像）。为了对两个方案进行全面充分的模拟，研究小组假设照片不足以确定损坏程度，必须开展一次航天员紧急舱外活动，对受损区域进行检查。

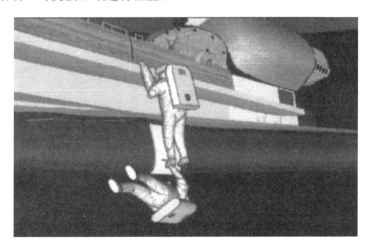

图 1-2　舱外活动检查设想示意图

第 4 飞行日，研究小组决定由安德森（1 号舱外活动航天员）和布朗（2 号舱外活动航天员）两人执行一次紧急舱外活动，并通知航天员。航天员取出舱外机动装置（Extravehicular Mobility Unit，EMU），为第二天的舱外活动做准备，这些工作由麦库尔（舱内活动航天员）协助完成。NASA 认为在第 5 飞行日执行一次紧急舱外活动是可行的，这也是航天员和设备的能力范围所允许的。由于 STS - 107 未携带集成摄像机的远程操作系统（Remote Manipulator System，RMS），因此，难以对有效载荷舱外侧进行查看，但这并不是不可能的。研究小组假定这次检查可以发现左翼前缘受损可能造成的灾难性后果（这被认为是哥伦比亚号失事的起因）。发现问题后，地面控制中心命令航天员节省消耗品，并开始启动航天飞机救援任务准备工作。与此同时，维修方案的评估也展开了。从第 6 飞行日一直到第 26 飞行日，对维修和营救这两个方案进行评估和准备。到第 26 飞行日（2 月 10 日），必须决定采取哪种方案，为方案

图 1 - 3　发射救援航天器设想图

的实施留出足够的时间。在第 30 飞行日后，又会多一项决定性因素，即轨道器上的剩余氧气量。这是决定性条件，必须在第 31 飞行日（2 月 16 日）决定航天员是离开哥伦比亚号、乘坐救援轨道器返回地球，还是尝试乘坐哥伦比亚号返回地球。

在紧急检查舱外活动中，1 号舱外活动航天员将沿着有效载荷舱的舱门外侧移动，直到到达 8 号强化碳-碳复合材料板附近。在此处就可以目视检查机翼前缘的上表面。如果未发现明显的损伤，还可以派 2 号舱外活动航天员对机翼下表面进行检查。这种情况下，建议 1 号舱外活动航天员（靴子下绑着毛巾以保护机翼表面）挂在舱门边缘，将脚放在机翼上，其左脚放在机翼前缘的前方，右脚放在机翼上表面。由于有效载荷舱舱门打开时，舱门与机翼上表面间的距离约有 1.2 m，足以做出这样的动作。把 1 号当做人桥，2 号就可以借助 1 号穿过机翼的气闸，目视检查强化碳-碳复合材料前缘结构及其下表面区域。由于此次任务未携带支持舱外活动的设备，因此，检查也不会留下详细的数字或照片记录。所有报告都通过口头传达。

这个计划还涉及多个安全问题，航天员必须确保自己不与受损表面发生直接接触，因为锋利的边缘可能会刺穿航天员的加压服，或者航天员会不经意地使受损区域的损伤程度加剧。尽管安德森和布朗参加过多种舱外活动紧急程序的训练，但是并没有参加过针对这种作业的特殊训练。此外，STS - 107 任务计划中并不包括舱外活动，因此，可用资源非常有限。由于未携带简易舱外活动救援辅助装置（Simplified Aid for EVA Rescue，SAFER），这就增加了舱外航天员飞离轨道器的可能性。

为了对该方案进行全面的研究，NASA 组织了一支专家队伍，包括 2 名舱外活动飞行控制专家和 2 名执行过舱外活动任务的航天员，在约翰逊航天中心（Johnson Space Center，JSC）的虚拟实验室对行动计划进行评估。这一小组得出的结论是，尽管未尝试过而且未训练过，但是，这次作业是有可能实现的。任务的难度级别定为中级，航天员受伤的风险较低，机翼损伤加剧的风险为中级到低级。就得出关于损伤程度的确凿信息而言，这次行动的价值很高。

1.2.3　亚特兰蒂斯号实施救援

假设决定采取救援行动，营救 STS - 107 任务的航天员，那么就要发射另一架航天飞机与哥伦比亚号对接，因此需要对完成救援任务的可能性进行评估。时间是最关键的因素，执行下一次发射任务的航天飞机是亚特兰蒂斯号，当时正在进行 STS - 114 任务的准备工作。STS - 107 任务的第 4 飞行日，亚特兰蒂斯号位于轨道器处理工厂，准备于 3 月 1 日发射，执行国际空间站任务。1 月 7 日，两个固体火箭助推器（Solid Rocket Booster，SRB）和外贮箱在航天器总装大楼（Vehicle Assembly Building，VAB）完成了对接，距离将亚特兰蒂斯号运往航天器总装大楼还有大约 10 天的时间，以便完成常规的轨道器处理工作。远程操作系统尚未安装，而有效载荷舱也未装载任何设备。STS - 114 原定计划在 1 月 29 日竖立，2 月 17 日前，货物装载工作可以在发射台上进行。

政府和承包商高级管理层在肯尼迪航天中心对这个方案进行了评估，得出了发射亚特兰蒂斯号实施救援的假定时间表。如果在第 5 飞行日（1 月 20 日）决定开始准备救援发射工作，很快就可以夜以继日地开展相关处理工作，同时确保处理过程的安全，保证最佳的救援时间。轨道器在完成全部标准检查之后，可以在 1 月 26 日（哥伦比亚号第 11 飞行日）运往航天器总装大楼，在航天器总装大楼中度过 4 天的流程，而不是标准的 5 天。随后，亚特兰蒂斯号将转被移到发射台，准备于 2 月 10 日（哥伦比亚号第 26 飞行日）发射。由于时间非常有限，可能有多项标准试验无法完成，但是即使忽略这些试验，在最坏情况下承受的风险也较低。天气情况是发射救援任务需考虑的关键因素，当时实际的天气数据分析表明，发射日期是可行的。其他需更改的方面还包括飞行和任务控制软件的更新。

亚特兰蒂斯号将在"核心"的中部甲板装载用于哥伦比亚号的 LiOH 储罐。笔记本电脑被用来协助进行交会和接近操作。此外还需要 4

个舱外机动装置，其中 2 个供亚特兰蒂斯号的舱外活动航天员使用，2 个用于转移。亚特兰蒂斯号航天员还需携带 2 个简易舱外活动救援辅助装置和无线视频头盔设备，2 个便携式束脚器分别安装在救援轨道器有效载荷舱的两侧。另外还有一个伸缩杆，安装在前侧舱壁上。

1.2.4　救援任务乘组

为了保证 STS - 107 任务的 7 名航天员顺利撤退，亚特兰蒂斯号携带的航天员必须有最低人数限制。考虑到救援任务中涉及交会、接近操作和舱外活动任务，因此最低人数不应低于 4 名：1 名指令长、1 名飞行员和 2 名任务专家（MS）。2 名任务专家将作为舱外活动救援人员，4 名航天员全部集中在飞行甲板上，其中 2 名任务专家作为上升和再入期间的飞行工程师。指令长和飞行员负责执行交会和接近操作，人工飞行大约耗时 8～9 h。

对于这样一次高强度、高压力的任务，必须选拔出能够迅速适应空间微重力环境的航天员（即没有空间适应综合征病史）。救援航天员的选拔必须迅速，候选人必须拥有舱外活动、交会对接和接近操作的经验。在 STS - 107 选拔时，共有 7 名指令长、7 名飞行员和 9 名拥有舱外活动经验的航天员候选，他们既有能力又有经验。因此救援任务乘组很容易确定。

1.3　航天飞机救援球

20 世纪 70 年代初，NASA 针对空间行走和舱内活动制订了航天飞机舱外活动（EVA）服和舱内活动（IVA）服的相关要求。其中一项研究任务就是紧急舱外活动服，目的是在快速降压的情况下保护航天员。但是由于预算限制、质量问题和轨道器内可用空间有限等问题，这项计划一直处于研究阶段。20 世纪 70 年代末，随着首个轨道器发射日期的迫近，NASA 开展了一项基于舱内活动服和舱外活动服的航天员生存系统研究，这个生存系统将在紧急撤离或航

天员从一个轨道器向另外一个轨道器转移的情况下使用。系统包括
便携式氧气系统（Portable Oxygen System，POS）和个人营救包
（Personal Rescue Enclosure，PRE），通常称为"救援球"（Thomas
and McMann，2006）。

　　这个人造封闭体的直径为 0.86 m，配备一个小型、圆形观察
窗。航天员穿着常规的飞行服、佩戴便携式氧气系统，从球体外侧
打开拉链进入球体，由另一名航天员从外侧锁上。为了确保在舱外
活动转移期间能够最大限度地利用便携式氧气系统，必须对球体进
行加压，并从航天飞机供给氧气。救援期间，个人营救包和其中的
航天员由舱外活动航天员转移到另一架航天飞机或转移到空间站中。
它的主要应用场景就是当航天飞机被困在轨道中时，发射另一架航
天飞机，利用舱外活动航天服/个人营救包系统转移受困航天员。航
天员可以乘坐救援航天器返回地球，或是留在空间站中，等待其他
救援航天器。

图 1 - 4　航天飞行救援球示意图

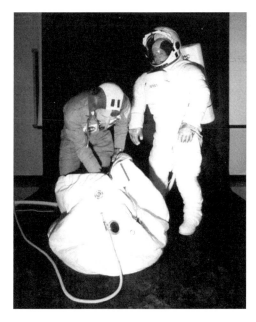

图 1-5　同时使用个人营救包和航天飞机舱外活动服进行转移

由于个人营救包的设计比较紧凑，一架航天飞机可携带 5 套个人营救包。此外，每次任务中都携带 3 个便携式氧气系统和 2 套舱外活动服。当轨道器发生在轨紧急情况时，7 名航天员都可以拥有"环境安全港"。成功转移了受困航天员后，如果可能的话，抛弃的轨道器将进行毁灭性再入。

1976 年至 1977 年间还开展了多个项目，研究能否利用其他手段将航天员从困在空间中的轨道器中解救出来。在 NASA 的资助下，大卫-克拉克公司和 ILC 同时开展了仿真救援服（Anthropomorphic Rescue Garment，ARG）的研究。仿真救援服是类似航天服的封闭体，同样需要使用便携式氧气系统，但是与救援球相比，航天员在里面的机动性较低，自助设备也更少。

此类系统在项目早期就被放弃了，因为实际操作表明，准备、发射另一架航天飞机，并与受困轨道器进行交会所需的时间非常多。

尽管对外发布了部分救援系统的图片，但是它们从未在实际中应用。假设这些系统达到了实际应用的水平，那么肯定就可以证实它们在哥伦比亚号调查期间假设的救援场景中确实有用。到 2003 年时，这些系统已经过时了，而且航天飞机保持在发射准备状态，时刻准备执行救援任务的方案既昂贵又复杂。在航天飞机计划近 30 年的时间里，共发生过 2 次悲剧，而救援航天器能够发挥作用的仅有一次——而且是在救援需求很早就确定的情况下。挑战者号航天飞机在任务初期就失事，来不及采取任何救援措施。哥伦比亚号事故表明，尽管存在实施救援的可能性，但是要想取得成功则需要放松限制条件、采取一系列特殊行动，此外还需要一些运气。

尽管个人营救包从未在任何一次航天飞机任务中得到实际应用，但是它们一直应用于航天员的遴选，主要用来评估候选航天员对狭小空间和紧张情况的反应。

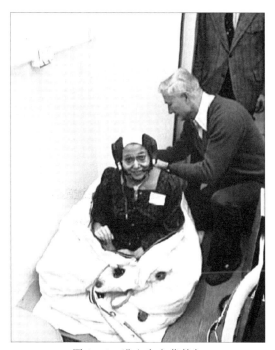

图 1 - 6　进入个人营救包

图 1-7　个人营救包

1.4　哥伦比亚号救援任务假定剖面

　　是否执行 STS-107 的救援任务取决于多项因素，包括可靠性、经验以及最重要的因素——时间。救援轨道器需要在第 1 飞行日就完成与哥伦比亚号的交会。虽然事先未经过训练，而且又是在全世界的关注下执行任务，被选中的航天员必须在接到命令后立即振作精神、齐心协力，迅速适应微重力环境，在极大的压力下完成任务。

　　在亚特兰蒂斯号发射前的 3 天内，哥伦比亚号上的航天员需进行 22.5 m/s 的转移机动，将航天飞机抬升到 342 km×250 km 的轨道。这就增加了亚特兰蒂斯号救援任务的发射窗口。

1.4.1 模板对比

在对假设的救援任务进行研究时发现，亚特兰蒂斯号最理想的发射时间是东部夏令时（EST）2003 年 2 月 9 日晚上 22：05，与哥伦比亚号交会的时间为 2 月 10 日。2 月 11 日和 12 日也有发射窗口，交会时间为 2 月 13 日，再过 36 h 哥伦比亚号轨道器上的 LiOH 就将全部耗尽。

准备和执行救援任务的时间非常有限，导致出现了累积风险。如果一切按计划推进，设备也正常工作，那么就可以在最佳状态下实施救援。但是由于处理时间缩短、救援航天员训练过程省略，导致救援行动存在一定的风险。经评审，事故调查小组认为由于紧张的进度而造成的风险等级为低到中。

在常规任务处理流程中，轨道器在转移到航天器总装大楼前需要在轨道器处理设施（Orbital Processing Facility，OPF）中花费大约 10 天的时间，而且还不包括科学或任务专用有效载荷的相关要求时间。在救援模板中，这个流程缩短至 7 天。航天器总装大楼流程通常需要 5 天，而在救援模板中缩短至 4 天。发射台的最短周转时间为 14 天，但是救援模板只给了 11 天的时间。轨道器处理设施、航天器总装大楼和发射台处理流程的风险评估定级为中等，而且还要求处理周期中不出现任何故障。

在相关硬件处理的同时，支持任务的软件也处在开发、测试、调试和安装过程中。通常情况下，在执行任务前，软件工作需要 6 个月的时间。在 STS‑107 任务发射后，STS‑114 任务的飞行软件工作已经完成，利用 7～8 天针对救援任务进行验证，风险级别为低。系统集成工作的常规任务剖面大约需要 6 个月时间，热任务的开发需要 4～5 个月的时间，所以总共需要大约 10 个月的时间。假设对 STS‑114 任务来说这些工作都已完成，则救援任务模板仍需要约 8 天的时间进行修改和验证，其风险级别为低。STS‑114 救援任务中，休斯顿任务控制中心的软件也需要开发，而且认为其风险级别也为低。常规情况下，执行任务之前通常需要12～15周的时间进行飞行就绪度认证，但是对于救援模板，可支配的时间不足2周。调查委员会认为这项工作的风险为中等。此外，在上升期间还需要给软件打补丁，以确保外贮箱不会影响有人居住的地区。外贮箱的影响区域主要包括太平洋上新西兰的北岛和汤加的南部岛屿。

第三个要素是救援乘组的组建和准备工作。指令长/驾驶员组合要进行常规的任务训练。研究报告中未说明任务专家2/驾驶员的职责，但是可能还是要包括这两个职位。在以前的航天员选拔中，轨道器航天员的选拔与科学任务航天员相独立，乘组包括一名指令长、一名驾驶员和一名任务专家2，这三名航天员人选同时确定。这三人作为核心团队，其训练一般并行开展。假如飞行任务计划中包含舱外活动任务，那么对于一个常规的任务周期来说，舱外活动航天员（1号和2号舱外活动航天员，可能还包括1号舱内活动航天员）需要训练40～50周的时间。换句话说，航天飞机的航天员在执行飞行任务前通常要进行一整年的训练。在救援模板中，只有2周的时间训练航天员。指令长/驾驶员/任务专家2训练周期的风险级别为中等，舱外活动小组训练的风险级别为高。因此，经验就变得非常重要，所以救援乘组中要么包括近期执行过飞行任务的航天员，要么包括将要执行飞行任务的航天员，从而充分发挥训练或飞行经验的优势。由于发射亚特兰蒂斯号执行救援任务的设想是在哥伦比亚失事之后才出现的，因此救援乘组从未明确提出来。但是STS-107救援任务的最有可能的航天员要么是已完成STS-113任务并返回地球的航天员或是即将执行STS-114任务的航天员。

1.4.2　亚特兰蒂斯号救援任务

救援任务模板主要基于两大假设。第一个假设就是已知哥伦比亚号受损，而在实际情况中，人们并不知道机翼前缘受损的情况，同样无法确定损坏的程度。事故发射后的调查、建模和试验表明，最

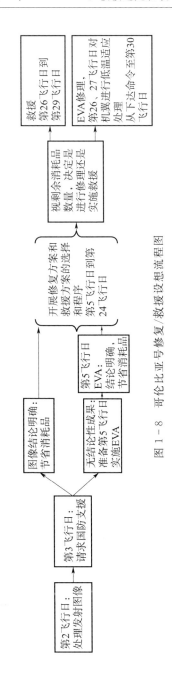

图 1 - 8　哥伦比亚号修复/救援设想流程图

有可能导致发生一连串事件且最终造成致命损伤的原因就是左翼前缘。假设在哥伦比亚号飞行期间就能获得足够的信息，那么这将是判断是否执行救援或修理任务的依据。此外，这次研究还假设可以通过目视检查或利用国防设施对损伤进行检查。

第二个假设是 NASA 和国家都愿意再发射一架航天飞机，对哥伦比亚号实施救援，并且都非常清楚哥伦比亚号的损伤是在发射期间造成的。在救援任务发射前没有时间对机翼区域进行重新设计，以防止再次出现和 STS - 107 一样因发射导致轨道器受损的情况。重新设计的工作在哥伦比亚号失事后开始，持续数月时间才完成，赶在 2005 年 STS - 114 任务发射之前。现在，针对轨道器机翼前缘和下侧防热的地面检查和在轨检查已经成为每次任务的重要内容，而自 2003 年起，每次飞行任务都包含了额外检查项以及可能的修理工作。如果当时决定实施救援，那么亚特兰蒂斯号将不包含这些保护措施，因而风险非常高。发射安全是救援任务可行性讨论中的一项关键因素。救援任务模板中包含亚特兰蒂斯号机翼前缘区域检查舱外活动，查看救援轨道器是否受到类似的损坏。如果查明确实受损，对美国的航天计划来说，这将是比哥伦比亚号失事更沉重、更致命的打击。哥伦比亚号航天员和救援航天员有可能全部受困在轨道中，这将是美国航天计划根本无法接受的。

救援任务中必须将夜间发射考虑进来（因为影响了上升期间图像的获取，导致 2005 年后飞行任务都是白天发射）。处理流程和训练都必须加快，以前所有的任务模板都不适用，而且在飞行期间，许多技术和程序都将是首次应用。在完全调查清楚和充分理解哥伦比亚号事故原因之前，NASA、美国政府和公众（包括救援航天员及其家人）都必须承受救援任务的风险。正如任务模板所述："决策的时机和参考依据非常关键，而且必须足够乐观，才能发射救援任务，及时实施营救，不论能否救出哥伦比亚号航天员，都必须保证救援乘组安全返回。"

表 1-1　假定救援任务的时间表（数据来源：哥伦比亚号事故调查委员会）

日历表日期	自上午 10：39 起，哥伦比亚号任务历经的时间（MET）	哥伦比亚号飞行日	事件
1 月 16 日	00/00：00	1	哥伦比亚号发射——10：39AM EST
1 月 17 日	01/00：00	2	通知左翼受泡沫塑料块撞击
1 月 18 日	02/00：00	3	请求国家支援
1 月 19 日	03/00：00	4	计划检查舱外活动；通知肯尼迪航天中心开始亚特兰蒂斯号处理工作
1 月 20 日	04/00：00	5	执行检查舱外活动；开始降低功耗；节省 LiOH
1 月 21 日	05/00：00	6	
1 月 22 日	06/00：00	7	通知肯尼迪航天中心进行轨道器处理的最后日期（从而保证 2 月 14 日 7：40PM 第 1 飞行日交会的窗口）
1 月 23 日	07/00：00	8	
1 月 24 日	08/00：00	9	
1 月 25 日	09/00：00	10	
1 月 26 日	10/00：00	11	亚特兰蒂斯号竖立；从轨道器处理设施到航天器总装大楼
1 月 27 日	11/00：00	12	
1 月 28 日	12/00：00	13	
1 月 29 日	13/00：00	14	
1 月 30 日	14/00：00	15	亚特兰蒂斯号出厂；从航天器总装大楼到发射台
1 月 31 日	15/00：00	16	
2 月 1 日	16/00：00	17	
2 月 2 日	17/00：00	18	
2 月 3 日	18/00：00	19	
2 月 4 日	19/00：00	20	
2 月 5 日	20/00：00	21	
2 月 6 日	21/00：00	22	
2 月 7 日	22/00：00	23	

续表

日历表日期	自上午 10：39 起，哥伦比亚号任务历经的时间（MET）	哥伦比亚号飞行日	事件
2 月 8 日	23/00：00	24	
2 月 9 日	24/00：00	25	第一个发射窗口——11：09 PM
2 月 10 日	25/00：00	26	第二个发射窗口——10：40 PM
2 月 11 日	26/00：00	27	第三个发射窗口——10：05PM EST；2 月 13 日与哥伦比亚号交会
2 月 12 日	27/00：00	28	
2 月 13 日	28/00：00	29	
2 月 14 日	29/00：00	30	最后一个第 1 飞行日交会窗口，8：40 PM EST
2 月 15 日	30/00：00	31	LiOH 耗尽——清晨

当亚特兰蒂斯号进入轨道时，航天员执行一次标准交会任务，采用＋R bar 接近方式，亚特兰蒂斯号将从哥伦比亚号的下方接近。这样的接近方式使得两个轨道器之间的逼近操作时间更长，而且更容易维持。因此，对于有经验的交会指令长来说，只需要很少的训练就可完成。这种接近方式曾用于航天飞机与和平号空间站的对接任务（1995～1998 年），以及自 1998 年的 STS‑88 到 2001 年的 STS‑102等多次国际空间站任务。哥伦比亚号为被动航天器，亚特兰蒂斯号为主动航天器，从下方接近。此时，地球处在亚特兰蒂斯号的后方，因此，当两个轨道器逐渐靠近时也不会影响接近和逼近操作的可视性。

根据模板文件，哥伦比亚号的飞行（称为逼近操作）可以看作是"直线前进"，尽管文件也承认，在无法预料的时间内，轨道器可能处于任何飞行状态。在哥伦比亚号上，赫斯本德和麦库尔将机翼对准前方，有效载荷舱面向地球，轨道器处于主动姿态控制模式。同时，亚特兰蒂斯号的指令长和飞行员将轨道器的前端指向前方，有效载荷舱面向哥伦比亚号。这样，两个轨道器就形成了"90 度时钟"的相对方向，从而在接近时不会受纵向尾翼的影响。

和平号和国际空间站任务的经验表明，2 个大型航天器可以近距离飞行，并保持约 3 m 的距离。此外，以前的飞行也已证明，可以通过舱外活动航天员或是远程操作系统进行操作实现有效载荷的捕获。在国际空间站飞行任务中，指令长通常将轨道器控制在距离国际空间站大约 9 m 的距离上，这样就可以抵消对接前发生的任何转动和位置误差。航天飞机计划中有多个这样的例子，轨道器可以接近另一个大型物体，或是在利用远程操作系统捕获目标之前与目标保持数分钟的相对静止。而对于救援任务模板来说，这与逼近操作又有很大的不同。救援任务要求轨道器以"逼近操作"模式飞行 8～9 h 的时间，这在以前从未尝试过，而且对亚特兰蒂斯号"轨道器航天员"的专心度是一个巨大的考验。这也是选择四人救援乘组的原因之一。任务专家至少可以在交会和逼近操作的初期提供帮助，然后再专心执行救援舱外活动。

在哥伦比亚号调查委员会研究的救援场景中，在第一次救援舱外活动操作期间，就在哥伦比亚号空间居住舱的上方安装了反向反射器。亚特兰蒂斯号安装的轨道控制系统和当时最先进的交会工具一起，在白天/夜晚/白天的周期内提供帮助。此外，还建议一旦部分哥伦比亚号航天员转移到亚特兰蒂斯号以后，就可以协助执行长期位置保持操作，直到全部航天员转移完毕。这主要取决于他们的身体（和生理）状况。

1.4.3　舱外活动——救援

救援舱外活动航天员应执行舱内压强为 10.2 psi（1 psi＝6.895 kPa）的预吸氧协议，可以从在发射台上进入轨道器时开始，最大限度延长预吸氧时间，当亚特兰蒂斯号安全入轨后立即开始舱外活动准备。在哥伦比亚号上，准备了 2 套舱外机动装置以便进行人员转移，同时按前两名转移航天员（CM1 和 CM2）的尺寸设置，以节省实际转移操作时间。当亚特兰蒂斯号接近时，哥伦比亚号上的两名航天员已进入舱外机动装置的气闸内，准备减压。当两个轨道器的有效载荷舱底梁分离到 6 m 距离时，可以开始救援舱外活动，亚特兰蒂斯号舱外活动航天员在开始位置保持之前准备了足够多的设备，完成了足够多次预先退出程序。

两个气闸开始减压后，舱外活动正式开始，优先将 LiOH 替换品转移到哥伦比亚号。EV2（2 号舱外活动航天员）在亚特兰蒂斯号有效载荷舱底梁上系上便携式束脚器。然后利用舱外活动杆来延长影响区域，EV2 将协助 EV1（1 号舱外活动航天员）将额外的 LiOH 贮罐和 2 个舱外机动装置转移到哥伦比亚号。EV1 先协助两名航天员 CM1 和 CM2 从哥伦比亚号的气闸中出来，在外侧舱门关闭前，再将 2 个备用舱外机动装置和 LiOH 贮罐放在气闸内。哥伦比亚号气闸尽快进行再加压，一旦内舱门打开，另外两名航天员（CM3 和 CM4）已经穿上了新的舱外机动装置，并进入到气闸内。哥伦比亚号航天员的转移顺序是事先确定的，因此备用舱外机动装置可以预先设置成 CM3 和 CM4 的身体尺寸，尽可能地节省宝贵的时间。

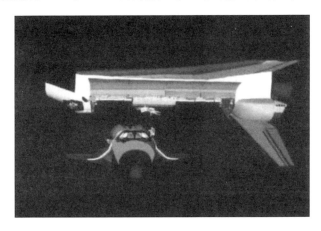

图 1-9　两个轨道器间的逼近操作

同时，CM1 和 CM2 将借助伸长杆，由 EV1 转移到亚特兰蒂斯号的气闸。在首次转移完成后，EV1 和 EV2 将对亚特兰蒂斯号的热防护系统进行简易舱外活动救援辅助装置检查，并在哥伦比亚号上安装便携式 TCS 激光反射器，以便后续交会操作。如果足够安全和谨慎的话，他们还将对哥伦比亚号进行额外的检查和拍照，记录其损坏的情况。哥伦比亚号前两名航天员将脱下航天服，安全地呆在亚特兰蒂斯号内，为下一次转移做准备。下一次转移将是 CM3 和 CM4 在一名亚特兰蒂斯号舱外航天员的帮助下向亚特兰蒂斯号移动，另一名舱外航天员将空闲的哥伦比亚号舱外机动装置服送回去，供下次转移使用。在任何一次空舱外机动装置转移过程中，舱外机动装置都必须加电和加压，以防止内部水冷却剂结冻，导致操作困难。由于只有一部分哥伦比亚号航天员经过舱外活动训练，因此在所有活动中，亚特兰蒂斯号舱外航天员都将扮演主要舱外活动的角色。

　　可以想象，在第三次转移时，应只转移一名航天员，留下的两名航天员，可以相互帮助穿上舱外机动航天装置，共同离开。尽管常规标准的舱外活动预吸氧协议应尽可能早地执行，但是由于时间限制，有可能稍作修改，而且这也得到了飞行医师的批准。

　　因为没有舱内航天员的协助，CM6 和 CM7 穿航天服将会非常困难。因此，穿戴哥伦比亚号的航天服将是最佳选择，其穿戴技术和首次航天飞机飞行所开发的航天服技术相似，那一次也只带了两名航天员。

图 1-10　舱外活动营救操作假想图

表 1 - 2　舱外活动转移顺序

顺序	亚特兰蒂斯号	哥伦比亚号
A	EV1 和 EV2 携带两个备用舱外机动装置储藏并转移到 OV - 102	CM1 和 CM2 穿着 STS - 107 的舱外机动装置进入 OV - 102 气闸
B	CM1 和 CM2 舱外活动转移到 OV - 104 气闸	CM3 和 CM4 穿上来自亚特兰蒂斯号的备用舱外机动装置
C	CM3 和 CM4 舱外活动转移到 OV - 104 空的气闸内，亚特兰蒂斯号舱外活动航天员将最初哥伦比亚号的舱外机动航天服送回	CM5 穿上存放在 OV - 102 中 2 个舱外机动装置中的一个
D	CM5 转移到 OV - 104；将一个备用舱外机动装置转移到 OV - 102	CM6 和 CM7 穿着另一个 OV - 102 舱外机动装置和一个备用舱外机动装置
E	CM6 和 CM7 转移到 OV - 104	
F	EV1 和 EV2 返回 OV - 104 气闸	

救援任务剖面中，预计实际需要 2 种不同的舱外活动，除非一切进展非常顺利，并且在保证安全的条件下尽可能地减少预吸氧的次数。整个舱外活动救援操作预计需要 8.5～9 h 的时间，接近亚特兰蒂斯号航天员单次舱外活动的安全极限。但是，长时间舱外活动并不少见。1992 年 STS - 49 任务期间，航天飞机试图捕获国际通信卫星 - 6，舱外活动耗时 8 h 29 min，同时也创造了历史上首次 3 人同时进行舱外活动的纪录。航天飞机舱外活动最长时间也是全世界舱外活动的最长时间记录，在 2001 年 STS - 102 的国际空间站任务中创造，这次舱外活动历时 8 h 56 min。这些舱外活动的难度都无法与 STS - 107 救援舱外活动相比。

1.4.4　亚特兰蒂斯号返回和哥伦比亚号的处置

救援任务中还需考虑一项因素，即救援轨道器返回时的质量和重心。亚特兰蒂斯号返回地球时将携带 11 名航天员、6 套舱外机动装置以及核心中部甲板的配载。为了节省重量，亚特兰蒂斯号返回时可能携带很少或不携带哥伦比亚号科学项目的数据或物品。据估计，亚特兰蒂斯号的质量将为 94 873.6 kg，重心位置为 27 462.4 mm，符合检定要求。不需要轨道机动系统（Orbital Maneuvering System，OMS）或反作用控制系统（Reaction Control System，RCS）压载，轨道器上的推进剂足够完成标称离轨定向。

最后一名离开哥伦比亚号的航天员（假定为指令长赫斯本德）在离开之前要对轨道器进行一定的设置，从而使休斯顿任务控制中心（Mission Control Center，MCC）的控制人员可以指挥哥伦比亚号自动离轨。尽管任务控制中心可以远程指挥许多操作，但是不具备控制轨道器着陆的能力。例如启动辅助电源装置（Auxiliary Power Unit，APU）、展开空气数据探测器、放下起落架以及"操纵"轨道器向预定着陆目标飞行等操作，都超出了任务控制中心控制的范围。因此，哥伦比亚号必须实施毁灭性再入，在太平洋南部上空烧毁。

轨道机动系统和反作用控制系统系统都已加压。航天员启动轨道机动系统发动机，对星载计算机系统进行设置，使得飞行控制人员可以采取必要的操作控制轨道器，将哥伦比亚号移出轨道，让全部科学仪器、空间居住舱、试验和大部分试验结果一起烧毁。虽然损失了一架珍贵的、有历史意义的轨道器，但是救援任务取得了成功，拯救了全部航天员的生命。NASA 也将回想起将人类送到月球以及阿波罗 13 号航天员返回地球那段令人激动的时期，至少在报纸上和理论上是如此。

如果救援任务真正实施并成功完成，那么将在航天历史上写下许多个第一：

1）如果执行检查舱外活动的话，那么这将是首次在轨道器机翼区域的舱外活动。机翼区域舱外活动有可能遇到无法预料的通信问题，航天员必须系在氟利昂板上，沿着打开的有效载荷舱门的外沿移动，无法利用舱外活动扶手或预先检查是否有锋利的边缘。

2）在执行救援舱外活动期间，2 名亚特兰蒂斯号舱外活动航天员有可能完全隔离于轨道器之外，在转移哥伦比亚号航天员的过程中，2 个轨道器的舱外活动气闸有可能同时关闭。假如此时有一名亚特兰蒂斯号航天员的舱外机动装置出现故障，应急操作几乎无法完成。

3）任务中，11 名航天员乘坐一个轨道器返回地球是创纪录的（其中部分航天员无法固定在座椅上）。轨道器必须由地面控制执行离轨点火、无人再入和烧毁。此外，约 9～10 h 的长时间逼近操作也是必须的，这也是第一次 2 个载人轨道器同时在空间飞行。

尽管每个方面在最佳情况下都是可以实现的，但是所有操作都需要保证 100% 的成功率，并且要求按时执行，同时不会出现意外事故。这是任务剖面评估中的一个重要假设。

1.5　舱外活动——修理

这个方案更是一个假设性建议，依靠检查来确定机翼前缘的损坏程度。修理后的机翼要求能够承受再入期间的所有问题，允许航天员控制轨道器飞行到一定高度，随后利用轨道器携带的设备实施跳伞。这个方案中不需要再发射一架航天飞机。

修理方案有一个重要的假设，即哥伦比亚号轨道器上的材料足以修理机翼损伤。调查委员会的研究中主要考虑三类材料。

选取的材料必须能够承受再入期间的热和压力，并且可以完全密封住损伤区域，保证轨道器可以完成安全的再入。第一个材料就是轨道器的热防护系统，可以从其他重要性较低的部件上选取。可以利用强化碳-碳复合材料来替换机翼上丢失或受损的区域，这就带来了第一个问题，强化碳-碳复合材料所处的位置超出了航天员舱外活动的允许活动范围。此外，重要性较低区域的热防护系统（Thermal Protection System，TPS）无法承受航天飞机在再入大气期间机翼前缘所承受的高温。

另一种方法是临时扰乱翼梁附近区域的高温气流。考察了多种热防护系统材料，但是由于其热质量低而被淘汰。可以考虑在其中插入铝，这种金属在轨道器上非常多，但是问题在于如何固定，保证其在再入期间不会移位。此外，还考虑了各种非必需的材料，可以将机翼的损伤临时密闭起来，使航天员可以在空中逃离轨道器，利用降落伞着陆。使用粘合材料将修复材料粘贴在机翼受损区域进行再入的方法也考虑到了，但是哥伦比亚号轨道器上没有任何一种粘合材料可以承受再入期间的高温。

1.5.1　有限的可选方案

对受损区域进行有效的密封可以提供一定防护，使哥伦比亚号可以安全返回地球。为了实现这一目标，必须寻找可以经受住再入期间高温和压力的材料，并以某种方式将其固定住。由于轨道器上没有携带粘合剂，无法将修复材料粘贴在适当的位置上。尽管没有任何东西可以将自由的瓦片固定住或是填满强化碳-碳复合材料板的孔洞，但是如果能够紧密贴合、产生较强的摩擦力就可以实现这一目的。可以利用塑形瓦片强行填入裂隙中。

其他方案主要考虑干扰流经翼梁的高温气流。这个方案的难点同样在于如何选取正确的材料，以承受再入期间的高温和压力，并保持固定。与前述处理方法相同的是，第一步仍是要到达这个区域并进行维修。可以将配载袋塞入裂孔，开口向外，将材料塞入袋中，扩展裂孔下方配载袋的体积，借助强化碳-碳复合材料板边缘的主梁将其固定。建议使用从轨道器内部获取的钛或其他合适的金属将配载袋固定在 8 号板内，直到配载袋彻底烧毁。

还有一种方案是利用水冻冰来扰乱高温气流。哥伦比亚号携带的软管足够长，可以从气闸内的试验端口延伸到 8 号强化碳-碳复合材料板。可以将应急水容器（Contingency Water Container，CWC）放在受损区域，利用软管将其填满，这和配载袋方案比较相似。哥伦比亚号最多携带 4 个应急水容器，如果不全用的话，可以将几个应急水容器塞入受损区域，装满水，然后再密封。在 3～6 天时间内，水就会结成冰，在受损区域形成坚固的阻挡。如果将自由的水喷洒在 8 号板内部，那么还需利用某种方法将水保存在其中，直至结冰，但是这种方法的可控性比袋装水方法要低得多。

在所有方案中，最合适的方法是收集热防护系统放热瓦断片，并将其带回到轨道器内部，以便重新塑形。然后，执行第二次舱外活动，将修复材料塞入裂隙中。该方案的地面演示表明，尽管瓦片可以重新塑形并强行安装到裂隙内，但是对所需瓦片数量和塑形精度等方面的要求较高，航天员难以控制，无法确定塑形是否成功。调查小组并未对此开展任何试验，无法确定固定瓦片需要多大的摩擦力，也不清楚这种方式可以填补多大的裂隙。不过他们认为，对于 15.2 cm 的裂孔来说，钛和水冻冰结合使用就可以填补翼梁和板之间的裂孔，然后，再利用高级柔性可重复使用表面绝缘材料进行密封。

要想完成修复工作，哥伦比亚号必须转为冷浸姿态，在再入前的 3～6 天内将结构温度降低 18 ℃。常规任务通常不考虑这种方式，因为这种姿态会严重影响该区域的其他系统，例如主起落架、气动表面和有效载荷舱舱门等。但是由于完成再入后，航天员将会跳伞逃生，而不会驾驶轨道器着陆，因此，起落架和轮胎的状况和温度相对不太重要。研究表明，仅依靠冷浸无法保持机翼结构的完整性，但是，如果和修理方案结合使用，就可以保证轨道器支持足够长的时间，直到航天员跳伞。

飞行主管乐柔·蔡（Leroy Cain）对再入方案做了大量的研究，他在 2003 年 4 月 22 日将"老虎队再入方案"报告递交给了哥伦比亚号调查委员会的轨道器工程工作组。老虎队研究了丢弃大量有效载荷舱货物并对机翼进行冷浸的作用，考察这种方法能否减少再入期间产生的热，从而降低总的热负载。这项方案的主要挑战在于舱外活动难度高，包括切断电源和液体电缆、切断并分离空间实验室转移通道以及处理大质量物体。研究报告中对这些任务的难度并未详细说明，但是可以确定的是，在 2 次舱外活动修理过程中，尽可能多地丢弃物体可以降低再入热负载。老虎队还研究了将常规 40°的再入角改为 45°或者降低阻力剖面等方式。这两种方法都可以降低左翼的热负载，同时将增加热防护系统其他区域的负载。研究表明，这种方案可将温度降低 148 ℃以上。但是这还不够，如果和其他方案一起使用的话，就可以显著降低受损区域承受的压力和热负载。此外，还需要向再入制导软件上传一个软件补丁。

各种方案能否取得成功取决于修理的精度，以及修理工作能够将翼梁变热和彻底烧毁时间延长多久。延迟时间可以精确地确定，从而预测出哪种方法可以使哥伦比亚号支持足够长的时间，直到航天员跳伞。有许多问题会增加修理结果的不确定性，包括插入瓦片间隙的大小、能否固定住瓦片、强化碳-碳复合材料裂孔内材料的重新分布，以及当高温气体进入该区域并融化了冰之后导致材料的位移。

所有人都不希望拿哥伦比亚号航天员的生命来赌博。或许综合利用修理、机翼冷浸、在最低的近地点离轨、丢弃货物舱的有效载荷以及采取不同的再入角等方法，可以使哥伦比亚号支持足够长的时间，为航天员跳伞创造机会。但是，其中的变数太多，而确定因素太少。

关于哥伦比亚号跳伞方案，后面的章节将详细论述航天飞机返回时逃生的方案。

1.5.2　舱外活动修理技术

所有修理左翼的方案都要求执行 2 次舱外活动。第一次主要是收集所需材料，并为第二次舱外活动准备相关的设备。第二次主要是进行修理。

第一次舱外活动的难度级别为中到高级，难度级别取决于待收集材料的类型和位置以及收集工作的复杂度。两次舱外活动之间，航天员需要对中部甲板的梯子进行修改，协助第二次舱外活动。为了避免与轨道器机翼发生直接接触，降低额外损伤的可能性，要在梯子顶端绑上毛巾或泡沫塑料块，并且在顶部脚蹬处安装微型工作站（Mini Work Station，MWS），供 1 号舱外活动航天员在修理期间使用。

对于第二次舱外活动，航天员将沿着有效载荷舱门搬运梯子和其他所有必需的工具和设备。到达工作点后，航天员将梯子翻转过来进行固定，有保护的一面对着机翼前缘。利用舱外活动固定装置就可以将梯子固定在有效载荷舱舱门，然后对着前缘轻轻拉紧，以保证梯子的刚性。1号舱外活动航天员在2号舱外活动航天员的协助下沿梯子移动，然后将舱外机动装置系在微型工作站上，将自己牢固地固定在梯子靠近工作点的一侧。借助工作点附近的设备和工具，1号舱外活动航天员就可以安定下来，并开始进行修理。

修理舱外活动的风险很高。仅就航天员本身来说，风险级别可能为中等，但是在修理时对机翼造成进一步损伤的风险较高。操作成功的可能性为中到低级，取决于损伤程度及当时所用的技术效果。

1.6　备选方案

除考虑舱外活动和救援任务方案以外，调查委员会还考虑了其他方案。例如，LiOH再生；利用其他航天器对哥伦比亚号进行补给；或者将国际空间站作为安全港，等待亚特兰蒂斯号执行救援任务等，当然，这种方式要求等待更久的时间。

1.6.1　LiOH再生

为了检验航天飞机上携带的LiOH在没有补给的情况下能否延长使用期限，艾姆斯研究中心（Ames Research Center）开展了专题研究。这项研究是在哥伦比亚号失事以后才进行的，目标是研究温度变化能否产生额外的LiOH，从而延长轨道器的在轨寿命。当LiOH遇到CO_2时会产生碳酸锂（Li_2CO_3）。艾姆斯的研究结果表明，在高温（677 ℃）和真空条件下，Li_2CO_3可以转化成LiO。艾姆斯研究中心还进一步研究了低温条件下的化学反应。由于轨道器有效载荷舱内所有部位的最高温度是121 ℃，理论上讲，在真空环境下，部分Li_2CO_3可以转化成LiO，进而与水结合产生LiOH。这次试验的目的是为未来的应急方案作准备，其结果表明通过舱外活动将 LiOH 贮罐放在有效载荷舱温度较高的部位有可能产生额外的 LiOH。

1.6.2　备选航天器

人们也在讨论能否利用其他的运载系统为哥伦比亚号运送补给，延长其在轨时间，进而为救援任务争取更多的时间。由于哥伦比亚号运行在倾角为 39°的轨道上，该区域以外的发射场都无法满足救援要求。这就排除了在拜科努尔发射场利用联盟号或进步号轨道器实施救援的可能性。

2003 年 2 月 15 日，阿里安 - 4 火箭从位于南美的法属圭亚那发射场成功发射了国际通信卫星公司的 Comsat。能否利用它来为哥伦比亚号提供补给呢？调查委员会经过研究得出结论，认为这种方案是可行的，但是受哥伦比亚号携带的消耗品数量的限制，很难在三周时间内完成协调和操作工作。主要的挑战包括开发一套新的补给装备，并将其安装在新的外罩上（这也需要另行建造），开发一套分离系统，以及对阿里安火箭进行重新编程，等等。具体到航天员如何进行交会并转移补给品也不明确。在哥伦比亚号事故委员会研究成果发布之后，尽管该方案可能不适用于哥伦比亚号，但是可以作为一个方向开展深入研究。

对于向国际空间站靠近的方案，哥伦比亚号处在倾角为 39°的轨道上，由于不具备显著的平移能力，轨道器无法机动到国际空间站倾角 51.6°的轨道上。哥伦比亚号携带的燃料只能实现 13.5 m/s 的机动，而向国际空间站机动需要达到 3 840 m/s。即使哥伦比亚号成功与国际空间站交会，它也无法进行对接，所以航天员还是得依靠舱外机动装置，通过多次舱外活动完成转移。俄罗斯的海鹰号（Or-lan）航天服与航天飞机的气闸并不兼容。可以利用进步号或联盟号将补给和设备运送到国际空间站，航天员可以乘坐联盟号返回地球。对国际空间站进行交会和逼近操作使得空间站上的航天员有机会对哥伦比亚号的损伤进行评估，一旦损伤情况确定，就不太可能执行

STS - 107 任务了。再发射一架航天飞机实施救援，特别是考虑到有可能会再发生同样的事故，这种情况下，至少需要发射 4 次联盟号实施救援任务，每次发射仅携带 1 名航天员，才能将 7 名哥伦比亚号航天员营救出来。同时，国际空间站常驻航天员必须乘坐自己的联盟号救援飞船。考虑到 2003 年和 2005 年间航天飞机任务暂停，国际空间站再补给遇到实际困难，因此，这种任务的后勤和硬件可用性值得怀疑。

1.7　实践的检验

哥伦比亚号事故调查委员会（CAIB）在提出修理和救援方案前做了两个重要的假设：第一种假设，在第 3 或第 4 飞行日，NASA 的管理层就发现了机翼上的裂隙，并且对其可能导致的灾难性后果毫无争议。但在当时没有证据可以证明这一观点。第二种假设，NASA 在无法证明第二个轨道器不会遭受同样命运的情况下，承诺要发射轨道器和航天员实施救援行动。这在当时情况下几乎是不可能的。修理方案和救援方案中设定的场景都是事故发生后的后见之明。所以，尽管调查委员会称修理或救援方案在理论上和技术上是可行的，但是所有方案的难度都特别高，风险都非常大，并且无法保证任务成功（即 7 名航天员安全返回地球）。

发射次日，在对远距离跟踪相机拍摄的照片进行检查的时候，发现了泡沫塑料块撞击的证据。NASA 下令进行工程分析以确定撞击的严重程度。研究认为，这次撞击不会造成灾难性的损伤，因此不再对哥伦比亚号受撞击区域进行更详细的拍照检查。航天飞机项目经理罗纳德·迪特摩尔（Ronald Dittemore）在事故发生当天说到，经理并未要求再拍摄图像，因为过去的经验表明，图像不会有太大的作用。而且如果出现重大故障，航天员也无能为力。1998 年 STS - 95 发射期间，航天飞机纵向尾翼底部的减速伞隔间的门跌落，当时也利用图像分析过影响热负载的因素。但是，当时的图像不清晰，无法提供太多的信息。从经理收到的数据来看，技术分析非常充分，也无法采取补救措施，因此，这次事故也没要求拍摄更详细的图像。

事故发生后，NASA、承包方工程师和项目经理一再表示，即使清楚地知道损坏程度也无能为力，哥伦比亚号事故调查委员会为此感到担忧，于是开展修理/救援任务研究。尽管拥有了泡沫塑料块撞击的照片和数据，但是人们就能否发射救援任务产生了争论。这个争论贯穿了哥伦比亚号事故调查委员会的整个调查过程。研究表明，即使卸掉 15 t 的设备，哥伦比亚号还是无法幸免。哥伦比亚号事故调查委员会研究了能否开展修理或救援任务及其对最终结果的影响。

先进的工程技术和先锋精神是航天时代早期的特征，而在现在的航天项目中，这些东西已经逐渐被官僚主义、健康和安全以及预算消磨殆尽。亚特兰蒂斯号原本可以营救哥伦比亚号航天员，但要取决于很多个"如果"和在最合适的时机发生一系列事件。只要有一个条件无法满足或是不存在，那么整个救援和修复方案难以成功。排除任何形式的救援或修理方案实际上就确定了哥伦比亚号的命运。哥伦比亚号的情况与阿波罗 13 号的情况完全不相同，此时的 NASA 不同，时代也不同。

根据调查期间委员会获得的数据来看，应当选择救援而不是修理。但是如果能够获得充足的损伤程度信息，或许就可以做出更准确的判断，得出事实上哪种方案更可行的结论。无论哪种方案能够取得成功，我们都将无法知晓。两种方案在技术上都是可行的，同时各自也具有一定的风险，包含一定的未知因素。如果对损伤进行深入检查，发现损伤面积很大，那么即使获得了更多准确的信息，无论是救援还是修理，都无法改变航天员的命运。

不论未来怎样，对哥伦比亚号惨剧以及人类航天探索历史上其他重大挫折的分析再一次表明，不管未来进入空间将会变得多么先进、多么常规，不管未来我们能够到达多远，立即的、有效的航天员逃生系统对每次任务都至关重要。自人类开始向更高的大气以及更远的地方探索之初，安全和逃生措施就一直是人们争论的话题。

参 考 文 献

［1］ Columbia Accident Investigation Report，Volume I，August 2003.

［2］ Columbia Accident Investigation Report，Volume II，October 2003，in particular Appendix D. 13 STS In - Flight Options Assessment pp. 391 -412.

［3］ Kenneth S. Thomas and Harold J. McMann（2006）. US Spacesuits. Springer/Praxis，Chichester，UK，pp. 36 - 38.

第 2 章　空间：终极边疆

　　一个多世纪以来，载人空间探索一直是人类的梦想，并且是许多天才毕生的事业。其中，有些人已经将理论设想转化成了科学现实，并创造了历史。在探索宇宙的同时，人们发现进入未知的世界后，需要利用方法和系统来保护和营救先驱探索者。提供可靠和有效的空间救援方法成为人们在过去 50 多年的时间里不断地进行研究和发展的目标。不仅设计师和工程师是如此，航天员也是如此。此外，发明家、救援系统中的医学专家，甚至政治和法律界的相关人士也在追求这一目标。

　　目前，空间救援仍然是人类空间探索中的重要课题。自人类首次突破大气层向外太空探索起，近 50 年来，这个挑战依然存在，人们仍然无法完全理解这种挑战，也不能百分之百地保证任务成功。航天员的逃生方案仍然是每个载人航天器设计师需要考虑的问题，但是开发有效的救援系统总是需要在工程设计、资金限制和物理定律之间进行权衡的。有许多系统的发展超越了图纸版阶段，具备了实际运行的能力，但是没有得到真正的应用。有的是由于保证系统正常运行所需的研究和工作量太大，有的则是由于缺乏时间，无法实施有效的救援方案。此外，航天员救援任务能否成功还取决于应急规划、好的运气和救援设备。

　　2000 年，施普林格出版社出版了《载人航天飞行中的事故与灾难》一书（中国宇航出版社出版了其中文译本），作者回顾了载人航天历史前 40 年中发生的和几乎就要发生的事故。书中称在任务的任何阶段都有可能发生意外，包括航天飞行的训练阶段、发射期间、在轨运行期间以及返回地球阶段。航天员救援能力也应当覆盖各个阶段。从发射前到发射后，硬件设备和航天员都必须按计划工作，即使救援系统根本就用不到（正如人们所期望的），它对任务成功和航天员的安全返回也都至关重要。

2.1　人类的大使

1954 年 12 月 2 日，国际地球物理年筹备委员会建议利用一个绕地球运转的人造卫星来研究高层大气。这个概念的提出引领人类进入了航天时代，苏联和美国相继发射卫星。它还引发了关于谁在空间拥有什么、地球上的规则和法律能否应用于地球范围之外等复杂的法律和政治争论。

2.1.1　外空条约——国际协议

根据联合国条约第五条，成员国签署以下协议：

"应当将航天员看做是人类进入外太空的大使，如果航天员发生事故、遇到危险或紧急着陆在其他当事国的领土范围内或公海上，当事国应尽可能地提供各种帮助。航天员意外着陆时，当事国应立即将其送回航天器的登记国。"

协议中还规定，一国航天员在完成了空间或其他天体活动后，如果其他国家航天员需要，应尽可能地提供各种所需帮助。同时，签署协议的各国应公布在空间中、月球上以及其他天体上发现的可能危及航天员生命和健康的各种现象。

在对航天飞行的法律问题进行了广泛的研究和讨论后，1958 年，也就是在全球首颗卫星发射后不久，联合国大会设立了第一个致力于和平利用外太空的委员会。次年，法律事务分委会建议就这一问题开展广泛深入的研究。最后，1961 年 12 月 10 日，首名航天员进入太空后联合国大会颁布了原则文件，即著名的《空间法典》。两年后，1963 年 12 月 13 日，附录发布。随后数年间，这些议案得到了充分的讨论和修订，1967 年 1 月 27 日，外空条约在华盛顿、莫斯科和伦敦签订。这份宣言要求为来自空间的航天员提供救援和返回服

图 2-1 地球升起——拍自阿波罗 8 号

务，并写进上述的第五条款中。但令人悲伤的是，在和平利用空间协议签署的当天，阿波罗 1 号在卡纳维拉尔角发射场的发射塔架上起火，导致 3 名美国航天员丧生。

2.1.2 救援协议

作为 1967 年外空条约第五条的延伸，"航天员救援、航天员返回和发射到外太空的物体的返回"协议（通常称为救援协议）于1968 年诞生。这份协议于 1968 年 12 月 3 日生效，12 月 22 日，即阿波罗 8 号飞赴月球的第二天，协议文件分别在华盛顿、莫斯科和伦敦得到了首批成员国的签署。截至 2006 年，救援协议共计得到了88 个国家的认可，其中有 25 个国家实际签署了文件。此外，还有 2

个国际和政府间组织（欧洲空间局和欧洲气象卫星开发组织）同意接受 1968 年协议中规定的权利和义务。协议文本译成了英语、俄语、法语、西班牙语和中文等多种语言。

　　救援协议比 1967 年的条约更详细，要求任何国家在知悉航天器上航天员处于危险中时，都应通知该航天器的发射国家和联合国秘书长。此外，如果航天器在该国领土范围内着陆时，该国应采取所有可能的方式对航天员进行救援，不论着陆的起因是由于事故、遇险、紧急情况或是某种非故意方式。如果遇险区域在任何国家的领土范围以外，例如国际水域，那么所有处于适当位置的国家在必要的情况下都应尽全力协助搜索和救援。

2.1.3　协议的更新

　　建立关于国际空间探索者救援和返回的国际协议是一件事，采取有效的方法来实现则是另外一件事。救援协议颁布 40 年来，尚未建立可以对威胁生命的空间形势作出迅速反应的国际空间航天员救援系统。

　　各国载人航天项目都各自拥有一套确保航天员安全的方法和程序。其中一部分可以按设计工作，并且已经在多年的实际飞行环境中得到验证。另一部分虽然可以使用，而且已经经过全面的试验，但是从未实际使用过。许多方案已提出多年，但最终被其他方案所替代。

　　在载人航天历史中，发生过许多起事故，有可能威胁到航天员的生命，但是航天员采取措施、执行紧急程序，克服或解决了当前故障，即使与最初计划有较大改变，也能使任务继续开展下去。尽管拥有了国际协议和单个系统，而且越来越多的国际航天员飞向太空，但是仍未出现国际空间救援组织。这至少在一定程度上是由于参与全球航天项目的国家和机构数量太多。

　　1967 年最初的条约中规定，航天员应得到所有可能的救援和返回帮助，但是其中并未对航天员进行明确定义。然而，这很明显是指苏联的航天员和美国的航天员，因为在当时没有其他国家支持载人航天项目。条约中还规定，在必要情况下，美国空军的军事航天员（如果在载人轨道实验室计划下执行飞行任务）也应划为此类航天员。1968 年条约将航天员一词改为航天器中的人，这样就可以全面覆盖后续计划，包括美国航天飞机上的有效载荷专家和在苏联航天器中"作客"的研究学者。太空旅游这一话题也得到人们广泛的讨论，即旅客跟随运载器进行短暂的飞行，就好像银河战舰 2 号（Virgin Galactic Spaceship II）一样，利用弹道飞行到达空间边缘。

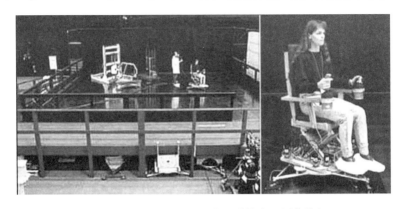

图 2 - 2　在地面上开发舱外活动技术和硬件设备

很明显，随着全球航天计划的发展，包含空间探索法律和义务相关内容的协议也将随之改变。毫无疑问，协议中一个争论的焦点就是，当航天器（或航天员）属于国际合作时，谁来承担救援行动的费用。协议中规定，这个费用必须由发射国承担，即使航天器或航天员是从另外一个国家或多个国家发射的。

2.1.4　回到未来

在返回月球和载人探测火星的背景下，必须建立有效的空间救援系统来支持这些长期的事业。目前，每次任务中有 2～7 名航天员在空间飞行，有 2～3 个多人机组任务是重叠的。但是我们尚未同时在太空中安排太多航天员，在距离地球上千或上百万英里的高度上，工作和生活数月甚至数年的时间。因为这样会要求空间救援服务时刻处于就绪状态，而不仅仅是在从地球发射、营救受困航天员返回地球的时刻才开展救援。航天活动的扩展将不可避免地在技术限制、科学返回、经济实用性和政治意愿之间进行平衡，并且需要公众的支持和正确的市场介入。此外，还将承受经常存在的巨大风险。

2.2　风险理论

新航天飞行技术的开发是非常困难的，通常花费较高，而且不会成为公众关注的焦点，尤其是需要较长时间才能使一项技术成熟。同时，考虑到技术将应用于充满危险的环境（而且在早期有许多危险都是未知的），不仅技术的成本和试验工作量大幅增加，提供适当的安全系统以保护技术以及依赖于这项技术的航天员的需求也相应增加。

当然，开发这种安全系统要求更高的成本、更多的试验和更高质量的控制要求，而得到的产品或系统只有在航天器出现故障时才有用。在预算受限的条件下，很难对这样的系统投入时间和资源。事实上，人们也在争论是否应当将精力集中在不会失效的主系统上，而不是开发安全系统或其他备份，使主要产品达到可接受的故障水平。

近期多项针对当前航天计划中空间救援的研究提供了有趣的结论。考虑到目前航空领域、特别是商业航空缺乏救援系统，这些研究解决了关于空间救援系统的长期争论。乘坐商业飞机的乘客均未配备个人专用降落伞。每年、每周、每天以至每个小时都有许多人乘坐民用飞机，同时全球有数百架飞机飞行，这并不让人觉得惊讶。我们可以承受在乘坐飞机时不配备个人救援系统的风险。即使刚刚看过重大飞机事故的新闻，人们仍然选择乘坐未配备个人逃生系统的飞机。目前，航空客运建立了许多程序和安全系统，但是这些措施都是建立在飞机可以安全返回地面的基础上。因此，为什么乘客数量较少、且通常只飞行一次的载人航天器要在救援系统上投入大量资源呢，而且这些救援系统很可能实际上根本就不需要！即使是军事飞机也不总是为每个人都配备救援系统，那么为什么航天器要配备呢？

为了解决这一问题，位于休斯顿约翰逊航天中心的安全与任务保障分部开展了一项与空间探索相似的各种"飞行"的比较研究。研究结果表明，商业飞机的风险为每 1 000 000 次飞行中有 1 人丧生。对于军事飞机来说，这一风险上升至每 100 000 次飞行中有 1 人丧生。而在作战情况下，这一风险又急剧上升至每 10 000 次飞行有 1 人丧生。到目前为止，航天飞行中人员死亡的风险为每 100 次飞行有 1 人丧生。如果去掉其中的航天飞机数据，那么这个风险将为约 60 次飞行中有 1 人丧生。这样看来，对航天员救援系统、特别是航天飞机的需求就更加明显。该研究证实了航天飞行对人员生命的风险比其他任何一种"飞行"都要高。

为什么人类要承受这么大的风险呢？这在一定程度上是由于在许多情况下，只有人类才有能力克服飞行中的各种困难，开展救援和修复工作，并且已多次挽救任务，避免代价高昂的失败。同样，例如勇气号和机遇号漫游车等无人探测火星任务的巨大成功也证明了并不是所有任务都需要人类的亲身参与。如果探测火星以及更远空间的任务取得成功，那么载人航天的未来必将与无人项目紧密交织在一起。如果是这样的话，那么救援和安全系统必定仍将是未来计划的重要考虑因素。

另一项与载人航天计划高风险特性密切相关的因素是技术的开发，以及该项技术服役的时间。与军事和商业航空（甚至是私人航空）相比，搭载航天员的航天飞行是一种仍处在发展初期的运输模式，在有记录的近 50 年间，飞行任务次数有限，积累的经验也非常有限。在全球航空百年历史中，有大量的技术和经验反哺到航空工业。相比之下，航天计划反哺到航天工业的程度非常有限。事实上，大量航天公司将航天技术转化到广泛应用于商业航空的材料和系统开发中，而反过来向新一代航天器投入则微不足道。航天飞行不具备飞机工业那样的孕育阶段，无法实现逐代改进、精炼，没有针对新设计的投入。

　　飞机的发展阶段较少，但是每一步的飞跃都是巨大的，从滑翔飞行到动力飞行再到加压驾驶舱、通过流线型设计突破声速的障碍，进入喷气机时代。载人航天已经从单次飞行舱发展到可重复使用的空间飞机，但是现在又返回到（可重复使用的）空间舱了。与早期设计相比，如果说航天飞机系统有什么不同的话，那就是牺牲了航天员救援能力，而且仅依赖一套系统会严重限制操作能力，不利于政治和公众支持，以及可能对航天员造成致命的后果。

　　在将航天飞机与 X - 15 飞行器进行比较时，总会强调飞行次数和运行结果之间的关系。X - 15 飞行器在 20 世纪 90 年代飞行了 199次，仍然只是一架"研究型"飞行器。虽然曾用于开发未来飞行器可能采用的技术，并且推动了可运行的飞行器计划的产生，但是 X - 15 飞行器从未被定义为可运行的飞行器。如果按计划执行全部任务，航天飞机也只完成了 133 次飞行。这比 X - 15 飞行器飞行次数要低得多，但是航天飞机在执行 4 次任务后就被确定为可运行的飞行器，很明显这个论断过于乐观。尽管实践证明航天飞机的设计是通用的，并且比较可靠，但是在 100 次任务中仍有 2 名航天员牺牲。X - 15 飞行器在近 200 次的任务中仅有 1 次重大事故，整个系统是建立在其他飞机数十年高速航空发展的基础之上的。这项技术与航天飞机的相关性较低。航天飞机发射时像火箭，飞行时像航天器，着陆时像无动力飞机。X - 15 是在飞机的机翼下发射，飞到空间边缘，采取无动力着陆。

　　过去的弹道舱经验对航天飞机来说借鉴意义比较有限，尽管现在 NASA 也找出陈旧的阿波罗设计文件来支持新型星座计划中的航天器——猎户座飞船。在未来星座计划的开发过程中，航天飞机技术将会具有一定的价值，但是最适用的经验往往记录在阿波罗的旧文件中。

2.2.1 保持公众关注

航天计划要想获得公众的支持，并且通过政治意愿获取资金，必须大力展示已有的成果。成功的推动作用很大，而失败的伤害作用同样很大。如果直接回报并不明显或是不吸引人，那么"销售"航天计划将是非常困难的。展示来自于空间的令人惊讶的数据或壮观的场面有利于促进欢呼声的出现，但是无法保持人们对航天的持续关注。对大多数人来说，日常生活中并不关心空间探索问题。因此，让公众理解我们在空间干什么、为什么进入空间以及这样做的好处是什么至关重要。但是对任何一个航天机构或是航天任务来说，这都是一项非常困难的工作。航天副产品及其在地面的应用可以为航天活动加分，但是空间探索的许多作用可能要在数年以后才能显现。空间探索活动即使有经济效益的话，也要在数十年后才能呈现。因此，航天飞行很难引入商业投资，同时政府投资与否在很大程度上取决于公众的理解和其他因素。很明显，航天机构必须采用各种可能的方法来吸引公众对航天计划的兴趣，筹集所需的资金。

2.2.2 空间飞行中的危险

要想在极端的结构应力、压力、温度和环境下实现所需的性能和安全性，航天器必须采用最佳的技术。为了向公众解释这个问题，NASA 马歇尔空间飞行中心的前结构主管罗伯特·赖安（Robert Ryan）建立了一套衡量标准，可以清楚地说明发射过程中的设计挑战。

可能危及航天员安全、并且需要采取充分救援方法来保护航天员的载人航天飞行共有以下 7 大类。

（1）发射前

从航天员进入运载器时起，到运载器离开发射台之前的时期为发射前阶段。其中并不包括发射当天航天员进入运载器之前，开展任务专项训练期间发生的许多事故。这些事故可能导致任务的延期或者人员的伤亡，例如故障系统导致的火灾或爆炸，航天器结构的损坏，推进系统相关故障或是电风暴等自然环境影响等。有记录的重大事故包括：阿波罗 1 号火灾；双子星座 6 号发射前中止；联盟号 T - 10 - 1 发射台中止；航天飞机冗余装置发射定序器在发射台 5 次中止。

（2）上升阶段

上升阶段指从起飞到轨道注入之间的时期。这一时期内，系统故障可导致航天器失去控制或结构损伤，推进系统故障或自然环境影响可诱发故障。有记录的重大事故包括：阿波罗 12 号遭受雷击；联盟号 18 - 1 无法与助推器分离；阿波罗 13 号第二级中央发动机故障；STS - 51F 发动机关闭，导致无法进入预定轨道；STS - 51L 任务中挑战者号爆炸；STS - 93 在上升期间电短路，爆炸产生的碎片严重影响了 STS - 107 任务中哥伦比亚号航天飞机的上升。

（3）飞行阶段

飞行阶段指在空间或在轨道上飞行的时期。这段时期较长，包括航天器飞往月球、行星、小行星或其他天体，或者返回途中，直到完成地球大气再入之前等阶段。在此期间航天器可能发生多种故障：爆炸、失去姿态控制、关键功能故障；有毒物质的释放；空间环境危险，例如太阳辐射、微流星体轨道碎片的撞击，航天员的健康问题，等等。有记录的重大事故包括：双子星座 8 号推力器故障，失去控制；阿波罗 13 号氧气贮箱爆炸；STS - 2 和 STS - 83 任务中燃料电池故障；联盟号 - 1 和和平号起火；联盟号 - 33 主发动机故障；联盟号和和平号任务中航天员的健康状况不佳等。

（4）接近操作

接近操作阶段包括交会、对接、分离以及围绕空间中其他航天器的活动。航天器在空间中有可能与其他航天器发生碰撞，分系统也可能发生故障，包括爆炸、失去姿态控制或关键功能故障以及释放有毒物质等。空间自然环境也有可能产生危险，例如太阳辐射、温度变化和轨道碎片撞击等。由于航天员健康问题导致轨道不正确，

图 2-3　发射中止后对航天飞机主发动机进行检查

就会使航天器偏离航线。有记录的重大事故包括：1997 年进步号与和平号相撞，导致"光学"（Spektr）舱结构受损。

（5）非地球表面的上升和下降

非地球表面的上升和下降主要指在月球、行星或小行星上的操作，包括在行星表面或月球表面上的着陆或起飞，期间可能发生的故障或危险有：系统故障、自然环境影响、轨道错误或靶标定向错误以及与天体表面碰撞等。有记录的重大事故包括：阿波罗 10 号在模拟着陆期间失去控制。

（6）表面探测

在月球、行星或小行星上的舱外活动通常需要在航天器外部进行，也包括多次舱外活动之间的天体地表停留时间，例如研究基地或在居住舱延长停留时间等。这期间可能发生的故障包括：航天服系统故障、航天服刺孔、舱外活动航天员健康，或是由于航天员漂移导致航天员与航天器联系中断等。有记录的重大舱外活动事故包括：航天员头盔起雾（双子星座号和和平号）；航天服充气（上升号-2）；航天员体力透支（阿波罗月表活动）；手套损坏（航天飞机舱外机动装置），承受极端温度（航天飞机舱外活动）。

图 2-4　土星-1B 发射

（7）再入和着陆

这一阶段自开始离轨机动、进行大气再入时起，到在陆地或水面着陆，并安全营救航天员为止。这期间可能发生的故障包括：结构系统故障、自然环境影响、失去控制、再入指令输入延迟等。有记录的重大事故包括：水星 7 号、上升号和联盟号 TMA-11 再入时飞过目标；联盟号-1 降落伞故障；联盟号-11 降压；阿波罗 15 号降落伞单点故障；阿波罗-联盟试验项目中阿波罗吸入有毒物质；联盟号 TM5 再入故障；STS-51D 爆胎；哥伦比亚号失事。

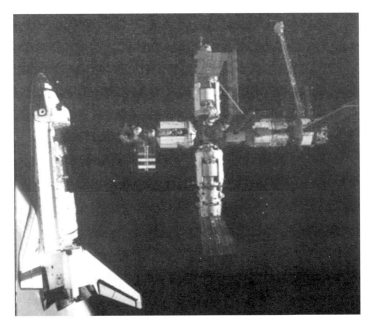

图 2-5　接近操作

　　NASA 的文件对这 7 类危险又进行了总结：发射前和上升阶段（基本上都是从地球进入空间），共有 12 种严重事故，其中 2 种可导致死亡；飞行、接近操作和舱外活动阶段（基本上都是空间中的活动），共有 13 种重大事故，无单点故障。然后是再入和着陆阶段（返回地球），共有 10 种重大事故，其中 3 种可导致死亡。报告还总结出，利用一次"典型的"飞行将事故风险统一起来，而上升和再入阶段的风险最高，这也印证了航天产业内关于动力飞行阶段最为危险的理论。同时，这也与传统观念相一致，即距离发射台越远越安全。当然了，航天器被设计成在空间环境中运行，因此当其离开地球以后或者在返回地球以前，发生故障的概率较低。事实上到目前为止，在空间中实际发生的最严重的故障（双子星座 8 号、阿波罗 13 号和 1997 年的和平号事故）也被航天员和地面控制人员克服，使危险的状况逐渐稳定，航天员安全返回地球。通常情况下，飞行动力学的限制使得时间过短不足以做出反应，无法从威胁生命的状况中逃离；然而，如果航天飞行中出现了严重情况，那么要想克服威胁生命的问题，不仅需要充分的后备方案、应急计划，还需要最重要的时间。

图 2-6　阿波罗 16 号登月舱舱板受损情况

考虑到时间、距离和故障级别，为受困于空间的航天员提供"空间救援能力"并不总是可行的方案。只有在阿波罗登月任务中，航天员虽然远离地球轨道，但是理论上可以即刻返航，或是在短期内返回地球。在阿波罗计划中，所有任务都存在故障风险，航天员有可能远离地球，没有救援或返回的希望。这也是决定终止阿波罗计划、取消最后 3 次任务的主要原因，特别是在阿波罗 13 号接近失败，美国航天计划内部和外部的财政问题和社会问题日益突出之时。所有载人航天飞行中都存在威胁生命的情况，但是由于地球轨道距离较近，存在进入安全港或实施救援并及早返回地球的可能。尽管如此，在安全着陆之前，再入和着陆的动力学阶段仍然是较大的障碍。

2.2.3　救援系统与方案

考虑到航天飞行中存在诸多危险，科学家和工程师必须对新颖的方案进行修改，在发生重大事故的时刻能协助开展航天员的救援和搜救工作。

图 2-7　联盟号航天员搜救

对于发射前操作，开发了一系列快速发射台逃生系统，并已集成到发射台硬件设施中，因此可以快速撤离发射台区域。这些措施包括滑线、发射台上的坡道和保护性掩体、发射中止塔和火箭系统以及弹射座椅等。此外，在发射故障的情况下，应急监控系统可以对航天器的状况进行评估，在多个阶段终止发射，从而挽救航天员的生命，并且可以在故障解决后执行后续发射任务。

　　对于上升阶段，发射台上的运载火箭中止系统也做了改动，可针对不同高度作业，或者为航天员提供弹射座椅。随着航天器的上升，发射任务剖面也有一定改动，以匹配航天器不断变化的技术状态、功率和能力，例如中止进入轨道，在应急场着陆，或者在某种情况下从航天器中跳伞等。

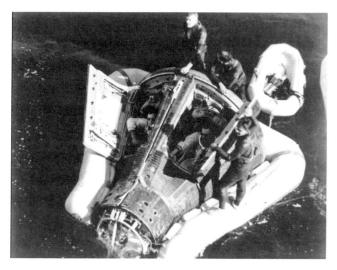

图2-8　搜救双子星座航天员，图片显示舱门开启，航天员正坐在弹射座椅中

图2-9　第一个真正的载人航天器——阿波罗9号登月舱

在地球轨道中，对苏联上升号航天器进行初期轨道跟踪意味着如果离轨点火失败，那么航天器轨道将在发射后 10 天左右自然衰减。航天器必须携带足够的供给品以确保航天员生存足够长的时间，从而完成着陆，同时还要求其他的关键系统不会出现故障。每次载人任务中都有一个主飞行计划，此外还有备份方案和应急方案，因此，如果由于某种原因无法实现主要目标，那么在足够安全和谨慎、且不会危及航天员安全的情况下，还可以执行其他任务。在规划阿波罗登月任务时，备份方案也是重要的方面，特别是当航天器无法飞离地球轨道或执行登月任务时，在保证安全的情况下，可以由航天员完成其他任务目标。当然，地球轨道救援还依赖于关于故障状态的充足信息、另一架可以快速发射到适当倾角轨道的航天器以及实施救援所需的时间（哥伦比亚号救援的时间就不充足）。另一种方法是维持一架救援航天器，当其他航天器出现重大故障时可以对航天员实施救援。事实上，这也是阿波罗 13 号航天员唯一的选择。由于服务舱发生爆炸，导致指令舱故障，登月舱依然保持连接且尚未使用，这时就可以代替月球着陆器作为空间救生艇使用。自空间站计划建立之初，就存在航天员运输航天器（用于礼炮号、和平号和国际空间站的联盟号飞船，用于天空实验室的指令服务舱），可将空间站中的航天员带回地球。天空实验室计划中还准备了另一个飞往轨道工作室的航天器，其核心团队由 2 名航天员组成，可以携带 3 名天空实验室航天员返回。自 20 世纪 50 年代以来，出现了许多轨道逃生方案，其中一些方案发展到硬件的级别，其他一些方案则仅仅处在理论研究阶段，但是大部分方案从未进入实施阶段。

在远离地球的位置上实施救援非常困难和复杂。对阿波罗计划来说，没有地基救援方案可以营救在地月之间的航天员，如果出现状况，处在月球表面的 2 名航天员也无法获救。指令舱中留守的 1 名航天员缺乏到月球表面的手段，无法对其同事实施救援，因此其返回地球的旅程既漫长又孤独。星座计划正在解决这个问题，防止出现航天员受困于月球那么远的位置，没有救援的希望。因此，针对交会对接失败的救援，或者支持从地表上升或从较低轨道下降到地表是救援保障的唯一选择。对于舱外活动，可利用自救系统为太空行走的航天员提供一定程度的救援能力，例如备份和次级生命保障系统、共享生命保障系统（例如阿波罗计划中的结伴系统），以及航天飞机/国际空间站上的简易舱外活动救援辅助装置等。此外，还有另一种方法，即通过独立于团队的航天员对主航天器进行机动，"追并抓住"漂移的航天员。在理论上，这对航天飞机是可行的，但是对于更大质量的国际空间站或是已对接在空间站上的航天飞机来说是不太可能的，因为航天飞机与空间站分离就需要很长时间。

图 2 - 10　在气浮台上穿着加压服验证舱外活动救援

在再入阶段，通常有备份降落伞系统、弹射座椅或跳伞等方案保护措施，只要航天器不解体且保持稳定飞行，这些方案就可实施。

此外，对于远离主着陆区域的降落，还需要生存设备（增加了航天器的发射质量），例如水上生存所需的游艇，丛林、沙漠和山区所需的生存设备，通信设备和充足的生存衣物等。

图 2 - 11　航天飞机在跑道上着陆

2.3　任务设计的安全性

在所有载人航天飞行任务规划中，飞行安全性都具有最高的优先级，在硬件、软件和非强制性限制的约束下，围绕安全性制定轨道和任务目标。为了确保安全实现任务目标，还需要对飞行控制、任务规则和操作程序进行一定的限制。这必须在航天员、控制团队和地面保障人员的共同努力下才能实现。另一项保证安全性的因素是要不断更新项目经验，不论是成功的还是失败的，并将这些经验带到新的项目中。从过去的项目经历中汲取经验是无价的；相反，如果不从中汲取经验，那么工程将耗费大量时间和资金，并且有可能牺牲航天员的生命。载人航天计划自 20 世纪 60 年代的太空舱任务起就开始了，其中的经验不仅对载人航天项目非常重要，对目前的航天飞机任务、空间站项目，以及未来重返月球（首次登月后 50 年）和首次载人登火星任务来说同样重要。这个策略在 1967 年 NASA 内部通告中就说明了，在阿波罗规划中借鉴了水星和双子星座的经验，模型可应用于所有的载人航天项目，胡斯等人对此进行了总结（Huss et al.，1967）。

2.3.1　任务设计

在优先保证飞行安全的条件下，设计任务的主要目的就是使任务目标最大化，同时在不会对航天员造成无法接受的风险和不违反已知约束条件的情况下实现任务目标。因此，任务目标必须是现实可实现的，并且不违反飞行和航天员安全限制。主要的难点在于确定飞机计划建议的各种约束条件，同时实现任务目标，确保安全性不会降低，同时在无法实现主要目标的情况下可以执行备选计划。

因此，可以从约束条件、目标和操作规划推导出任务。由此又可以推导出常规任务和备选任务。约束条件包括运载火箭、航天器、操作问题、跟踪和通信网络、搜救力量和航天员。

在规划任务目标时，必须考虑任务剖面、系统和计划舱外活动间的兼容性。此外，在规划飞行操作的同时，还需要研究中止和备选任务。还需要分析任务的各种参考轨道和保障要求。在飞行准备工作中必须考虑仿真和训练项目，并由此发展出飞行乘组计划。最后，必须确定搜救行动的范围。

从操作上来讲，必须评估中止程序、定义飞行控制轨道、规划备选任务、设定任务规则、确定任务操作轨道、编写手册（或者最近编写的计算机程序）、评估仿真和训练要求、设计任务保障要求，以及确定搜救计划。

对约束条件、规划和操作等因素进行组合，可以得出可实现的任务目标，同时确保常规任务或应急任务设计中的飞行安全。由此可以给出各方面要素的定义，包括：

1）常规任务设计。轨道高度和倾角，以及降落技术。

2）应急任务计划。中断程序和飞行控制轨道的限定。

3）约束条件和考虑因素。操作问题、技术状态和系统，以及所使用的软件。

大多数任务规划中考虑的约束条件包括以下 3 个方面的内容。

（1）操作

1）距离安全。避免地面撞击和轨道碰撞。

2）通信和跟踪。系统监控，地面控制能力。

3）周边环境。大气、风、闪电、气象条件、辐射和陨星等特性。

4）人为因素以及航天员对加速度和减速度的承受能力，航天员和地面反应时间。

5）程序。运载器元素分离技术，避免再次接触，训练中简单可靠的提升熟练程度的方法，经验教训在任务中的传承。

6）着陆和搜救。地形特征、照明条件和通信后勤要求医疗保障覆盖。

（2）技术状态和系统

①运载火箭

1）推进。应急检测和切换能力。

2）制导和控制。应急检测和切换，以及稳定性。

3）结构。应急检测。

②航天器

1）推进。类型、性能和备份能力。

2）制导和控制。性能、程序和备份系统。

3）结构。着陆能力和提供吸收冲击能量的航天员睡椅/座椅支持。

4）热（热防护）。热防护、耗散和空间浸泡能力。

5）气动力。稳定性、光滑度和升力/阻力因素。

6）窗口特性。航天员对地平线的可见度、手动控制的可见度和视觉辅助等。

　　7）消耗品。电源，环控生保系统，推进。

　　8）顺序。姿态要求，时间，程序。

　　（3）软件

　　1）运载火箭。地面控制能力，数据上传/下传能力。

　　2）航天器。数据上传/下传能力，系统评估。

　　3）地面控制。数据上传/下传能力，系统评估。

2.3.2　常规任务设计

　　在对常规任务设计进行定义时，对轨道高度和倾角以及下降技术的要求是最严格的。到目前为止，在载人空间探索历史中共有近260次任务，其中只有9次阿波罗任务远离地球轨道，到达了月球的距离，因此任务设计的焦点集中在地球轨道上。

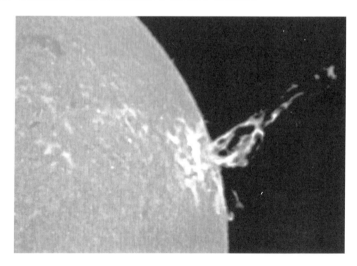

图 2-12　向空间辐射的太阳耀斑

　　在 740 km 高度以上，辐射是最主要考虑的因素。此外，另一项需要考虑的因素是陨石。虽然轨道碎片的数量越来越多，特别是在417～740 km 范围内引起了人们的重视，但是在设计中这一约束不是太严格。因此，对于远地点只考虑辐射约束，而不考虑轨道碎片撞击问题，并且尽可能地避开这一区域。近地点主要受任务周期要求、再入期间大气加热和轨道作业周期延长遇到的阻力等方面的限制。此外，在决定航天器飞行区域时，着陆点位置的选择也是一个重要的因素。下降阶段所用的技术包括用于离轨点火的推进系统类型、可用的备份系统、系统的顺序、航天器的气动能力、陆地搜救或水上搜救的程序、与航天员直接通信的范围、在着陆过程中航天器的能力等。目前，常规的短期飞行任务高度在 185 ～417 km 之间，而长期飞行任务的高度在 417～740 km 之间。但是也有个别短期飞行任务的轨道高度较高（例如，哈勃望远镜维修任务），而国际空间站则在近 340 km 的高度上飞行。

2.3.3　应急任务设计

随着预定任务的发展，实现任务目标所需的一系列事件和要求也不断发展，同时在任务规则下保持安全性。此外，随着飞行计划的发展，应急任务或备选任务操作也在不断发展。其中可能需要执行飞行任务的航天员、控制人员、管理人员、科学和工程支持团队以及搜救团队的参与。对于有些任务，最大的设计输入通常就是开发"如果，那么……"这样一个应急规划方案。

中止程序和轨道控制限制对飞行安全和时间关键的任务阶段影响较大，要求航天员、地面控制或系统在航天器偏离正常飞行路径、有可能对航天员和航天器造成危险时，快速作出反应，以应对飞行中出现的故障；整个任务可以分为三个阶段：上升阶段、在轨阶段和下降阶段。

上升阶段的定义为航天器从地面发射台到轨道飞行必须经过的大气区域。这一区域又可细分为大气、转移和空间三个区域。

通常认为，大气区域从地面/发射台起向上到 85 344 m 的高度，航天器再入时可以"感觉到"大气产生的减速力。这个区域是地球大气密度最高的一层。转移区域处于 85 000～122 000 m 的高度，航天器在大气环境和空间环境间移动。空间区域则处于 122 000 m 以上，是航天器的最佳工作环境（即该区域是航天器的设计任务环境）。

将这三个区域和上述约束条件和考虑因素结合起来，就可以确定发射中止情况的范围，以及应对这种情况的硬件系统和程序。必须考虑航天器和系统的操作限制、运载器的技术状态以及可用系统的限制——这些因素在各种中止模式中都非常重要，尽管对于不同航天器和不同计划有所改动，但是本质上都是相同的。

图 2-13　离开地球

2.3.4 定义发射中止

中止模式 I 几乎总是在大气密集层发生，而且需要在发射场附近着陆。任何中止系统都必须应对大气密集层、地面条件、运载火箭爆炸的可能性、快速飞行产生的气动力，以及救援航天器和航天员承受的冲击负载。此类中止的首要考虑因素包括周边环境条件，中止/航天器推进系统的程序，可能的运载火箭分离所需的时序。中止模式 I 过程中将遇到较高的气动力，中止剖面中应考虑陆地或水面搜救情况。在这种中止模式中，航天员能力也是一项因素。发射方位角远离居民区可以在一定程度上将地面撞击程度降到最低。

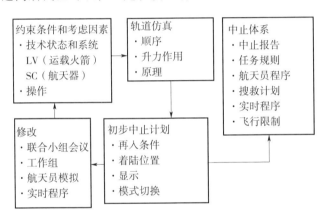

图 2 - 14 NASA 的阿波罗中止体系

中止模式 II 通常发生在转移区域，处于大气的边缘，但是要求快速返回大气中。这种中止方式覆盖了大部分上升区域，通常被认为是"最简单和最安全的中止程序"。在这个高度上，运载火箭爆炸的可能性和不稳定性较低，再入航天器下降时承受的压力也远小于模式 I。尽管模式 II 中止方式比较简单和可靠，但是受人为因素的限制。航天员必须能够承受较大的减速负载。航天器系统遵循一定的顺序要求，将部件从运载火箭上分离，然后远离爆炸区域，投弃不必要的硬件，将自身调整至再入姿态，在启动着陆系统前强行进入再入剖面。在航天飞机项目中，这种操作是由航天员控制的。对于这一级别的中止，还需确定低密度人口区域。

　　中止模式 III 是最关键的中止模式之一，通常要求借助航天器的推进系统和气动能力来完成着陆，对紧急着陆的地面跟踪要快速切换到围绕地球的轨道跟踪。此时航天器的轨道更高，在规划搜救区域时应考虑再入和着陆期间避开居住区。因此，首要因素包括着陆和搜救、通信与跟踪、程序以及航天员的能力。同时还应包括避免与投弃设备相碰撞的程序。

　　中止模式 IV 是应急轨道模式，至少有一个或两个轨道需要轨道注入机动，从而使地面控制人员和航天员能够对情况进行评估，制定后续行动计划以保证任务继续进行，确定备选任务目标或尽快返回地球。这种模式的主要约束条件为通信和跟踪、人为因素、消耗品和程序。

图 2-15　人类在空间非常脆弱

2.3.5 轨道操作概述

应急轨道任务应考虑航天器系统的高度限制。所有的机动都需要事先进行预算，为离轨燃烧留有足够的余量，保障离轨能力备份。备份系统支持手动控制，并且可以显示故障信息和各关键系统的状态。

在紧急情况下，必须控制航天器的在轨时间，在近地点时受部件温度条件约束，在远地点时受环境条件约束。在整个过程中要尽可能长时间地维持通信和跟踪，所有的救援机动都必须根据航天器上的可用消耗品和能力仔细计算。

当阿波罗登月舱首次飞行时，航天员手动操纵航天器，不具备安全返回地球的能力。研究人员做了大量的规划，为登月舱单独在地球轨道和月球轨道飞行提供了充分的备份能力。阿波罗 9 号关于应急操作的早期工作在 1970 年阿波罗 13 号事故中体现出价值。随着重返月球计划的推进以及向更深远的宇宙进行探索，在轨道分析时也应考虑深空距离，以及长期月球探索甚至火星探索的环境条件。随着支撑这些目标的项目发展，在轨期间的规划也不断深入和发展。

2.3.6 下降阶段考虑因素

下降阶段是最难设计的，因为必须考虑离轨机动、再入控制、安全再入剖面的限制、备份程序、着陆和搜救技术、硬件和程序，以及搜救力量的后勤和覆盖等。

再入的特性随项目的不同而有所变化，取决于再入航天器的设计、质量、着陆能力、航天员输入的限制，以及着陆的类型，即是水面着陆还是陆地着陆。

在设计应急离轨和着陆时，必须考虑航天器各部分分离的顺序，（航天员乘坐的）航天器的下降方向，从离轨机动结束到再入界面的"自由下落时间"，高度从 13 700 m 下降到 10 700 m，达到所需的速度和再入角。其他因素包括航天员对再入负载和热环境的承受能力。

图 2-16　返回地球

航天器结构是气动能力和负载增加或降低中的首要考虑因素，要求不影响航天器仪器设备和控制，或者不会在下降期间对航天员造成伤害。采取弹道式再入时，航天器穿过大气导致周围离子温度升高，出现无线电中断，此时的通信非常困难。航天飞机在再入阶段可以借助跟踪和数据中继卫星来提供到地面站的中继链路，在通信受影响前尽可能地为航天员或地面控制提供轨道数据更新和着陆点信息。

　　着陆点的选择取决于轨道倾角、从离轨机动到着陆间的距离、地形特征、后勤、通信、气象和照明条件等因素，在某种程度上也会受当时的政治形势限制。

2.4　小结

　　空间飞行需要大量时间对"假如"的情况进行规划、评估、试验、仿真和防备。国际协议将这些安全性参数、借鉴过去经验开发出来的技术、仿真以及训练进行扩展，以使未来的安全和应急方案更加可靠、更具故障保护能力。

很明显，任务的设计、中止飞行或航天员救援的能力主要受飞行方位角、姿态和剖面以及下降技术的影响。在上升或下降走廊设计中必须包含应急任务规划，从而使中止和救援技术能够发挥最佳性能。飞行操作规划还应满足硬件、航天员和环境的约束条件。尽可能多地解决这些潜在的问题，无论是现在还是将来仍将是所有载人航天飞行规划中的一项重要工作。

自 20 世纪 50 年代末世界第一个载人航天器的研制到现在，围绕国际空间站的工作、重返月球的希望和梦想以及将人类送往火星——所有任务都需要理论和实际建模、仿真和试验以及系统地制造，在出现故障的情况下保证航天员的安全。对最有可能发生的故障进行规划，并结合灵活的、可调整的紧急情况，来应对意料之外的、但是具有生还可能的状况。

在从地球发射的情况下，不论是发射逃逸塔系统、弹射座椅，还是应急方案和备选方案，都有力地保障了离开地球的任务。在空间中，虽然不是每次着陆都非常安全，但是备选任务、冗余系统和面对逆境的灵活性都成功地将航天员带回地球。陆地和海洋着陆技术以及野外生存训练都支持高难度的转移阶段，从高速飞行到陆地平稳着陆、陆地撞击着陆或水面溅落。本书后续内容将论述开发这些技术时遇到的挑战。

参 考 文 献

[1] Carl R Huss，Claiborne R Hicks Jr. and Charlie C. Allen（1967）. Mission Design for Flight Safety. Internal Note No. 67 - FM - 175，17 November 1967，NASA - TM - X - 69696. Mission Planning and Analysis Division，MSC，Houston，TX.

第3章 生存训练

不论航天员的保护设备或救援设备多么先进，如果航天员未经训练或不能熟练掌握的话，这些设备用处也是有限的。因此，训练工作是航天员执行空间任务准备工作中的重要组成部分。

生存训练和救援训练就是要让航天员尽可能多地学习设备的知识，包括其故障模式和所有可用的备份或备选系统。针对常规和非常规情况的大量仿真、针对生存和应急逃生程序的动手练习以及对各个设备的训练都非常重要，这些训练可以确保在紧急情况下航天员和设备都可以应对。

自美国和苏联的首名航天员分别于1959年4月和1960年3月选拔出来起，生存训练和野外训练就一直是航天飞行准备工作中的重要组成部分。随着载人航天项目的发展，包括乘客航天员和专家航天员在内的航天员生存和救援训练的重点也在不断发展。尽管对于未来高层大气亚轨道"旅游"飞行来说，生存训练的重要性可能会有所降低，但仍将是未来航天项目训练的重点内容。无论如何，都应当尽可能深入地了解航天器的安全性和救援设备，而且在可预见的未来，其重要性都比乘坐商业航空飞机的重要性高。

3.1 NASA航天员生存和野外训练

在确定了将航天员送往太空的方法和手段后，就应确定航天员返回地球的程序。返回的方式应当能够应对常规和非常规两种情况。当然，最理想的情况是实现安全、无故障返回，但是必须事先进行防备，以应对返回过程中不按计划进行的情况。训练内容也应包含这种可能性。如果航天器在主着陆区或次着陆区以外的地方降落，航天员有可能身处偏远地区和严酷的环境中。此时，航天员和设备都必须处理这种实时的情况。自 NASA 航天员计划之初，生存和野外生存技术就是训练内容中不可或缺的组成部分。

3.1.1　水星计划

水星计划在设计阶段就决定要将水面着陆能力包括进来。因此，航天员训练计划中包含了培养航天员水面着陆、出舱和直升机搜救的课程。由于发射场处于特殊位置，发射方向远离美国主要的居民区，水星号飞船的轨道路径先是经过大西洋、非洲、印度洋、澳大利亚、太平洋，然后再回到美国大陆上空，着陆区域设在大西洋。任务控制中心在飞行遥测数据的基础上，利用轨道动力学就可以预测出计划的和预期的着陆场。

除水面着陆生存训练外，航天员还应针对陆地偏远地区着陆的情况进行相应的训练。对水星计划来说，这种偏远地区包括北非和澳大利亚中部的大片沙漠区域。

很快人们就意识到，针对一个复杂的项目，单独一名航天员无法掌握所有专业知识。因此，1959 年 7 月，首批航天员中每人都被分配了一个专业领域，集中精力进行学习，每周集体汇报一次，或者按要求汇报多次。在分配专业领域时，将每名航天员过去的经验和技术资质等因素也都考虑进来。在随后几年里，这种技术分配成为 NASA 航天员训练的标准特色，使航天员能够直接参与当前和未来项目的支持工作。

水星计划的各个专业领域在一定程度上都反应了安全性和救援任务中的某一方面：斯科特·卡彭特（Scott Carpenter）负责通信和导航（在飞行中或是返回期间的紧急情况下都非常重要）；戈登·库珀（Gordon Cooper）负责红石运载火箭（及其在载人亚轨道飞行任务中的安全性）；约翰·格伦（John Glenn）负责航天器乘员舱的布局（包括可见性、控制设备的距离以及自由的进出方法）；格斯·格里索姆（Gus Grissom）负责（正常和非正常情况下的）手动和自动控制系统。沃利·施艾拉（Wally Schirra）负责航天器的生命保障系统以及航天员的个人航天服（是保障航天员在任务期间和返回期间生存的不可或缺的组成部分）；艾尔·谢泼德（Al Shepard）负责跟踪和搜救（全程了解航天器的位置信息）；戴克·斯雷顿（Deke Slayton）负责宇宙神运载火箭（及其相关的安全问题）。

对于首批 7 名美国航天员（水星 7 号），第一阶段的生存训练是作为一个小组来进行的，在分配了飞行或后备航天员的角色后，每个人单独进行任务前的进修课程培训。7 名航天员中每个人都定期进行进修课程，包括修订的出舱和搜救程序、参与出舱和搜救练习等。

让航天员实际参与从水星号飞船中的出舱训练，这一过程分三个阶段进行。除此之外，航天员还修完了水肺潜水课程，学习了其他一系列课程并观看了训练视频，然后在水槽中实际练习生存作业，一个月后开始在开放水域中训练。水星计划中，每名航天员共计花费 25 h 进行出舱训练。

出舱训练第一阶段于 1960 年 2 月完成。使用全尺寸的 5 号样板航天器作为出舱训练机（位于兰利研究中心的 1 号液压水槽中），航天员通过顶部舱门出舱。每人均完成多次练习，包括穿加压服和不穿加压服两种方式。试验分平静水面和浪高 0.6 m 的动态水面两种方式进行。

出舱训练第二阶段在 1960 年 3 月和 4 月进行。航天员在位于佛罗里达州彭萨科拉（Pensacola）海军航空站附近的墨西哥湾开展为期 2 天的首次全尺寸开放水域出舱训练。第一天在海上训练，练习使用侧舱门和顶舱门；第二天则在彭萨科拉的水槽中训练，练习水面生存技术。

出舱训练第三阶段于 1960 年 8 月进行。航天员在弗吉尼亚州的 NASA 兰利研究中心的 1 号液压水池中进行一系列的水下出舱练习。航天器浸在水下，每名航天员均完成 6 次出舱练习，其中 3 次是穿着加压服完成的。

作为任务训练准备工作中的一项内容，（主选和备选）航天员在接到飞行任务后将参加全尺寸的搜救演习。演习内容包括顶舱门和侧舱门出舱、部署求生设备以及开展直升机搜救操作等。

图 3 - 1   水星号飞船水面出舱训练

生存训练第二阶段于 1960 年 7 月进行，7 名航天员均参与了为期 5 天半的沙漠生存课程，共分为 3 个阶段。课程包括 1 天半的理论培训，在内华达州斯代德（Stead）空军基地的美国空军生存学校进行学习。航天员学习如何在北非或澳大利亚的沙漠环境中生存。第 2 天（第二阶段）主要是现场示范，主要内容包括保管和利用可用的衣物，使用航天器和生存设备。随后 3 天（第三阶段）是偏远地区训练，航天员应用在前两个阶段学到的知识和技术"体验"沙漠生存环境。

3.1.2   双子星座计划

水星计划之后是两人次的双子星座计划，飞船也具备水面着陆能力，但是返回时着陆的区域要更大。因此，训练内容增加了丛林生存训练。1962 年 10 月，第二批航天员报道并开始实施训练计划，主要是面向双子星座任务和早期的阿波罗任务。训练计划中包括理论学习和地质学课程（支持计划的阿波罗登月任务），以及熟悉硬件和相关程序。1963 年 1 月，9 名新航天员收到了技术领域的任务分配。每人的专业领域都含有部分安全性、救援和生存的内容，只不过有的人在这方面的任务较多。尼尔·阿姆斯特朗（Neil Armstrong）负责训练和模拟机，弗兰克·鲍曼（Frank Borman）负责运载火箭。皮特·康拉德（Pete Conrad）负责驾驶舱布局和系统集成，吉姆·洛弗尔（Jim Lovell）负责搜救系统，吉姆·麦克蒂维特（Jim McDivitt）负责导航与制导，埃利奥特·席（Elliot See）负责电气、时序系统和任务规划，而汤姆·斯塔福（Tom Stafford）负责通信、仪器和距离积分。艾德·怀特（Ed White）负责飞行控制系统，而约翰·杨（John Young）负责环境控制系统和个人求生设备。

图 3-2　双子星座号飞船水面出舱训练

新一批航天员的培训中有许多内容与水星号航天员的训练内容相同，包括水肺潜水、水面搜救演习和野外训练。但是，在发射台、上升和返回期间的紧急逃生方面与水星号有所不同，双子星座飞船

采用了弹射座椅，而不是逃逸塔。因此，新一批航天员的生存训练
计划中包含了降落伞训练和滑翔伞课程。

　　野外训练针对新计划进行了修改，在斯耐德空军基地开展的为
期 5 天的生存课程于 8 月开始（当地气温最高的月份）。这批航天员
参加了全球沙漠特性的理论课程，以及如果在其中一个沙漠中着陆
将需要哪些必备的求生技术。第一天为现场示范，演示了如何利用
降落伞作为衣物、建造庇护所以及显示信号。随后两天为偏远地区
训练，每组两个人（模拟两人次的任务）在内华达州的卡森（Car-
son）水槽中进行训练。在为期 2 天的现场练习期间，航天员只能携
带求生装备、降落伞和 4 L 的水。降落伞的一部分可改造为一体的
长袍和阿拉伯式的呢斗篷，以抵挡沙漠的高温。其余部分可以做成
帐篷，利用救生筏上的桨作为中心支点，而救生筏本身可以作为临
时的床，抵抗 43 ℃的高温。

图 3 - 3　新航天员参加丛林生存训练

　　1963 年 9 月，航天员开始以滑翔伞为主的水面和陆地降落伞训
练。航天员穿着直径 7.3 m 的圆形滑翔伞，由船拖拽到 1 646 m 的高

度上。拖绳释放后，航天员引导自己在安全的水面或陆地上着陆。

图 3 - 4　利用降落伞做成衣服

　　1964 年 1 月，第三批航天员到达。他们同样开始理论、生存和模拟机训练，准备参加双子星座飞行任务。这批航天员于 1964 年 7 月在巴拿马完成丛林生存训练，8 月在内华达完成沙漠训练。随着项目的发展，所训练的专业领域也有所扩展，并于 1964 年 7 月公布了航天员各自的专业领域。

　　巴兹·奥尔德林（Buzz Aldrin）负责任务规划，包括轨道分析和飞行计划。比尔·安德斯（Bill Anders）负责环境控制系统，支持阿波罗登月任务，同时负责空间辐射和热防护。查理·巴塞特（Charlie Bassett）负责训练和仿真机，而艾尔·比恩（Al Bean）则负责搜救系统。吉恩·塞尔南（Gene Cernan）负责航天器推进和阿金纳对接目标，罗杰·查菲（Roger Chaffee）负责通信（包括阿波罗深空网）。麦克·科林斯（Mike Collins）负责加压服和舱外活动，瓦尔特·康宁翰（Walt Cunningham）负责电气和时序系统，唐·埃斯利（Don Eisele）负责姿态和平移控制系统。泰德·弗里曼（Ted Free-man）负责运载火箭，迪克·戈登（Dick Gordon）负责座舱集成，鲁斯蒂·施威卡特（Rusty Schweickart）负责未来载人航天项目和试验。戴夫·斯科特（Dave Scott）负责制导与导航，C·C·威廉姆斯（C. C. Williams）负责测距操作和航天员安全。前两批受训航天员中的大部分都前往双子星座和阿波罗分支办公室，为首次双子星座任务进行训练，或者已不在载人航天中心（例如格伦和卡彭特）。

　　每名航天员的水面出舱训练时间大约为 13 h。训练计划以教室授课开始，随后利用双子星座再入舱的工程样板舱模拟出舱。出舱练习分为两部分，一方面在载人航天器中心的水槽内训练，另一方面在德克萨斯州加尔维斯敦附近的墨西哥湾海域进行训练。航天员先练习水面出舱，然后练习水下出舱，但是水下出舱训练仅限于在载人航天中心的水槽中进行。航天员穿着航天服参加了最后的出舱训练。

3.1.3　阿波罗计划

　　随着双子星座计划逐步为阿波罗计划让路，越来越多的航天员参与到该计划中来。1965 年 6 月，首批科学家航天员选定，但是其中有一人随后因个人原因退出。20 世纪 60 年代，NASA 选拔航天员有一项要求，即应当具有驾驶喷气式飞机的经验。因此，其中 3 名无相关飞行背景的航天员被送到飞行学校进行为期 12 个月的学习。其余 2 名航天员接到了技术支持任务，等待另外 3 名航天员的回归。出于管理和后勤的原因，最后决定这 5 名航天员正式理论和生存训练延期，与下一批选拔出的飞行员一起进行（1966 年 5 月 19日）。这样，生存训练学员达到 24 人。

　　阿波罗计划正常的发射和中止搜救行动是在海上进行的，因此水上求生和模拟出舱是训练中的重要组成部分。但是由于阿波罗飞船是月球任务，在进行过程中可能终止，有可能在全球任意地点着陆。着陆和搜救紧急情况可能超出计划的着陆范围，全球各地都有可能（极区除外，因为阿波罗飞船的轨道倾角和飞行剖面不包括极区）。阿波罗计划中并不包含北极区野外训练，以水上生存、热带和沙漠生存训练为主。同样包含常规的理论和模拟机训练，第四批/第

图 3 - 5　适应丛林环境

图 3 - 6　阿波罗飞船航天员进行沙漠生存训练

五批航天员野外训练包括为期 1 天半的水上生存训练（1966 年 11 月授课，12 月进行实际训练）。借助位于佛罗里达州彭萨克拉海军航空站的著名的 Dilbert Dunker 训练机，航天员真实地体验了如何从水下倒转的飞机或航天器中逃生的过程。

1967 年 6 月，热带（丛林）训练在位于巴拿马运河区域的美国空军热带生存学校中进行。沙漠生存训练在斯耐德空军基地（第 3635 飞行训练联队）进行，于 8 月完成。在巴拿马进行的热带生存训练中包括为期 2 天的教室授课。第二天的亮点为"丛林自助餐"，有许多令人垂涎的美味，例如炖蟒蛇、烤蜥蜴、炸老鼠、棕榈心和塔拉根等。第三天清晨，航天员由直升飞机送到丛林中。航天员 3 人一组，模仿阿波罗飞行任务航天员小组。他们必须步行穿越丛林，直到找到合适的地点来建造单坡顶屋，以抵挡午后的阵雨。航天员要在没有食物供应的情况下过上三天"靠山吃山、靠水吃水"的生活。

为了支持阿波罗计划和阿波罗应用项目（月球探测和空间站等扩展任务），这批航天员还必须进行额外的专业训练。受训航天员分为多个小组，专攻阿波罗飞船指令服务舱、登月舱和土星号运载火箭、天空实验室，以及各小组的相关安全性支持等。

第二批科学家航天员于 1967 年 10 月抵达，并开展了理论和训练项目，以支持后续的阿波罗任务和阿波罗应用计划任务。理论和飞行训练占据了 1968 年大部分的时间，因此航天员的野外训练安排在 1969 年。在第二批 11 名选拔出来的航天员中，只有 8 名完成了这个阶段的训练。有 2 名航天员［奥莱利（O'Leary）和卢埃林（Llewellyn）］退出，而另一个人比尔·索恩（Bill Thorn），由于未能按时从飞行学校中毕业而错过了生存训练。

沙漠训练于 1969 年夏完成，安排在位于华盛顿州斯波坎的费尔切尔德（Fairchild）空军基地，实际的训练场地为华盛顿州帕索南部的俄勒冈沙漠。1969 年 8 月，丛林/热带训练在位于巴拿马运河地区的阿尔布鲁克（Albrook）空军基地进行，靠近查格斯河

（Chagares）。水上训练也是在 1969 年夏季进行的，位于德克萨斯州的佩兰（Perrin）空军基地。

1969 年 8 月，NASA 选拔了 7 名前美国空军载人轨道实验室项目的航天员，吸纳为 NASA 航天员。这 7 个人都曾利用双子星座号飞船接受过载人轨道实验室任务训练，他们都在美国空军项目下通过了生存搜救行动测验。美国空间项目所使用的训练设备、硬件和程序都与 NASA 的双子星座计划相似，因此这批航天员都不需要再进行野外生存训练。

阿波罗、天空实验室和阿波罗—联盟试验项目任务的航天员都参加了出舱训练，方式与双子星座的相似。训练的初级阶段为教室授课，随后是利用阿波罗飞船指令舱的工程模型进行模拟训练。最初，这些程序是在载人航天中心的水槽中完成的，随后转移到德克萨斯州海岸小镇加尔维斯敦附近的墨西哥湾海域。航天员分别练习了在航天器顶部向上（稳定状态 I）从水面出舱和航天器顶部向下（稳定状态 II）从水下出舱的方式。和双子星座相同，水下出舱训练仅限于载人航天中心的水槽。最后一次出舱训练时，航天员穿着航天服。

一般情况下，指令舱入舱训练时间约为 8 h，另外还需要 3 h 的时间训练如何应对舱内的火灾。在阿波罗计划中，平均每人的出舱训练时间为 20 h，根据个人过去的经验而有所不同。

阿波罗 1 号航天员在户外游泳池中利用样板指令舱进行出舱训练。这种情况一直持续到载人航天中心 260 号大楼中的水槽建设完成。以首次登月的航天员（阿波罗 11 号）为示范，来展示整个训练项目。截至 1969 年 7 月 15 日，阿姆斯特朗和科林斯累计完成了 17 h 的出舱训练，奥尔德林完成了 15 h。后备航天员中，洛弗尔完成了 5 h 的训练，安德斯和海斯则分别完成了 2 h 和 18 h 的训练。每名航天员均完成了 2 h 的航天器火灾训练，而安德斯（1 h）和海斯（5 h）除外。这样的时间分配在阿波罗航天员训练中比较常见。

　　在常规的简介流程和复习之后，天空实验室航天员利用模拟舱和训练机分别完成了 8 h（SL2）、16 h（SL3）和 24 h（SL4）的救援训练。在阿波罗-联盟试验项目计划中，主选乘组中的美国航天员进行了约 13 h 的出舱和火灾训练。

　　在海上进行的水上出舱训练舱为样板 1102A，曾在 1968 年到 1975 年间用于阿波罗指令舱航天员的海上搜救训练。从建造上来讲，它几乎与实际的飞行航天器相同，只不过训练舱的外壳涂的是玻璃纤维，而不是易烧蚀的热防护材料。在距发射日期数月前，NASA 的恢复者号轮船携带主选、备选航天员和 BP1102A，一起进入加尔维斯顿岛附近的墨西哥湾海域，进行完整的阿波罗指令舱水上搜救演习和紧急程序训练。模板舱根据天空实验室进行了修改，一次允许 5 人参加训练，模拟天空实验室救援任务的场景。2000 年 12 月，大黄蜂号博物馆称已经从华盛顿国家航空航天博物馆长期租借了 BP1102A。当月，BP1102A 存放在航空母舰的 2 号飞机棚中公开展示，其固定的展示点为加利福尼亚州阿拉米达岬（Alameda Point）的 3 号码头。

　　前 7 批航天员的大部分搜救和生存训练中都包括水上搜救和紧急出舱，要么是通过应急分离火箭（水星号和阿波罗号配备），要么是通过弹射座椅（双子星座号和载人轨道实验室配备）。野外训练主要针对意外着陆情况，分布在赤道地区，特别是热带和沙漠地区。对美国下一次载人航天计划来说，常规情况和紧急情况下的航天员救援和搜救都将会有很大的变化。

3.1.4　航天飞机

　　NASA 下一批职业航天员选拔出来时（1978 年），正是航天飞机计划最活跃的时候。对航天员的角色和职责的评价已持续了多年，也折射出从弹道式、一次性飞行航天器向多任务的、能够在美国本土实现跑道着陆的航天飞机的转变。因此，与 1959—1969 年选拔出的航天员相比，生存和紧急训练发生了巨大的变化。

图 3 - 7　航天飞机滑动吊篮训练

　　在航天飞机时代，航天员候选人的生存训练中包括水上出舱训练，对于非飞行员候选人来说，则进行 T - 38 飞机弹射训练。由于航天飞机控制着陆地点的能力更强，因此航天员训练中不再需要热

图 3-8　从轨道器奔向滑动吊篮

带和沙漠生存训练。但是由于在美国偏远地区上空时有可能出现紧急弹射的情况，训练计划中包含了丛林生存训练。

　　自 1978 年起，成功选拔出的航天员将参加备选航天员（Ascan）计划。整个计划由训练期和评估期两个阶段组成。测试合格后，这些候选人就成为成熟的 NASA 航天员（要么是飞行员，要么是任务专家），可以分配技术专业，有希望成为飞行航天员。第一批候选人选拔出来时，备选航天员计划预计需要 2 年的时间，后来又缩短为 1 年。后来，备选航天员计划中又加入了基本的国际空间站系统训练，周期延长至 18 个月。

　　现在，备选航天员训练中包括游泳和水肺潜水训练、陆地和水上生存训练（与 T-38 相关）。在基础训练计划结束后，其中一批航天员候选人负责高级训练相关的技术领域，保持飞机技能熟练度（作为飞行员或乘组成员）。随后是飞行模拟机训练、熟练度训练、复习和进修课程、更明确的贯穿航天员生涯的技能训练、学习最新的技术发展，并为任务特殊要求做准备。在这一过程中，安全性和紧急程序的交叉训练是重要内容之一。

图 3 - 9　在 LC39 身着航天服进行训练

　　航天飞机时代（1978 年）首批选拔出的航天员中，有 16 人于 1978 年 7 月和 8 月在佛罗里达州的霍姆斯帝德（Homestead）水上生存学校进行了为期 3 天的训练。在 1978 年选拔出的航天员中，有许多人在加入航天员计划之前就已经在军队受过水上生存训练，参加水上生存训练的 16 人中包括全部 6 名女航天员和 10 名男航天员，他们是：麦克布莱德（McBride），加德纳（Gardner），鬼冢英吉（Onizuka），霍夫曼（Hoffman），麦克纳尔（McNair），霍利

（Hawley），尼尔森（Nelson），哈特（Hart），范·霍夫腾（Van Hoften）和斯图尔特（Stewart）。他们的训练内容为从高塔上向下跳，身上背着降落伞沿一根绳索向下滑，实现水上着陆。此外，他们背着降落伞在水上模拟降落伞被水流拖拽时如何逃脱。航天员候选人还进行了滑翔伞拖拽训练，然后松开降落伞，在水上着陆，并由船只救起。

图 3-10　航天飞机水上逃脱训练

　　8 月下旬，有 11 名航天员候选人抵达俄克拉荷马州的万斯（Vance）空军基地，接受飞机弹射训练。这 11 个人分别是鬼冢英吉、霍夫曼、麦克纳尔、尼尔森、霍利和 6 名女候选人。航天员候选人身背打开的降落伞，在皮卡的牵引下实现丛林地区着陆。

　　野外训练和生存训练从 20 世纪 70 年代末航天飞机时代首次选

拔起，一直持续到近期的国际空间站的航天员选拔。对于后面几批参与俄罗斯联盟号任务的航天员，训练内容还包括额外的生存和紧急情况训练。

图 3-11　灭火训练

航天飞机的飞行航天员在约翰逊航天中心和卡纳维拉尔角进行了发射台紧急逃生训练和着陆后紧急逃生训练。STS-7 训练报告中称，航天员进行 3～4 h 的紧急程序训练和 4 h 的发射台紧急逃生程序训练。1977 年，航天员杰瑞·卡尔（Jerry Carr）在约翰逊航天中心的模拟训练中首次示范了从头顶的甲板窗紧急出舱，以及利用电缆从侧舱口出舱。

消防训练是在约翰逊航天中心进行的，目的是教会航天员团队灭火的方法。休斯顿消防部和约翰逊航天中心值班消防人员对设备和程序进行简单介绍后，航天员首先使用手持灭火器进行练习，然后再进行强化训练。简单教学后，航天员来到户外的浅水池边，在水池中浇上一层燃油，并点燃。航天员将灭火水龙带对准火焰，调成雾状模式，将水流变成薄雾，使航天员接近火焰时不会被烧伤。这个演习的主要目的不是把火扑灭，而是要开辟一条通往安全位置的道路。来回移动水流，使航天员小组可以安全地到达对岸。

　　1985 年，PS·比尔·尼尔森（PS Bill Nelson）在 STS－61－C 任务训练过程中参加了这种演习。他发现，虽然教员身穿铝制的防火服，但是 NASA 航天员仅穿着蓝色的飞行服。他问教员这种训练在 195 英尺高的发射塔上（航天员进出航天飞机轨道器的位置）是否有用，消防队长思考了一下，什么都没说。这种训练对于团队建设的意义要比紧急训练大得多。发射台起火的情况与浅水池燃油起火的情况完全不同。

　　肯尼迪航天中心大约每 18 个月举行一次发射台模拟逃生演习，一方面考验救火和航天员疏散小组，另一方面为 NASA 试验主管、肯尼迪航天中心和约翰逊航天中心的代表示范真实的训练，帮助他们了解在实际发射台逃生时，航天飞机的航天员将面临何种状况。参加试验的还包括承包商代表、起火室试验小组、发射台设施和规划人员以及安全性小组。

　　逃生演习为期 3 天（最近一次是在 2008 年 4 月），是在名为 "模式 II/IV 模拟" 的飞行航天员疏散计划下开展的（Herridge，n. d.）。第一天上午是教室授课和训练，下午在 59 m 高的发射台上练习救援技术，航天员一般在这个高度上进出航天飞机。第二天上午是小组练习，演示滑索系统底部营救航天员的技术。营救活动包括离开吊篮，使用附近的掩体。第二天下午，航天员回到 59 m 高的发射台上，练习使用有水灭火系统，进行其他救援和逃生练习。演习第三天，所有的训练和练习都将融合在一起，从头到尾模拟逃生。从宣布紧急逃生时起，直到人员疏散至当地医院，一切按照程序进行。

　　这个场景模拟发射倒计时阶段的紧急情况，飞行航天员（身穿航天飞机的发射和再入服）和地面人员均参与演习。救火队员和航天员疏散小组协助飞行航天员的疏散和救援行动，模拟训练中包括滑索吊篮系统，演示进入和撤离吊篮的程序。一旦离开吊篮，航天员立即转移到附近的掩体区域，等待全部航天员到齐，安全度过紧急时期。航天员从这里由 M113 装甲运输车转移到安全区域，同时还要对轻伤进行处理，而重伤则转移到当地医院，接受专业的治疗。

这种高度逼真的训练使现有系统和操作得到了实际的练习和改进，各方面的人员都能熟悉这种人人都不愿意发生的紧急情况。

在最近一次演习中，星座计划的代表也观看了演习过程，获得了 LC39 紧急逃生技术和程序在实际操作过程中的信息，以及航天飞机发射和再入服的实际使用信息。2010 年航天飞机退役后，星座计划可以利用这些信息制订和实施相似的程序。

3.1.5　星座计划

现在确定新的星座计划所需的生存训练还为时尚早，1978 年到 2004 年间每一次 NASA 航天员选拔基本上都要完成相似的备选航天员训练。但是下一批航天员选拔计划于 2009 年进行，而航天飞机将于 2010 年退役，备选航天员训练将在早期阿波罗计划训练的基础上，针对联盟号或星座计划弹道训练进行修改。

3.2　俄罗斯航天员生存训练

不论是对于本国航天员还是国外航天员，俄罗斯的航天员训练一直是以降落伞训练和各种生存训练计划为主。部分训练内容在过去近 50 年的时间里几乎没有变化，而另一些训练内容则是专门针对一个项目，或者加入了新的操作、程序和目标。组合式训练也是俄罗斯航天员训练的一个特色，在同一个项目中包含降落伞训练、水上训练和山地训练。

3.2.1　东方号与上升号

东方号任务中（在拥有更复杂的航天员训练设施以前），最早可以精确模拟的情况之一就是从飞船中脱离，利用降落伞下降。尽管第一批航天员中有许多人只能达到最低标准，即完成 5 次强制跳伞，

但是 1960 年 3 月选拔出的第一批候选人在 6 周的课程时间内完成了
40 多次跳伞，成为这一领域的"专家"。从高空跳伞可以先模拟无重
力环境，然后是加速飞行。俄罗斯许多最富经验的伞兵对训练进行
了指导。

弹射座椅试验在弹射塔上进行，将东方号飞船的座椅绑在结构
上，模拟短暂的、爆发性的脱离飞船。航天员系在降落伞背带上，
与上方的系绳相连。尽管计划为陆地着陆，但是对于东方号有可能
会水面溅落，因此航天员必须针对这种情况进行训练，在黑海上利
用全套逃生设备进行水上生存练习。航天员还在水槽中进行拖拽训
练，背部对着水面，模拟降落伞被风吹动、带着航天员在水面滑行
的情况。

第一批女航天员于 1962 年 3 月抵达，她们也要通过降落伞训
练、弹射座椅训练和水上生存训练，才能执行东方号飞行任务。对于
上升号飞船，由于去掉了弹射座椅，并且没有弹射塔，航天员可能遇
到的求生场景较少。因此，上升号的生存训练非常有限。和东方号

图 3-12   东方号飞船航天员降落伞训练

航天员一样，每名上升号航天员都必须进行野外训练，应对飞船在主回收区以外着陆的情况。而上升 2 号就是这种情况。

图 3 - 13　上升号飞船冬季生存训练

3.2.2　联盟号

自 1967 年起，苏联/俄罗斯唯一一个全面运行的载人飞船就是多用途的联盟号，多年来不断地升级和改进，包括联盟号- T、TM 和近期的 TMA 等型号。尽管自首次应用以来，联盟号的性能在过去 40 年里发生了显著的变化，但是其基本的飞行剖面几乎没有改变。因此，自 20 世纪 60 年代首次飞行以来，联盟号的上升和着陆程序基本上都一样。

生存训练是航天员基本训练计划（OKP）中的重要内容，和美国航天员一样，生存训练在航天员生涯中不断地重复、复习和提升航天员的知识和技能，使他们保持熟练度，并且了解最新的变化和程序。每个联盟号飞船携带的生存背包使航天员可以应对偏远地区及严酷环境下的紧急着陆。针对这种着陆情况的训练由莫斯科近郊的尤里-加加林航天员训练中心第三理事会负责，该理事会在训练中心拥有一座大楼。实际的训练项目则是在训练中心和联邦宇航研究和救援管理局的工作协作下进行的。航天员训练领域的经验非常重要，因此该部门的主管通常都是由参加过飞行任务或未参加或飞行任务的航天员来担任。关于第三理事会的详细信息在本系列丛书的姊妹篇——《俄罗斯航天员：在尤里-加加林训练中心》（Hall et al.，2005）一书中介绍，本文仅作简单的总结。

（1）冬季训练

从早期的航天员训练照片中我们可以看到 20 世纪 60 年代的冬季训练。1965 年 3 月，上升 2 号飞船在西伯利亚着陆，位于主着陆区以外，航天员的训练得到了实际应用。为支持联盟号计划，制定了一项更深入的训练方案，航天员到达了北极区的沃尔库塔。在 2 天的时间内，航天员建造了冰屋，利用降落伞和切下来的树枝围绕联盟号下降舱模拟舱建造了一个庇护所。在开始这项苛刻的训练课程之前，航天员先进行了理论学习和实际训练，学习如何处理联盟号着陆点周围厚厚的积雪。最近，俄罗斯将联盟号紧急着陆区定在了加拿大和西伯利亚，这两个地区冬季的环境比较相似。除了让航天员体验在这种严酷条件下搬运设备以外，冬季训练还为心理学家和医生提供了许多医学数据，包括航天员的健康状况、体力以及在压力条件下工作的能力。国际空间站常驻航天员也参加了联盟号飞船的冬季训练，利用 TsPK 周边地区进行训练。

（2）山地训练

由于联盟号飞船有可能在山区着陆，因此训练计划中也包括山地生存训练。同样，山地训练在实际飞行任务中也得到了应用。1975 年 4 月，联盟 18 号飞船的航天员试图手动操纵礼炮 4 号空间站，导致上升中止，在山腰着陆。这就是后来所谓的"4 月 5 日异常"，俄罗斯并未给出正式的联盟号飞船任务代号（西方国家称这

次任务为联盟 18 号-1）。山地训练中也包括部分冬季生存训练的
内容。

图 3-14　联盟号飞船沼泽训练（图片来源：伯特·维斯）

图 3-15　联盟号飞船沙漠训练（图片来源：伯特·维斯）

（3）沙漠训练

高温室耐力试验在航天员训练中心进行，是早前航天员训练中较艰巨的项目之一。训练学员需要承受 40 ℃的高温，适应室内气体含量的变化，穿着毛内衬的飞行训练服承受 80 ℃的高温。沙漠训练也可以为医疗团队提供关于航天员身体和心理状况的有用信息。此外，航天员还需要在沙漠环境下进行 24 h 的野外训练。沙漠训练始于 20 世纪 70 年代末，主要在土库曼斯坦玛丽市的卡拉库姆沙漠进行。苏联在 20 世纪 90 年代初解体后，沙漠训练场地就改到哈萨克斯坦的拜科努尔发射场。与美国航天员相似，俄罗斯航天员也要学习如何借助飞船上的设备建造庇护所，提供额外的水，进行通信救援，同时还要承受白天的酷热和夜晚的严寒。

图 3-16　联盟号飞船冬季训练

（4）沼泽训练

偶尔发布的训练照片表明航天员在类似沼泽的环境下进行生存训练。但是现在人们既不清楚是否每名航天员都需要进行沼泽训练，或是仅限于特定任务；也不清楚沼泽训练是在什么地方进行的。

（5）海上搜救

联盟号通常在陆地着陆，但是不排除在海上或是水上着陆的可能性，因为飞行任务有可能提前结束，或是出现紧急情况。因此所有航天员都要进行水上搜救训练。水上训练也在实际飞行任务中得到

图 3-17　联盟号航天员在水槽中进行水上逃生训练（图片来源：欧洲空间局）

了应用，1976 年联盟 23 号在哈萨克斯坦的田吉兹湖着陆，当时正值夜间，天气情况非常差。海上训练地点为索契（Sochi）附近的黑海海域，在进行海上训练之前，航天员在舰只的甲板上利用联盟号模装舱练习相关的技术和技能。航天员也可以利用船上小型水箱或在星城练习操作顺序，然后再在开放水域训练，减少训练中运动病带来的困难。训练中主要使用两个舱：一个为蓝色，名为海洋；另一个为橙黄色，舱体侧面绘有一只海豚。

从塞万号（舰船）一侧丢入海中后，联盟号模装舱内的航天员要练习穿上求生和应对极端天气的制服。他们可以穿着橘黄色的 Forel 求生服出舱，乘坐充气式小划艇，或者通过吊索爬上直升飞机。这也是一项艰巨的训练，可能需要持续 2 h 以上。在联盟号内部有限的空间内不断地摆动，航天员必须承受中暑和运动病等风险。

图 3-18　联盟号海上求生训练

（6）降落伞训练

所有航天员都要进行大量的降落伞训练，积累在压力环境和危险环境中的经验。许多航天员为了获得伞兵教员奖，在任务训练计划外继续进行降落伞训练。降落伞训练中包括自由落体过程，许多航天员完成了 500 多次跳伞。在东方号计划期间（1960—1963 年），主要的救援方式就是航天员从航天飞机中弹出，利用各自的降落伞下落，因此东方号航天员在飞行之前必须进行降落伞训练。

3.2.3　探测器计划

在探测器载人登月计划的准备过程中，飞行剖面中包括海上着陆方案，因此航天员海上搜救训练是重要内容。由于这项计划很快就取消了，训练仅持续了很短的时间。因为探测器飞船是在联盟号设计的基础上修改的，因此其他的生存训练有可能与返回式联盟号的相似。

3.2.4　暴风雪号航天飞机

在暴风雪号航天飞机计划中，紧急情况下有可能将航天员从航天飞机中弹射出来。因此，暴风雪号航天飞机航天员的生存训练计划中包括山区。航天员在帕米尔山脉徒步完成一周的艰苦跋涉，从伏龙芝出发，前往伊赛克湖。训练计划中还包括山地滑雪训练，训练地点为杜姆拜地区。在执行暴风雪号航天飞机任务前，除了试验飞行和暴风雪号航天飞机飞行训练外，航天员还需要进行航天员训练计划科目的训练。许多人也成为联盟号航天员，完成了联盟号飞船生存训练。

3.3　中国的生存训练

由于神舟飞船的设计与俄罗斯联盟号飞船相似，中国的训练计划也有可能相似，包括在极端和危险环境下的生存训练。根据发布的照片，中国航天员进行了水上、沙漠、冬季和山区生存训练，紧急情况的预防和支持设备与俄罗斯联盟号计划相似。

3.4　乘客与专家生存训练

在 1959 到 1976 年间，美国和苏联的航天员经选拔后都是针对各自的航天器和任务进行训练的。美国/苏联国际对接任务和阿波罗-联盟号试验计划除外，在这两项任务/计划中，美国的阿波罗飞船与俄罗斯的联盟号飞船进行了对接。尽管进行了联合训练，以及针对对方航天器、紧急和求生设备的介绍和训练，但是航天员未进行联合生存训练，未超出各自的训练框架范围。

20 世纪 70 年代初，NASA 宣布未来的航天飞机计划允许非职业航天员和国外科学家参与短期的、一次性任务。针对这些"乘客"的训练实际上是 NASA 职业航天员训练的简化，但是主要内容仍然包括航天飞机计划中的生存训练。1976 年，苏联也宣布将为东方国家和外国的乘客航天员提供训练，在空间站计划下参与科学性的、为期一周的研究任务。同样也不需要全套的航天员训练，但是要进行简化的训练，主要包括联盟号航天员必需的生存训练。自 1992 年起，美国航天飞机和俄罗斯联盟号计划几乎就合并了，最初支持航天飞机-和平号计划，最近则主要支持国际空间站计划。外国航天员的生存训练已经成为美国和俄罗斯国家计划航天飞行准备工作中的常规内容。

3.4.1　美国有效载荷专家

1978 年，航天飞机第一批有效载荷专家名单确定，主要来自欧洲空间局和美国。这些非职业的和外国的航天员的训练计划由 NASA 制订，并且在航天飞机计划期间不断修改。1986 年挑战者号航天飞机失事后，有效载荷专家相关计划暂定。1990 年恢复后，重心转移到主要的科学有效载荷上，而不再仅仅是一个"乘客位置"，以支持卫星部署或作为一个"观察者"。随着航天飞机计划逐渐转移到国际空间站上，非职业航天员参与飞行的次数逐渐下降。训练计划更多地侧重于邀请合作航天机构派代表参加 NASA 的航天员候选人训练计划，培养其成为航天飞机国际空间站组装任务或与俄罗斯和平号空间对接任务中的任务专家。

　　培养有效载荷专家参与航天飞机飞行的工作是在有效载荷专家飞行准备计划下进行的，其中列出了有效载荷专家参与航天飞机任务必须满足的要求。这也得到了有效载荷专家操作与集成计划的支持，后者详细说明了有效载荷专家作为飞行乘组一员融入团队的过程。每次飞行都有不同的特殊要求，取决于有效载荷专家目标，但是紧急和安全训练通常都是标准化的。计划中称生存训练应"提供充分的紧急和安全训练，（从而使有效载荷专家能够）快速、有技巧地应对各种危险情况"。

　　尽管是在有效载荷专家训练文件中说明的，但是这条概述适用于航天飞机所有紧急和生存训练。

　　训练项目以一系列情况介绍和熟悉课程开始，包括一系列与安全和生存训练相关的视频和参观。训练内容包括肯尼迪航天中心的防火和有毒推进剂安全、对 LC39 发射台 A 和 B 安全性的熟悉，以及航天员飞机轨道器和空间实验室的安全性信息。此外，还有关于 LC 发射台 A 和 B 紧急逃生系统以及自燃灭火系统的视频课件。专业航天员的训练课程包括 3.5 h 灭火技术的介绍和演示，以及实操练习。

　　在 3 天的时间内，有 14 h 的精选训练（主要与跳伞相关）和 24 h 的水上生存训练。跳伞练习（跳伞 2102）内容超过 1 h，包含航天员逃生系统和相关程序的信息。随后是一系列训练。跳伞 2101 为 1 h 的介绍，针对逃生系统及其操作。跳伞 3 120 时长 6 h（分两部分，各 3 h）的课程囊括了跳伞的各个方面，模拟飞船舱内降压、侧舱门弹出和跳伞，其中还要练习飞行逃生设备的使用。

　　在进行跳伞 3127 水上生存训练之前，必须通过水上生存测试，主要针对航天飞机特殊水上求生设备的部署和使用。

　　跳伞 3127 中包括水池边简介，每名航天员穿上全套飞行服（发射服和再入服），模拟水上着陆，包括水流拖拽、漂浮设备激活、进入和布置救生筏，模拟水上救援。

在开始实际训练课程前一周，预先安排对设备的熟悉（跳伞3220）。计划发射日期前五周（L-5），航天员再次复习跳伞3120中的设备和程序。

3.4.2　俄罗斯研究专家航天员

自 1976 年起，航天员训练计划中开始包括研究学者航天员（最初仅面向东方国家，后来扩展到面向国际）。作为联盟号飞船的第三名航天员，研究学者航天员在执行飞行任务前需要通过联盟号紧急和生存训练课程。

训练课程中仍然包括降落伞训练，但是要求跳伞次数较少。英国航天员海伦·沙曼（Helen Sharman）在其 1993 年的书中回忆道，她在第一次跳伞前精神非常紧张。在接近飞机舱门准备跳伞的时候，所有的恐惧都消失了。第一次下降的过程非常愉快，第二次更令人兴奋。但是只有两次跳伞的机会："我个人的健康和安全已不再是我唯一在乎的事情了。我只被允许跳两次。"（Sharman and Priest，1993）她还回想起 1990 年 6 月水上生存训练的经历，当时温度为 30 ℃。脱下加压服，穿上求生服，收集紧急供应品和设备，当飞船在海上摇摆时出舱。这看起来非常简单，但是事实上非常耗费体力。TM-12 航天员出舱实际上用了近 3 h 的时间："这段时间内我的体温上升了 2 ℃，由于水流运动，我们最后出舱时都有想要呕吐的感觉。这种经历在很大程度上是对你和其他航天员之间关系的测试。无论如何，我们成功了。"（Sharman and Priest，1993，p165）然而，出舱后训练远未结束。航天员必须手拉手排成队，或组成三角形，以应对汹涌的海浪或暴风雨，并且有可能在未来三天内保持这种状态。沙曼称尽管训练能够给人求生的信心，但是每个人都希望自动着陆系统正常工作，实现正常着陆。

3. 4. 3　国际航天员乘组

多国航天员比较常见，训练计划中必须包括生存训练。对于美国的航天飞机任务，需要完成跳伞系统和在 LC39 发射台逃生训练。对于联盟号飞船，需要完成生存训练和发射台中止情况训练。

参 考 文 献

[1] Rex D. Hall，David J. Shayler and Bert Vis（2005）．Russia's Cosmonauts：
    Inside the Yuri Gagarin Training Centre. Springer – Verlag，pp. 91 – 104.

[2] Linda Herridge（NASA JFK Space Center writer）．Mode II/IV Training
    at Kennedy. Available at http：//www. nasa. gov/mission _ pages/shuttle/
    behindscenes/modell – lv _ prt. htm［last accessed 1 May 2008］．

[3] NASA（n. d. ）．Bailout Workbook. NASA（Washington，D. C. ）．

[4] Helen Sharman with Christopher Priest（1993）．Seize the Moment. Victor
    Gollancz，pp. 160 – 161.

第4章　发射台逃生

对于搭乘运载火箭的航天员来说，进入太空的第一阶段，即发射阶段，可能是最危险的。由于运载火箭的复杂性、复杂的飞行动力学和大气条件的变化，位于发射台上装满燃料的运载火箭顶部的航天员是相当危险的，因为在飞行的早期阶段，出错几率（和灾难发生的程度）是最高的。飞离地球也许是人一生中最战栗的搭乘经历之一，同时也具有最大的风险性。自从人类首次飞入太空以来，对于航天器设计者来说，在发射时刻发生的灾难和在致命事故中保护和拯救航天员是一个巨大的挑战。

4.1　发射出现故障

到目前为止，在载人飞行任务中通常使用两种紧急救援系统。第一种系统是弹射座椅，苏联第一代载人飞船即东方号飞船和美国双子星座号载人飞船装备了弹射座椅，并且美国前4次航天飞机任务也将弹射座椅技术作为可以选用的技术，在这4次航天飞机任务中，每次由2名航天员执行任务。被取消的苏联暴风雪号航天飞机也把弹射座椅作为一个主要的救援系统。救援系统的第二种类型是逃逸塔，它与乘员舱相连，在发生紧急情况时确保航天员可以快速逃生。美国水星号载人飞船、阿波罗号飞船和俄罗斯的联盟号飞船以及中国的神舟号飞船都使用了逃逸塔。

随着多人载人航天器的发展（例如美国的航天飞机），航天员座位不再位于火箭顶端，而是位于两层结构上，因此不能使用弹射座椅，并且逃逸塔和乘员舱的隔离太复杂，成本也非常高。作为替代，一系列程序和飞行模式被开发，允许任务控制程序在发射的不同阶段中止上升。理论上，这些中止模式仍然可以拯救航天员，甚至可能拯救轨道器。

在过去的 50 年里，只有 3 位航天员真正在任务中使用了逃逸系统或者中止模式。1975 年，由于火箭级间分离故障，飞船已偏离轨道，联盟号飞船的航天员为了保护礼炮 4 号空间站，做出了中止攀升的决定。1983 年，就在位于航天员下方的运载火箭爆炸几秒之前，联盟号飞船的航天员执行了第一次逃离发射台人工中止操作。1985 年第 19 次航天飞机任务中，航天飞机在攀升时一个主发动机发生故障，为了安全地将飞机送入返回轨道，航天员第一次使用航天飞机发射中止模式。

还有 1 次双子星任务和 5 次航天飞机任务在发射台上使用了中止模式。此外，上升阶段也存在一些不需要完全中止的问题。此类问题多数可以通过可更换的系统得到解决，例如阿波罗 12 号或 13 号飞船；或者仅仅是由于启动救援程序的时间不足而导致的失败，比如挑战者号航天飞机事故。然而，在发射阶段即使意识到会给火箭造成破坏，但在这种生死攸关的时刻，几乎没有时间评估可能或是可行的修理或救援方法。

从过去的事故和错误中得到的教训表明，只能够为航天员开发更先进、更安全的防护系统。为星座项目开发的猎户座飞船的发射防护系统借鉴了先前获得的经验教训。在设计中曾考虑使用发射逃逸塔的方法，为了在正式发射中采用这种设计，目前正在对这一方案进行测试。只要我们使用现有的火箭技术把航天员送入太空，就必须为航天员考虑既可靠又有效的救援方案。

4.2　发射台上

对于航天员，从发射事故中求生的首个方案是从发射台上逃逸，这一时间点先于起飞阶段。这包括与发射支持设备整合的逃逸设备或者逃逸程序，或是装备逃逸塔或弹射系统的火箭本身。本章侧重于讨论美国、俄罗斯和中国现有的各类发射台上的设备。

4.2.1　拜科努尔发射场

第一个载人航天发射场建立在哈萨克斯坦共和国克孜勒奥尔达州（Kzyl Odra Raion）的丘拉塔姆城（Tyuratam）。该地点更为人熟知的名称是拜科努尔发射场。自 1961 年以来，这里负责苏联/俄罗斯所有的载人航天发射任务，尽管存在巨大的资金和政治困难，这里仍然是维持太空探索的一个重要发射中心。当 2003 年美国哥伦比亚号航天飞机失事后，航天飞机暂时停飞，位于拜科努尔的发射设施使各国的航天机构可以继续支持国际空间站的运行。在航天飞机退役后，这些设备将继续为载人航天服役。

（1）苏联东方号载人飞船和上升号载人飞船

在准备发射的过程中，R-7 运载火箭竖立在发射台上，发射服务设施和进入支持平台放置在乘员舱周围。当一切准备就绪时，航天员被密封在载人航天器内，并且进入臂被收回。发射勤务人员撤离到附近的防护掩体中。发射前一旦发生任何问题都需要替换进入臂和支撑竖立架，开启侧面的舱门，最后撤离航天员。所有参与人员需要有充足的时间从发射塔下来，撤退到离发射台一定距离的安全区域。在苏联东方号飞船服役的年代，发射的最后阶段遇到故障时，唯一一位在发射台上的航天员需要独自使用弹射系统。但是，苏联上升号载人飞船取消了弹射系统，上升 1 号载人飞船承载 3 位未穿着航天服的航天员，上升 2 号载人飞船承载 2 位穿着航天服的航天员，对于这几位航天员来说，从发射台逃生是十分困难的事情。幸运的是，东方号飞船和上升号飞船从没有使用过发射台逃生系统，这也许是命运的安排。

（2）苏联联盟号载人飞船

联盟号载人飞船使用与东方号飞船相同的发射台，其三舱段设计阻碍航天员的迅速撤离。在临近发射的阶段，航天员面临巨大的压力，遇到紧急情况时，撤离被捆绑在返回舱中的航天员是非常困难的（返回舱的位置处于轨道舱下，运载火箭整流罩内）。因此，联盟号载人飞船装备了逃逸塔，对于发射前和上升阶段的紧急情况，逃逸塔可以拯救航天员的生命。1983 年 9 月，联盟号航天员使用逃逸塔从事故中逃生。

（3）月球任务使用的载人飞船

苏联曾经试图使用更大型的运载火箭运送航天员以执行载人绕月飞行任务（如质子－UR500K 运载火箭），或者执行载人登月任务（如使用巨大的 N-1 运载火箭）。苏联载人绕月飞行器（L-1 Zond）和月球轨道飞行器（LOK）都装备了逃逸塔，如果运载火箭发生爆炸事故，航天员可以使用逃逸塔逃生。

（4）暴风雪号航天飞机

暴风雪号是苏联的航天飞机系统，它的历史可以追溯到 20 世纪 60 年代苏联的火箭飞行器研究项目和军用航天飞机项目。20 世纪 60 年代末到 70 年代初，苏联付出了极大的努力进行载人登月计划，在计划失败后，通用机器制造设计局（KBOM）的发射台总设计师弗拉基米尔·巴名（Vladimir Barmin）坚持认为：应当在拜科努尔发射场进行一定的投资以支持暴风雪号的发射。N-1 火箭的发射台（第 37 号和 38 号发射台）被改造为支持规划中的暴风雪号航天飞机和其配套的能源号运载火箭的发射台。另外，苏联提出了一系列成本更低、效益更高和复杂度更低的计划以开发暴风雪号的发射设备，但是这些计划没有持续下去。

后来，两个 N-1 发射台的旋转服务塔被保留，但它们的尺寸被缩短 60 m 以匹配两个固定的服务设施。两个服务设施放置的位置与发射台保持相对安全的距离，很明显这样做的原因是将发射时排出火焰接触服务设施的可能性最小化。暴风雪号航天飞机位于发射台的适当位置，面朝旋转服务塔，如果发射台上发生紧急情况，旋转服务塔仍保留原来的高度的话，就可能阻碍航天员弹射座椅的使用。

与美国航天员使用的滑索和吊篮逃逸系统不同，暴风雪号的发射支持设施有两个管道，从进入臂的位置通向下方有一对独立的地下掩体。

图 4 - 1　位于发射台上的暴风雪号航天飞机，图片显示了逃生管道的位置

　　上方的管道有供 12 人使用的缆车，缆车可运送发射工作人员和飞行乘员到暴风雪号的进入层。下方的管道有发射台紧急逃逸系统。如果发射台上发生紧急情况，工作人员或者航天员可以顺着下方的管道滑下。为了到达其中一个地下掩体，不得不降低坡度，使下滑的坡度相对缓和，但足够保证快速下滑到逃生管道的能力。在下面有一个巨大的垫子可以缓冲下滑着陆的力量。一旦到达地下，航天员或工作人员可以把自己密封在邻近的掩体内以防止受到随后的爆炸或者有毒气体泄漏的影响。一旦确认可以安全地进入躲避地点，逃生人员就可以被地面勤务人员营救。1986 年，位于莫斯科北部的扎戈尔斯克市（Zagorsk）的化学与机器制造研究所（NIIKhSM）为评估这种设计方案建造了一个可模拟发射台逃生滑道的测试台。工

程师对发射台上的设备进行了多次测试，并且拜科努尔发射场的军人可能也在下班后对设备进行了测试，他们报告说，很享受发射台那种非比寻常的吸引力。

4.2.2　卡纳维拉尔角

美国早期的空间发射是利用佛罗里达州东部测试导弹发射场（ETR）中经过改造的设施进行的，东部测试导弹发射场更加通用的名称是卡纳维拉尔角（Cape Canaveral）发射场。随着阿波罗登月计划的启动，在东部测试导弹发射场北部建造了一些新的设施，命名为 LC39，之后改称肯尼迪航天中心。1981 年，航天飞机的首次发射利用了肯尼迪航天中心的设施。计划中的阿瑞斯（Ares）火箭将利用位于 LC39 中改造后的设施发射。

（1）第 5 号、第 6 号发射台（水星-红石任务，Mercury - Redstone）

在起飞前的最后 90 分钟，航天员进入发射台上的飞船，在逃逸火箭系统不能使用的紧急情况下，被称为车载升降台的升降杆可用于航天员的撤离。

（2）第 14 号发射台（水星-宇宙神任务，Mercury - Atlas）

对于宇宙神轨道任务，可用紧急出舱塔坡道撤离航天员。在发射模拟试验中评估了该设备，这次试验是针对处于发射状态的飞船和运载火箭系统进行的，并且评估了发射当天使用的程序。

当发射平台展开时，紧急出舱塔坡道要对准临近的飞船侧舱门。不需要使用时，该坡道在垂直方向上收拢，以防止在运载火箭上升时，火箭与平台发生碰撞。通过火箭发射防护控制室的遥控指令，在约 30 s 内，坡道可以被降下，在其他发射台工作人员无法施救的情况下，这为航天员提供一个逃生的方式。如果航天员无法行动，外面的出舱勤务人员可以使用紧急出舱塔把航天员撤离到安全地点，之后进行身体恢复或者医疗救治。在红石飞行任务中，可使用车载升降台的移动通行臂塔，但是测试表明该结构可能会干扰无线电通信。此外，宇宙神号火箭产生的更大的压力可能会严重地破坏紧急出舱塔。因此对于水星—宇宙神号，选择了固定式的出舱塔，而车载升降台被放置在火箭发射防护控制室后，如果第一种出舱方案失败，它将作为候补方案被采纳。

图 4 - 2　水星-红石任务的车载升降台

为了把出舱勤务人员运送到发射台，或者从发射场撤离工作组，特种救援车和救火车在发射场外待命。这些车辆被特种热绝缘材料保护，能够在大约 150 s（2.5 min）内把航天员撤离到第 14 号发射台外的安全区。除这些车辆外，发射台还安装了 4 喷嘴的救火系统。这些喷嘴可从火箭发射防护控制室进行遥控。喷嘴可以直接喷射水或者灭火泡沫，范围可达发射场的任意角落。无线电指令子系统允许控制人员在火箭发射防护控制室内启动逃逸火箭、在发射前中止任务、在飞行的第一个 10 s 内重启中止水星—宇宙神发射的主系统

（通过清塔程序）。

图 4 - 3　水星—宇宙神任务的发射

（3）第 19 号发射台（双子星座—大力神 2 号运载火箭，Gemini - Titan II）

为双子星座任务新扩建的发射塔的顶层是"洁净室"，它用于进入大力神火箭的上面级以及飞船。发射前从飞船逃逸应使用双弹射座椅。1965 年 12 月 12 日，双子星座 6 号的航天员差点使用了这个弹射系统。

之前的 10 月 25 日阿金纳（Agena）目标飞行器发射失败后，计划更改为用双子星座 6 号飞船与双子星座 7 号飞船交会对接，当时双子星座 7 号飞船已经在轨，并且临近其长达 14 天飞行任务的末期。12 月 12 日，尽管大力神火箭点火成功，但发动机在 1.2 s 后自动关机。航天员瓦尔特·施艾拉（Walter Schirra）正确评估了当时的情况，并且选择留在飞船内而不是选择弹射，这样为 12 月 15 日的再次发射保留了机会。如果他选择了弹射，就不可能按时为发射台上的火箭做好准备、不可能完成航天历史上的一个里程碑，也不可能获得在轨交会对接中的重要经验。

图 4 - 4　发射中止后双子星座 6 号飞船的航天员离开发射台

（4）第 34 号发射台（阿波罗 1 号飞船/土星 1B 运载火箭，Apollo Block 1 – Saturn 1B）

阿波罗号的进入臂位于 67 m 的高度，首批航天员和支持小组从进入臂进入，通过洁净室进入位于土星 1B 火箭顶端的指令舱。运行速度达每分钟 137 m 的脐带塔升降机是主要的紧急逃生设备。该升降机从高 67 m 的脐带塔下降到地面的途中是不停的。滑索和吊篮系统是从发射台快速逃生的替代方法。它可用于发射台快速撤离。长 365 m 的滑索系在 67 m 高的平台上，只需要 30 s 就可以离开发射台区域，并到达安全掩体。

阿波罗号在 204 发射台起火事故后，第 34 号发射台的设施得到
了一系列的改进，在第 39 号发射台兴建了一些新的设施。这些设施
包括结构强化设施、强化灭火装置和紧急出舱通道，并且在测试和
发射操作时，在条件允许的地方还安装了紧急进入飞船的通道。

洁净室中的电子设备用氮清洁。大型排气扇吸走房间内的烟尘，
这个房间使用防火漆料。为了更容易地进入飞船，拆除了某些装置。
此外，可以使用手持水管灭火。为防止发射台火灾，安装了喷水系
统以冷却发射逃逸系统（位于指令舱之上），并且飞船到地面的出舱
通道都安装了喷水系统。

（5）第 37 号发射台（阿波罗 2 号飞船/火星 1B 运载火箭，A-
pollo Block Ⅱ－Saturn 1B）

该发射台的设施与第 34 号发射台相似。

4. 2. 3　肯尼迪航天中心

为了在 1970 年前把阿波罗号飞船运送到月球，设计了土星 5 号
重型运载火箭，为了支持它的发射，NASA 在卡纳维拉尔角基地北
面建造了新的发射台，最终选择的发射台位置位于梅里特岛（Mer-
ritt）附近，该发射台代号为 39，在阿波罗计划时期也称为"登月
口"。为了美国天空实验室、阿波罗号/联盟号和航天飞机任务，该
发射台的设施后来被改造以支持土星 1B 运载火箭的发射，最近又计
划作为星座项目的发射台。

（1）第 39 号发射台

发射台 A 建造合同中的部分内容是，为发射台工作人员和乘员在
发射前几分钟内提供紧急撤离系统。该系统与阿波罗号的发射逃逸塔
协同工作，发射逃逸塔是为离台中止和在早期火箭上升阶段而设计的。

（2）阿波罗号飞船

在发射倒计时中，如果发生险情并且没有足够的时间撤离发射
台，阿波罗号的乘员还有两种撤离发射台的方法，当然这样做必须
在仍然安全的前提下进行。

图 4 - 5　竖立在发射台上的土星 5 号火箭

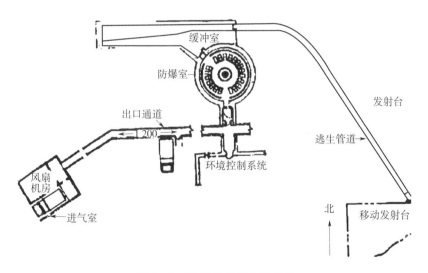

图 4 - 6　第 39 号发射台布局图

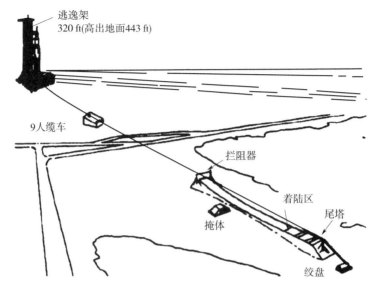

逃逸架
320 ft(高出地面443 ft)

9人缆车

拦阻器

着陆区

尾塔

掩体

绞盘

图 4 - 7　第 39 号发射台的发射台滑索设施示意图

阿波罗号紧急入口/出口和逃生系统为指令舱提供进入和逃离通道，在无法从发射台逃生时，还可以提供一个逃生通道。航天员（和支持人员）可以通过摆臂离开航天器，并步行到移动发射车处。从那里，他们可以登上高速电梯，从 104 m 高处以每分钟 183 m 的速度下降 30 层，到达 A 层只需约 30 s。然后走下电梯，进入位于61 m长的柔性滑管内的高架曲型滑道，下滑到地基坚固的减速室（也称为终端室）。然后，他们会进入防爆室，关闭像银行金库一样的巨大钢门。航天员只要坐在身形椅上，并系上安全带。理论上，防爆室可以使 20 位航天员在土星 5 号火箭爆炸中存活下来，并且利用内部设施继续生存 24 h。一旦发射台大火被扑灭，救援人员很可能挖出被困人员。然而，需要指出的是，1983 年 9 月，在拜科努尔发射场一个比土星 5 号火箭小的联盟 R‐7 火箭在发射台上爆炸，爆炸产生的碎片燃烧了 24 h。对于体积大得多的土星 5 号火箭，爆炸引起的大火持续时间很可能大于 1 天。

穹形设施位于发射台结构 12 m 以下，直径为 12 m，具有 0.8 m 厚的钢板和混凝土墙，并且巨大的钢门可以抵抗 3.5 bar（1 bar＝ 100 kPa）的爆炸压力和 75g 的加速度。这个 3.3 m 高的穹形设施由一个弹簧悬挂系统组成，它可以使作用在这个设施上的 75g 的加速度降低到 4g。整个设施被球形防护层覆盖，以增加防护效果。航天员查尔斯·杜克（Charles Duke）在 1968 年测试过该系统，这使他成为第一个使用滑道下降到终端室的航天员（未穿着全部航天服），而幸运的是，在所有阿波罗任务中，都没有使用过这个系统。

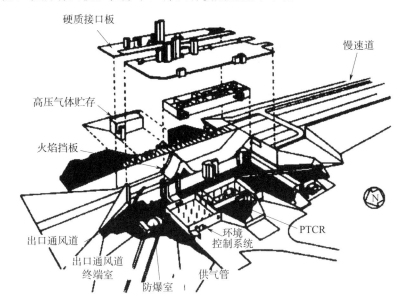

图 4-8　39 号发射台防爆室的剖面图

使用缆车也是从乘员进入臂层逃生的另一个可选方法。缆车使用滑索吊篮系统通往掩体，掩体距离发射台约半英里。阿波罗时代，航天员斯图尔特·罗萨（Stuart Roosa）测试过该滑索系统。

在建造中，发射台设施整合了灭火系统（FIREX）。该系统为发射台推进剂贮存设施、高压氢气设施、移动服务设施、周边防火消防栓和移动发射车消防栓提供灭火用水，这些灭火用水源自工业水

图 4 - 9　39 号发射台的建造过程中的防爆室

泵站的独立水泵。

特殊设计的防护车辆对于紧急情况随时待命。

（3）航天飞机

阿波罗时代结束后，从 1973 年到 1975 年，美国开展了天空实验室计划，并与苏联合作开展了阿波罗-联盟号（Apollo - Soyuz）计划。为使 A 发射台和 B 发射台支持航天飞机任务，美国将注意力转移到改造 39 号发射台的设施上。

除了 6 个支持移动发射平台的固定式基架外，为土星运载火箭设计建造的设施都被拆除、改作他用或者搬迁。1978 年的年中完成了 A 发射台的重建，1985 年完成了 B 发射台的重建。

脐带塔的上部从移动发射平台中移除，后被搬移到每个发射台上，作为固定式服务设施（Fixed Service Structure，FSS）使用。航天飞机的固定式服务设施包含一个升级的紧急逃生系统（即滑索）。在最后倒计时的 30 s 前，在航天飞机或者轨道器的进入臂上的人员都可以使用这些设施。最初，有 5 个双人的滑索吊篮。吊篮底部是平的，周围有保护网，吊篮时刻在固定式服务设施上待命。每一个吊篮最多可以承载 4 人，系统最多可以承载 20 人。之后，吊篮的数量增加到 7 个，尺寸为 1.5 m 宽、1.1 m 高，可以承载 3 人。滑索位

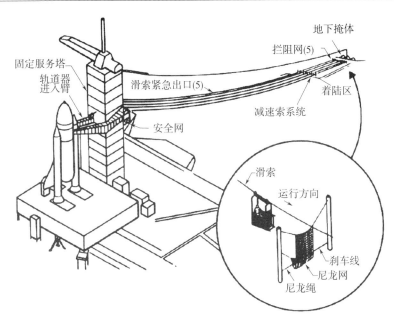

图 4 - 10　39 号发射台的航天飞机滑索设施

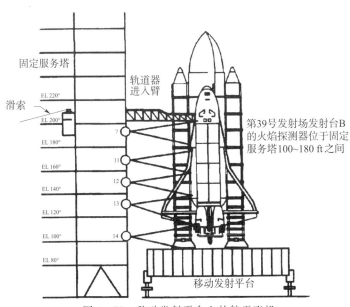

图 4 - 11　移动发射平台上的航天飞机

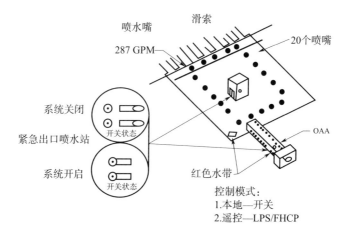

图 4 - 12　紧急喷水控制面板

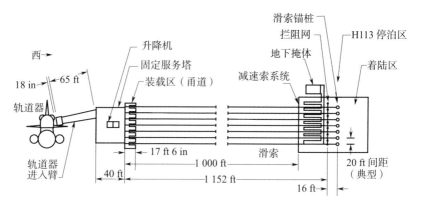

图 4 - 13　航天飞机发射台紧急逃生系统的滑索细节图

于固定式服务设施上的轨道器进入臂所在层到发射台边缘所在地之间，在那里，掩体起到额外的防护作用。吊篮在运行时，从 365 m 长的滑索滑下，直到滑索系统底部的拦阻网。滑索系统底部由一个拦阻网和制动链组成，目的是在着陆区减速并拦阻吊篮。闪电防护索是闪电杆桅保护系统的一部分，用于在暴风雨时提供额外的放电通路。送水系统和救援车辆位于发射台附近，如果遇到火箭发射台异常中止，在乘员从发射台撤离时，提供额外的支援。

乘员（和发射台支持组）的培训包括各种紧急场景，在任务准备阶段和发射的间隔时间内，他们定期演习这些场景。1986 年挑战者号航天飞机遇难后，航天飞机发射停止了一段时间，在这段时间里，一个紧急出口测试组测试紧急出口流程。这个测试组成员并不是正式的飞行乘员，他们进行这些测试起到项目支持的作用，经过测试，在发射台操作、紧急情况训练、测试系统和发射台程序方面增长了个人经验，通过情况模拟为发射小组积累了经验。在没有发射任务时，这类测试为他们提供了保持熟练度，增长个人经验和团队经验的机会。在 1986 年 11 月 2 日和 1987 年 4 月 28 日，紧急出口测试组包括航天员弗兰克·卡本特森（Frank Culbertson）（扮演指令长）、史蒂夫·奥斯瓦尔德（Steve Oswald）（扮演飞行员）、卡尔·米德（Carl Meade）、凯瑟琳·桑顿（Kathryn Thornton）和大卫·劳（David Low）（扮演任务专家）。其他两位 NASA 的航天员皮埃尔·斯乌奥特（Pierre Thuot）和杰伊·艾普特（Jay Apt）在模拟测试中扮演有效载荷专家。

1988 年，有效载荷专家、美国国会议员比尔·尼尔森（Bill Nelson）在他撰写的书中回忆他在卡纳维拉尔角参加的发射台逃生系统的测试经历，那次测试在计划发射前进行了两周。当时尼尔森小心翼翼地驾驶着履带式救援车，他风趣地说，不要让明早的新闻头条刊登出撞车的新闻。为发射台撤离进行的发射台逃生训练始于约翰逊航天中心的 9A 发射台，那里有一台用于紧急情况训练的乘员舱教练机。模拟训练可以从水平状态（着陆状态）过渡到垂直状态（发射状态），可在正常和紧急情况下训练进入和逃生。随着教官罗伯特·吉布森（Robert Gibson）的一声令下，在接下来的 58 s 内，7 位航天员全部解开座椅安全带，拉下发射和再入头盔的面罩，从航天飞机氧气系统供氧切换到腰带上的便携式供气系统。侧舱门被打开，当所有航天员爬出去后，训练就此结束。从舱口到逃生吊篮的训练在卡纳维拉尔角进行，同时还训练灭火技术和驾驶装甲运输车

（用于避险和快速逃生）到发射区边界。尼尔森知道在真实情况下，他们必须动作更快才能不被任何可能接踵而至的爆炸炸飞或冲击。

　　（4）冗余装置发射定序器中止

　　在航天飞机的机载计算机接管地面发射定序器后，固体火箭助推器点火前这一段极短的时间内，当发射台发生严重问题阻碍发射时，航天飞机的一个发射中止模式可以应付这一问题。在航天飞机的飞行历史中，从 1981 年 4 月开始，共有 5 次冗余装置发射定序器（Redundant Sequence Launch Saquencer，RSLS）中止的案例。

　　1984 年 6 月 26 日，在 OV‒103 任务（发现号航天飞机）的第二次发射尝试中，新轨道器的机载计算机检测到 3 号主发动机的一个阀门出现故障，在－4 s 时，执行了 RSLS 中止。在发现号 1984 年 8 月 30 日首飞前，故障发动机被更换。在－31 s 时，也就是机长汉克·哈兹菲尔德（Hank Hartsfield）刚刚提醒机组人员马上要开始飞行任务并感受到航天飞机主发动机的初次点火，随后，机长发现主警报响起，还有 2 个红灯提示发动机关闭，这意味着航天飞机无法起飞。确认轨道器底部的火苗仅是剩余氢燃料燃尽时产生的，并且所有其他的危险都排除后，乘员准备离开轨道器。任务专家史蒂夫·豪利（Steve Hawley）表达了他的失望情绪，他说本来打算在主发动机关闭时能够发现自己比平时升高一点点。使用滑索系统的想法马上被打消了，因为乘员都不想第一个在真实的紧急情况下使用它们。结果却是，用水喷淋发射塔和发射台作为灭火的预防措施使乘员都湿透了。

　　1985 年 7 月 12 日，在 STS‒51F 任务的倒计时阶段，挑战者号航天飞机（OV‒099）的机载计算机发现航天飞机 2 号主发动机的冷冻剂阀门出现故障。该故障器件随后被更换，挑战者号终于在 1985 年 7 月 29 日升空，但是在飞往预定轨道的途中又遇到了另一个中止情况。任务专家托尼·英格兰（Toney England）坐在挑战者号的中部，他的任务是：如果遇到紧急情况，确保坐在他旁边的两位有效载荷专家的安全。与是否能够成功飞入太空相比，他更加关心的是能否在紧急情况下成功地执行他的任务。任务失败后，当航天员安全地离开轨道器时，一种失望的情绪会油然而生，但是乘员们去了一趟迪斯尼乐园来放松情绪，并为下一次发射做准备，其实，下一次发射的结果对于他们是未知的，也许他们比第一次发射承受的压力还大。

　　1990 年发生过几次发射台故障和轨道器燃料箱泄漏故障。1993年 3 月 22 日，大约是 1986 年挑战者号航天飞机遇难 8 年后，又发生了一次冗余装置发射定序器异常中止事件。哥伦比亚号航天飞机（OV‑102）执行第 STS‑55 次任务时，在负 3 s 时，2 号主发动机氧气预燃室的净化器压力读数出现问题，中止了发射。之后，在发射台上的 3 台发动机全部被更换，但是哥伦比亚号的发射推迟到了STS‑56 次任务后。终于在 1993 年 4 月 26 日哥伦比亚号执行了STS‑55 次任务。指令长史蒂夫•纳格（Steve Nagel）说乘员们的明显反应是失望。第三次冗余装置发射定序器中止后，轨道器和发射区救援的规程被尽可能全面地制定和执行。肯尼迪航天中心发射主任罗伯特•斯克（Robert Sieck）随后发表了评论：发射台中止后，也许才是我们做的最好的。

　　在轨道器内，乘员明显感觉到航天飞机主发动机点火引起的振动，随后主报警指示发动机关闭。从那时起，培训和规章开始关注这类异常情况。在为期几个月的训练中，他们已经演练了之前训练过多次的情况，然而，在乘员们被外界认为是基本安全的情况下，仍然产生一定程度的压力，这也是自然的。因此，他们仅仅是等待，直到离开轨道器才是安全的。对在 3 英里外目睹发射的航天员的家庭来说压力也许更大，他们看着哥伦比亚号发动机点火、然后关闭、最后寂静地竖立在发射台上，而他们的爱人们被牢牢地绑在一颗随时可能爆炸而且不愿意离开地球的炸弹上。

　　1993 年 8 月 12 日，另一个发射异常中止也发生在−3 s 时刻，这已是发现号航天飞机（OV‑103）STS‑51 次任务的第三次发射失败，距上次发射失败仅 5 个月。8 月 12 日当天，机载计算机检测到 2 号主发动机故障后，执行了中止操作。有 4 个传感器用于监测氢燃料的流量，其中 1 个传感器发现了氢燃料从外贮箱到发动机流量出现异常情况。随后再一次全部更换了发射台上的 3 个发动机，将发射推迟到 1993 年 9 月 12 日。

约 12 个月后，1994 年 8 月 18 日又发生了冗余装置发射定序器中止，那是在奋进号航天飞机（OV - 105）在执行 STS - 68 任务起飞前 1.9 s 时发生的，非常接近于固体火箭助推器点火的时间。机载计算机检测到传感器的一个监测通道的读数超过允许范围，即 3 号主发动机的氧化剂涡轮泵的排出温度读数超过允许范围。1994 年 9 月 2 日在密西西比州的斯代尼斯（Stennis）空间中心进行了点火测试，以帮助确定涡轮泵温度升高的故障原因，测试结果发现燃料流量计存在微小的误差。奋进号返回发射台并更换了 3 台发动机，发射时间被推迟到 10 月 2 日。

2003 年，任务专家托马斯·琼斯（Thomas Jones）撰写了那天他在奋进号上的经历：他感觉到主发动机点火，奋进号在发射台上震颤，等待 2 台固体火箭助推器"令人激动的"点火。但是，两台固体火箭助推器没有点火，取而代之的是主报警器大声地响起和 3 台主发动机关机。当乘员们开启控制器以保护轨道器，并准备快速地通过滑索系统逃生时，奋进号仍然在震颤。但是发射台没有起火或者爆炸，所以乘员们坐着等待地面人员打开舱门并把他们拽出去。琼斯本来应该被加速推力牢牢地压在座椅上，并飞向太空，但是 30 min 后，他发现自己还在座椅上，并且松开了降落伞的皮带，还平静地吃着花生黄油夹三明治。

（5）星座计划

航天飞机计划于 2010 年退役，阿瑞斯－1 运载火箭（Ares Ⅰ）的第一次载人飞行计划于 2015 年进行，第 39 号发射台设施的改建计划又一次被提上了日程。如同为阿波罗任务到航天飞机任务进行的设施改造、重建、翻新或者改进一样，新的星座计划的设施正在组建，以支持阿瑞斯－1 火箭的第一次不载人测试飞行，测试计划于

2009 年春季进行。

　　这些改造的重点部分是猎户座飞船（Orion）紧急逃生系统。这个系统使用一组可承载多个乘员的、像过山车一样的滑车，滑车安装在一组轨道上，使航天员和地面勤务人员可以尽可能快地从距地面约 116 m 高的火箭入口位置撤离到混凝土制的保护掩体中。尽管可能不会像过山车那样被称为"令人极为恐惧的乘坐装置"，在卡纳维拉尔角，一些世界顶级的过山车设计师还是被邀请作为星座计划的顾问。这个紧急逃生系统预计比航天飞机的滑索系统效率更高，从飞船到掩体的撤离时间在 3 min 内。这会是非常有帮助的，并且对于丧失行动能力的乘员，他们可以被抬进"过山车"，并被运送到掩体中，新的系统可能拯救他们的生命。这比把人从飞船抬进滑索吊篮并滑降到另一端的掩体中容易得多。这个新技术将使乘员能够从发射台附近的巨大爆炸中快速逃生。与阿波罗飞船和航天飞机的逃生系统一样，每个人都希望逃生系统只作为宣传内容，不会在实际中被使用。

图 4 - 14　星座计划的发射台逃生系统设想图

图 4 - 15　通往安全地带的"过山车"

图 4 - 16　发射台上搭载猎户座载人飞船的阿瑞斯运载火箭和发射逃生系统示意图

4.2.4　范登堡空军基地

美国在 20 世纪 60 年代和 80 年代考虑建造第二个载人发射设施，以支持军事任务和极地轨道任务。为了支持载人发射，范登堡空军基地的发射台需要把发射台逃生设施整合到当时规划的双子星座—大力神 III M 任务及此后航天飞机任务的地面设施中。

6 号航天发射台：双子星座—大力神-II（载人轨道实验室）/航天飞机）。在载人轨道实验室/双子星座的发射过程中，为两位美国空军的航天员配备了弹射座椅，与 NASA 双子星座任务的航天员配备的座椅相同。包括脐带塔和移动服务塔在内的发射支持设施的建设开始于 1967 年 1 月 27 日，当天，3 名航天员死于佛罗里达州卡纳维拉尔角的阿波罗-204（阿波罗 1 号）的发射台火灾中。此项建筑工程持续了近两年，结束于 1968 年 11 月底。建成的设施包括进入航天器的平台和灭火设备，该设备与位于卡纳维拉尔角第 19 号发射台的灭火设施相似，第 19 号发射台的灭火设施是为 NASA 的双子星座任务服务的。

1969 年 6 月，载人轨道实验室计划被取消，该计划没有进行过载人发射，只进行过 1 次无人发射。1974 年 4 月，范登堡空军基地被选为第二个航天飞机发射台。把为载人轨道实验室服务的设施改造成为航天飞机发射服务的设施本身就是一个挑战，幸运的是发射逃生设施与航天飞机轨道器兼容。1979 年末开始了新发射台的建造。范登堡空军基地的设施改造重点之一是进入塔上的乘员进入臂，它与第 39 号发射台的摆臂不同，进入臂可以从导轨上的轨道器向后转动。设施中安装了滑篮，它可以从进入塔西侧滑降到地面的掩体中。在未载人测试中，发现完全载重的滑篮会撞击预备室（Ready Building）防护结构的南角，该结构用于防护大力神-III M 发射时对预备室的影响。在航天飞机设施的改造中，决定不拆除这个由充沙混凝土制造的结构，原因是拆除费用太高。最后，把该结构的高度降低了 3 m（即拆除了"花盒"），使滑篮可以安全通过。

4.2.5　中国

2003 年 10 月，中国成为第三个把自己的公民送入地球轨道的国家，也成为第三个有能力进行载人航天飞行的国家。把中国公民送入空间的想法始于 20 世纪 60 年代，因而诞生了"曙光计划"，但是项目经费没有到位，1972 年 5 月该项目被终止。尽管存在一些谣传（比如载人飞船模型的照片，允许中国公民作为航天飞机有效载荷专家），但 20 年后，中国新的关注点是发展载人飞船。这就是"921"计划，"921"计划开始了载人飞船的研发。从 1992 年到 2000 年之前年代末，必须建立一整套新的设施以支持这样一个雄心勃勃的计划，很明显中国从美国和苏联的经验中获益。

酒泉发射场（神舟飞船—长征 - 2F 运载火箭）用于支持中国的载人航天计划。根据中国第一个载人飞船的报道，运载火箭竖立在 9 层楼高的发射台上，洁净室进入设施位于发射架上方，大约在发射前 2 h，进入设施会被收回。由 14 人组成的支持小组随时待命（大概在附近的掩体中），如果需要撤离航天员，他们会立刻出动并把进入臂放回原位来救出航天员。

尽管全部细节尚未公布，但酒泉发射台的设施，包括防爆升降机（或逃生滑索）和发射台附近的防爆掩体都和美国第 39 号发射台的设施相似。如果发射前发生爆炸，逃逸塔系统将分离运载火箭，逃逸火箭携带乘员舱到达安全地带，乘员舱使用降落伞着陆。随着神舟飞船项目的发展，发射台结构更多的细节和发射中止支持设施的细节都将越来越明朗。

第 5 章 发射逃逸 1：逃逸塔

火箭点火之后，离开发射台并安全进入轨道这一阶段是另一个高风险阶段，因为这一阶段的火箭可能会发生爆炸。关于此项挑战，载人航天器设计者在上升阶段设计了两套乘员逃逸系统：逃逸塔系统和弹射座椅系统。另外，发射过程中一系列出现误差的飞行路线并不需要乘员进行逃逸，但需要乘员进行一个特定轨迹飞行，从而确保乘员能够安全返回地球或进入正确轨道。

截止 2008 年夏季，只发生了一次逃逸塔救生事件，即 1983 年 9 月成功将一艘联盟号飞船乘员从火箭爆炸的发射台上营救出来。美国两项载人航天任务中发生的意外事件或飞行中止情况，分别为 1970 年 4 月份的阿波罗 13 号任务和 1985 年 7 月的第 51 次航天飞机飞行。

对于首次载人飞行，苏联采用了弹射座椅的方法，而美国选择了逃逸塔系统。用以替代航天飞机的星座计划将采用阿波罗飞船和联盟号飞船上的逃逸塔系统。美国双子星座计划和地面航天飞机测试中采用了弹射座椅系统，同时，苏联随后取消的暴风雪号航天飞机计划也采用了该系统。在第 6 章将详细描述弹射座椅内容，此处集中介绍逃逸塔。

5.1 逃逸塔

逃逸塔是一个与乘员舱段相连并安装有固体火箭发动机，能够在紧急情况下带领乘员脱离火箭并远离错误轨道或爆炸助推器的装置。逃逸塔一般安装在航天器顶端，一旦航天器进入轨道不再需要逃逸塔时，最先将逃逸塔抛掉。该系统主要应用在美国的第一次载人航天器上（水星计划）、执行月球和地球轨道任务的阿波罗指令和服务舱上、俄罗斯的联盟号飞船和中国的神舟号飞船上。同时，该系统还应用在苏联的载人登月航天器中，美国的双子星座计划考虑了该方案，并且星座计划中的猎户座飞船也引入了该系统。

5.2　水星计划发射逃逸塔

水星计划是美国实施的第一个载人航天计划，旨在将人类送入近地轨道飞行，随后对航天员能力以及人类和航天器安全功能和恢复能力进行研究。水星计划尽量采用现有技术和现成的硬件，主要分为利用红石火箭进行载人亚轨道验证飞行和最终利用宇宙神火箭进行载人轨道飞行两个阶段。水星飞船设计初期，向主承包商麦克唐纳道格拉斯（McDonnell‐Douglas）公司提出了硬性设计要求，其中一条要求为：

"该飞船必须匹配可靠的发射逃逸系统，一旦发生灾难，能够快速实现飞船及乘员与运载火箭的分离"（NASA，1963a，b，1966a；Catchpole，2001）。

5.2.1　飞行可靠性和安全性

在红石运载火箭和宇宙神运载火箭的筛选过程中，项目管理和研制团队意识到在系统可靠性和安全性方面需要一个很好的平衡，同时尽量在最短时间内实现项目目标。两种运载火箭都有很长的研制计划，并且具备能够在最小调整情况下将人安全送入轨道的能力。针对运载火箭以及飞行的安全性和可靠性，研制人员分成了三个小组：一组负责运载火箭本身的安全性和可靠性；一组负责制订航天员安全计划；最后一组负责故障测试系统设计。虽然有可能延长研制过程，但运载火箭之前的经验以及成熟组件的使用为新系统的研制提供了优势，并且能够为航天员安全计划的研制提供充足的验证飞行数据。

显而易见，水星计划的时间框架内不能实现对运载火箭的可靠性方案进行重要改变。因此，飞船设计主要分为三个阶段：第一阶段评价工艺质量；第二阶段将飞船运送到卡纳维拉尔角发射场之前，在工厂对工艺质量进行检测；第三阶段主要由工作人员在飞行前针对一系列"飞"与"不飞"的建议下对安全组件进行评审。

故障检测处理系统（Abort Sensing and Implemetatien System，ASIS）的研制用来保证火箭上升阶段航天员的安全。通过对过去宇宙神（和红石）火箭的发射纪录进行评估，可以确定需要监测的参数，这些参数在接近故障参数之前有充足的时间令故障检测处理系统工作，同时确保没有将错误的读数误认成为将要出现的故障。经过大量的地面测试和飞行验证之后，最终完成极端环境条件下系统的鉴定。评估过程中出现的矛盾能够在宇宙神载人发射任务之前得到修正。在无人 MA - 3 任务中，中止系统成功地挽救了整个航天器，确保了 MA - 4 任务中航天器的再次发射。

水星飞船故障检测处理系统的功能就是能够探测到运载火箭即将发生的故障，随后自动产生中止飞行指令并在充足时间内激活逃逸塔，保证航天员的安全。另外，还通过人工干预的方式对故障检测处理系统的中止能力进行补充。当火箭在离开发射台 5 cm 的时候，测试人员将通过直流电路启动发射中止系统。从 5 cm 的位置一直到动力飞行结束，整个任务都由一条开启中止系统的无线电频率链路进行控制。异常中止能力由发射场安全负责人直接负责，此时从地面发出的人工指令将切断发动机，自动向火箭和航天器发出中止飞行指令和逃逸指令。运载火箭在收到自毁指令到爆炸之间有 3 s 的延迟，从而保证逃逸塔能够与航天器分离并且处于一定安全距离之外。

故障检测处理系统通过循序渐进的方法对整个系统进行检验，包括用于载人航天飞行的发射逃逸系统。随后对发射逃逸和地球着陆系统进行地面验证测试。利用小乔伊运载火箭进行飞行测试之后，开始对水星—红石和水星—宇宙神火箭进行无人弹道测试飞行，同时也进行仪表和灵长类动物以及人类搭载的亚轨道飞行测试。经历了 3 次、6 次和 22 次理论轨道飞行之后，最终形成整个计划结论。

作为严格测试、评估和整合系统变化的结果，水星计划载人发射期间，没有出现任何需要故障检测处理系统中止发射的案例，同时也没有出现因为错误故障检测处理系统信号导致的额外异常中止现象。

5.2.2　水星号飞船逃逸塔

通过对异常中止系统的评估，工程师发现无论是在发射台还是在上升阶段，最有效的设计就是利用固体火箭发动机将载有航天员的航天器推离可能爆炸的火箭。同时还需要一套可靠的起爆系统和具有快速推力和短期飞行寿命的有效分离装置。服务和维护功能应保持在最低水平，但无论是实时情况还是上升过程的抛弃过程都应保证安全。

图 5-1　水星飞船的航天员正在检验运载火箭、航天器和逃逸塔模型

水星号逃逸塔采用三脚架式钢管支撑结构，并且在加强结构的横梁上安装了一个固体燃料发动机机壳，三个排气喷嘴呈 120°分布。推进剂能够在 1 s 内实现点火需求，提供满足设计要求的 23 296 N 的推力。发动机顶部是一个固体燃料逃逸抛射发动机，可以在 1.5 s 点火时间内提供 3 558 N 推力，并将逃逸塔拉离航天器。从逃逸塔基座到气动外形顶部整个系统高度为 5.1 m，质量为 580 kg。

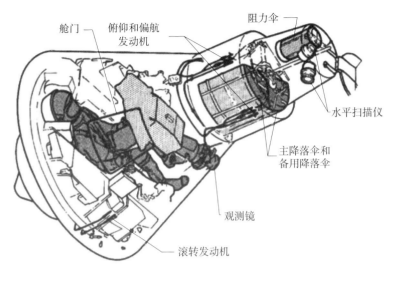

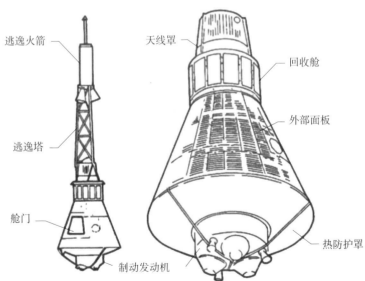

图 5-2　水星号飞船设计图

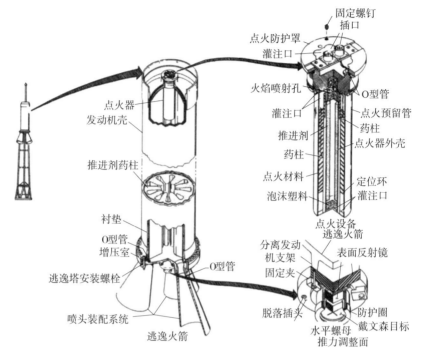

图 5-3　水星号飞船逃逸塔设计图

5.2.3　系统操作

　　水星计划中异常中止情况逃逸塔的用途主要分为发射台异常中止和飞行中异常中止两种。无论是火箭在发射台最后倒计时阶段还是在发射之后 2 s 内（地面经历时间最多为 2 s）出现问题，自动故障探测系统的敏感器均能够探测到故障情况。一旦切断航天器与运载火箭连接的爆炸螺栓，制动火箭包分离出来，随后发射逃逸系统（LES）点火。发射逃逸系统快速将水星飞船和航天员居住舱拉到一个最高高度为 610 m，朝向海洋方向的轨道飞行。逃逸塔在轨道最高位置通过爆炸螺栓与飞船分离的同时释放一个环状夹钳。初始推力产生的力矩足够能让逃逸塔飞到安全高度，然后由地面控制发射台上的火箭爆炸。逃逸塔抛射火箭点火将逃逸塔有用部分带离飞船并通过降落伞降落在卡纳维拉尔角附近的大西洋海域。随后，通过第四驱逐舰纵队的救援直升机进行航天员搜救工作。

　　飞行过程中异常中止情况发生在飞行 2 s 到总时长为 2 min 23 s 期间。过了 2 min 23 s 之后，运载火箭已经能够在抛掉逃逸塔情况下产生足够推力令航天器分离并进入标称降落伞下降轨道。最初 30 s 飞行期间，一旦出现问题和火箭发动机不能关闭，航天器必须与火箭分离，在火箭冲向发射场或居民区之前，发射场安全负责人将启动一个自毁信号来引爆火箭。如果火箭发动机可以关闭，发射逃逸系统将与发射台异常中止情况一样操作，但此时的轨道高度将更高。

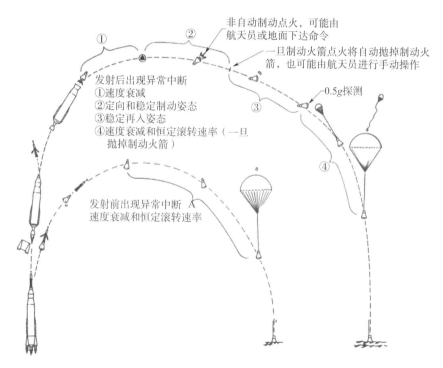

图 5-4　水星号飞船异常中止情况

没有遇到异常中止情况的正常操作过程中，在地面经历时间为2 min 23 s 时，固定逃逸塔与航天器的夹钳装置释放，随后抛掉逃逸塔。用于亚轨道飞行的红石火箭的逃逸塔抛离过程发生在主推进系统关闭之后。宇宙神任务中逃逸塔抛离过程发生在助推器切断之后并且与助推器喷嘴分离后。为了将其从上升轨道清除，运载火箭续航发动机在分离逃逸塔之前进行一个轻微的俯冲，在与不需要的逃逸塔分离之后再恢复原来姿态。所有情况下，一旦系统推进剂用完，逃逸塔和发动机将落入大西洋。计划的飞行操作期间不进行任何回收尝试。

逃逸塔移除之后，任何情况下都由航天器电力系统提供异常中止能力。如果触发中止指令，舱段适配器夹钳环将被释放，逃逸火箭点火并将返回舱送至高度为 760 m 的轨道。姿态敏感器信号将释放逃逸塔夹钳环，点燃逃逸塔抛射火箭并抛掉不需要的逃逸塔。2 s后打开阻力伞，并在 2 s 之后抛掉天线罩。12 s 之后抛掉热防护罩并展开着陆主伞进行着陆。

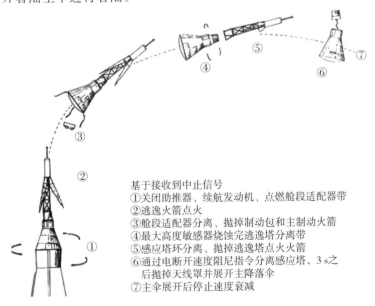

基于接收到中止信号
①关闭助推器、续航发动机、点燃舱段适配器带
②逃逸火箭点火
③舱段适配器分离、抛掉制动包和主制动火箭
④最大高度敏感器烧蚀完逃逸塔分离带
⑤感应塔环分离、抛掉逃逸塔点火火箭
⑥通过电断开速度阻尼指令分离感应塔环，3 s 之后抛掉天线罩并展开主降落伞
⑦主伞展开后停止速度衰减

图 5-5　分离前出现异常中止

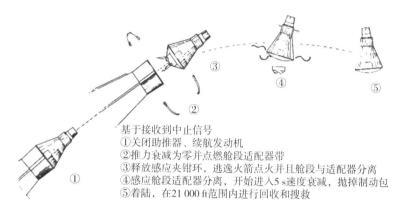

基于接收到中止信号
①关闭助推器、续航发动机
②推力衰减为零并点燃舱段适配器带
③释放感应夹钳环，逃逸火箭点火并且舱段与适配器分离
④感应舱段适配器分离，开始进入5 s速度衰减，抛掉制动包
⑤着陆，在21 000 ft范围内进行回收和搜救

图 5 - 6 分离后出现异常中止

5.2.4 航天员紧急弹射按钮

异常中止手柄安装在水星号飞船的乘员舱内。该手柄位于支撑沙发左臂的支架上，其功能主要是按照由内到外的顺序中止航天器。正常发射期间，该手柄作为一个约束手柄存在。操作该手柄之前，航天员需要按下手柄顶部的一个释放按钮，这样才能通过外部旋转来改变异常中止手柄位置。随后激活电开关来发送一个起爆舱段和适配器夹钳环带的信号。除非释放异常中止手柄的主线路故障，否则一旦切断主线路与地面的联系，逃逸系统立刻就会启动。

所有的航天员都来自试飞员，飞行技能是选拔航天员的主要标准（美国作家汤姆·乌尔夫将其定义为"航天英雄"），在不失形象情况下，航天员将此控制杆称为紧急弹射按钮。幸运的是，任何任务中航天员都没有用到该装置。

5.2.5 系统演变

利用运载火箭发射载人航天器从最初就充满风险。20 世纪 50 年代，此项技术日趋成风，逐渐从理论知识向实践转换。因此，一套可靠、有效的逃逸方案成为必然，该方案至少可以令居住舱逃离可能出现的爆炸火球。对于弗吉尼亚州兰利航空实验室的无人机研究组的工程师来说，美国空军载人航天计划的设计过于复杂。美国空军设计了一个安装在乘员舱底部的助推火箭逃逸系统，这样可以有效地将乘员舱带离危险区域。为了实现与故障运载火箭的应急分离，水星计划的主承包商麦克唐纳·道格拉斯公司最初提议将火箭发动机安装在飞船底部周围的翼面上，而无人机研究组则考虑用另外一套设计方案。1985年7月，在马克斯·A·菲格特的带领下，该小组提出了一个利用牵引火箭将乘员舱拉离危险的方案，牵引火箭安装在乘员舱顶部，主要由固体推进剂提供动力（NASA，1966a，pp. 96 - 97）。

1985年8月形成了外形以细长为特征的火箭和喷嘴设计方案，该火箭主用通过三根细长支架与乘员舱相连。由于使用了固体火箭牵引器，因此整个系统需要更少的组件、更简化的设计和任意时间的操作。操作的简便化和可靠性是无人机研究组设计的主要驱动因素。在利用运载火箭进行测试之前，计划在位于沃勒普斯岛的无人机研究站进行样板飞船（模装）或全尺寸金属模型的逃逸系统测试。

5.2.6　小火箭扮演大角色

用于测试的火箭主要为小乔伊火箭。基于1958年1月马克斯·菲格特和保罗·E·珀斯的提议，小乔伊火箭被用于支持载人航天器运载火箭计划的研究和开发。最初，该运载火箭主要用于提供全尺寸和质量的载人航天器在实际航天器可能遇到的条件和环境下的测试结果，并且设想利用发射器来研制异常中止期间的逃逸机动。

真正的设计工作开始于1958年10月，略晚于美国国家航空航天局的建立时间。同年11月16日，载人航天器工程被官方定义为水星计划。1959年12月29日，小乔伊运载火箭合同被授予北美航空公司，同时还授出了助推器的设计和装配合同。该合同计划先交付固体火箭发动机，随后每三周交付一次助推器。这些用于测试的航天器在火箭试验测试台进行了设计和制造。

1959 年 1 月 29 日，飞行测试计划出炉。另外对用于测试异常中止系统的飞行动力学和航天器空气动力学计划也进行了研究。利用小乔伊火箭搭载小的灵长类动物或猪等进行试验可以为乘员舱的设

图 5 - 7　异常中止测试准备

计改进提供基本数据，尤其是对异常中止飞行或逐渐增加的空气动力学和身体劳损条件下的硬着陆研究有重要意义。另外，研究人员还计划对降落伞操作和生物标本的物理效应进行测试。

　　小乔伊火箭高 14.6 m，直径 2.3 m，最大质量 18 747 kg。主要采用 4 个 Pollex 和 4 个"新兵"（Recruit）捆绑式固体火箭助推器，推力达到 1 110 000 N，运载能力为 1 788 kg。

图 5 - 8　安装在小乔伊火箭上的水星号飞船

5.2.7　形体匹配座椅

正常上升过程中，采用弹道舱设计的乘员舱可能要承受 $5\sim6g$ 的加速度，浅水区着陆情况下要承受 $8\sim9g$ 的加速度。一旦发生异常中止情况，则需要承受高达 $20g$ 的加速度。美国空军关于防护巨大加速度或负加速度的设计很复杂，但马克斯·菲格特却有更简单的解决方案。马克斯和同事提出的方案是，与其让乘员躺在座椅上，不如将乘员直接置身于内部来抵抗超负荷。如果采用玻璃纤维材料，该设备质量会更轻并且更稳定，同时硬度又足够维持外部形态。1958 年 5 月对试验座椅进行了测试，7 月底在宾夕法尼亚州的大型美国海军离心机上的测试表明，乘员舱可以承受 $20g$ 的加速度。

5.2.8　风洞试验和地面测试

1959 年期间，为了评估最适合水星号飞船的逃逸系统，工程师在位于田纳西州的美国空军阿诺德工程开发中心进行了风洞测试。此次计划针对马克斯·菲格特空间特遣大队设计的牵引火箭和麦克唐纳·道格拉斯公司最初设计的有翼加速火箭进行了风洞试验。另外，对火箭发动机进行了风洞试验和地面测试，从而确定出计划燃烧时间内发动机点火达到 3 048 m 仿真高度的轨迹特征。

5.2.9　牵引火箭概念

1959 年 3 月 8 日，试验团队在沃勒普斯岛进行了一项异常中止系统测试。此类仿真被定义为中止测试。全尺寸飞船和新兵固体火箭逃逸塔配置模型在飞行测试中出现了无规律运动，因此，兰利研究中心负责进行较小尺寸飞行模型测试，从而对飞行中异常中止系统的变化进行评估。逃逸火箭的三个喷气管成 120°分布，与纵轴方向呈 15°夹角。三个锥形管状喷管能够保证火箭羽流清除飞船下方，并且按照抛物线轨迹将飞船运送到发射场周围的海洋回收区域。对结果进行分析后表明，所有的测试在前 60 s 都飞行正常，但在距离正常水着陆约 304 m 位置时飞船出现 3 次上下翻滚情况。

翻滚情况是意料之外的，对于载人飞船的乘员来说翻滚现象是非常难受的一个过程。通过飞行后的数据检查得出了两种结论。其中一个原因是由于石墨喷管喉部被彻底烧完，影响了推力矢量，造成了意料之外的翻滚。为了预防此种现象再次发生，对喷管的喉管进行了重新设计。第二个原因是喷管与纵轴方向的夹角引起了翻滚。因此，4 月 13～15 日，兰利研究室分别对 5 个 0.33 比例的模型进行了不同角度排气喷管飞行测试和评估，并且采用了比新兵火箭小 8.25 cm 的火箭进行了全尺寸仿真。

4 月 13 日，该研究室进行了前两项测试。第一项测试称为 U-1，喷管与纵轴方向夹角为 10°，飞行过程中出现明显不稳定现象。第二项测试的夹角为 15°，同样出现不稳定现象。第二天的测试模型为 U-3，喷管与纵轴方向夹角为 20°时仍然出现不稳定特征。最后，4 月 15 日进行了两项测试，其中 U-4 的喷管夹角设置为 25°，U-5 的喷管夹角设置为 30°，两项测试在飞行过程中均保持稳定。通过这些测试，最终确定格兰德中央火箭公司的逃逸火箭发动机喷管角度值设置为 19°。

5.2.10　中止测试计划

1959 年 3 月 8 日的验证之后又进一步进行了异常中止测试。4 月 14 日，从沃勒普斯岛发射了一艘样板飞船。此次试验故意使牵引火箭发动机的推力产生了偏移，从而再现发射台异常中止情况下与真实情况相似的俯仰和速率转换情况。技术人员采用额定推力为 154 078 N 的新兵火箭进一步对格兰德中央火箭发动机的操作异常中止进行了仿真。燃烧时间为 1.5 s，飞船与牵引火箭分离之后在落水之前出现了一次翻滚。此次演示是一次成功的系统验证。

1959 年 7 月 22 日，试验团队采用真实飞船进行了一次异常中止测试。此次测试的最大高度为 609 m，在未发射逃逸系统之前火箭出现了一次翻滚，但与飞船分离之后的翻滚现象一直持续到阻力伞的打开，直到主伞打开后火箭才趋于稳定。7 月 28 日，试验团队进行了第二次异常中止测试，此次测试是成功的。随后又进行了 2 次发射台异常中止测试仿真，第一次测试失败是由于火箭与飞船的不正确分离造成的。此次失败经历导致研究人员对火箭喷管进行了重新的设计，把其中一个单点喷管替换成了一个三点喷管，并且与其中另外两个呈 120°分布，与纵轴方向呈 30°夹角。

中止测试计划验证了未来载人发射逃逸系统的发射台异常中止发射情况。

5.2.11　小乔伊运载火箭

小乔伊火箭（LJ - 1）的首次发射计划为 1959 年 7 月，但被推迟到了 8 月 21 日。此次火箭发射是一项研发任务，并不能评估异常中止系统。此次发射由于火箭电池在沃勒普斯岛发射台进入倒计时后进行了充电，导致未能发现已经点火的逃逸系统。虽然此次逃逸系统的点火是由于一个故障造成的，但逃逸塔仍然按照发射台异常中止的程序进行了点火。然而，逃逸塔虽然成功发射，并且释放了阻力伞，但主伞展开电路由于缺乏充足电量而不能正常工作，最终导致飞船在进行水着陆时被损坏。

1959 年 10 月 4 日，小乔伊 6 号火箭从沃勒普斯岛成功发射。这是小乔伊 1 号火箭之后对小乔伊系统自身的一次测试。此次试验采用了格兰德中央火箭外壳，里面装有压舱物，主要用来验证没有逃逸程序情况下火箭的正常飞行。

1959 年 11 月 4 日发射了小乔伊 - 1A 火箭，继续进行异常中止系统验证任务，此次发射比计划发射时间提前了两个月。虽然火箭前段飞行完成了飞行异常中止，但由于逃逸火箭发动机点火缓慢而没有完成主要目标，最终延误飞船与运载火箭分离，导致火箭直接飞过了指定的测试区域。然而，所有的二次测试目标都得到满足，并且回收飞船也已经运送到发射场。因此，异常中止测试计划增加了小乔伊 - 1B 火箭发射测试，主要实现之前火箭发射未完成的测试目标。

图 5 - 9　测试准备

　　1959 年 12 月 4 日，小乔伊 2 号从沃勒普斯岛发射升空。此次发射测试主要用于进行 30 480 m 高度的异常中止验证。异常中止顺序再现了水星—宇宙神火箭发射可能出现的情况。在缺少星上控制系统的前提下，此次演示成功记录并评估了飞船的再入特征。飞船穿越密集大气层的动力稳定性与预测情况一致，回收装置和气浮装置也同样令人满意。搭载的猕猴（山姆小姐）也同样成功返回，并且身体上无任何副作用。此次演示大大增强了设计人员的信心。

1960 年 1 月 21 日，小乔伊–1B 运载火箭从沃勒普斯岛成功发射。此次验证一切都按预定计划进行，搭载的猕猴也成功返回。

图 5 - 10　逃逸火箭测试操作

1960 年 7 月 29 日，水星–宇宙神 1 号火箭从卡纳维拉尔角发射场升空，进行水星飞船和再入组件的结构完整性验证，此次验证并没有安装逃逸系统。令人可惜的是，飞行到 60 s 时任务失败，运载火箭和飞船垂直落入水中，因此，水星—宇宙神计划被迫推迟了 7 个月，并对组装结构的完整性进行了加强。

1960 年 11 月 8 日，进行了小乔伊 5 号火箭的发射。此次发射主要进行飞船验证，但事情并没有按预期进行。供电期间任务失败，飞船和火箭没有分离逃逸系统就进行点火，导致飞船仍然与火箭相连，最终撞向地面，造成船箭俱毁。虽然从水面回收到了一些硬件组件，但失败的确切原因却无从查知。另外，飞行测量的不足也可能是此次失败的部分原因。有猜想认为是顺序系统故障造成失败，但却不能得到确定。因此，设计人员对之后飞船上的顺序系统进行了更改，尽量避免可能出现的逃逸火箭发动机提前点火现象。

图 5 - 11　异常中止测试顺序

小乔伊 5 号测试失败之后，测试计划中增加了小乔伊 - 5A 测试内容。此次发射仍采用真实飞船，但仅配置了测试计划中用到的系统。上升段期间，逃逸火箭发动机再一次提前点火，导致任务再次未能成功。然而，地面控制启动了星上备份系统，令飞船与运载火箭分离，释放逃逸塔并成功回收。此次故障的原因是航天器适配器接口处的结构变形，导致系统错误地记录了飞行状态，触发了逃逸火箭开关，导致逃逸火箭提前点火。因此，只有采取增强该区域开关稳定性、再循环电信号和减少空气载荷等校正措施才能有效避免此类问题的重复发生。

1961 年 4 月 28 日，小乔伊–5B 火箭发射，此次发射时间比搭载艾尔·谢泼德的水星—红石 3 号火箭的发时间射提前了若干天，但落后于苏联发射东方号飞船 16 天，以至于苏联航天员尤里·加加林成为了历史上首位进入太空的人。小乔伊–5B 搭载的水星–14A 飞船将小乔伊–5A 使用的飞船进行了整修，并对飞船的适配器组件、整流罩和电路进行了改进，从而避免重复同样的问题。由于两个主运载火箭发动机的延迟点火，导致此次发射的测试形势更加严峻。飞行计划要求的动压为 449 $kg/9.29\ dm^2$，而此次飞行的动压为 871 $kg/9.29\ dm^2$。发射 5 min 后，水星号乘员舱溅落在水面，异常中止顺序和飞船的回收都十分完美。离开发射台 30 min 后，返回舱被成功运回发射场。此次发射标志着载人技术的成熟。

一系列小乔伊火箭的飞行测试成功验证了异常中止系统，并为未来规划的载人飞行提供了大量有用的飞行数据。通过小乔伊火箭的飞行验证和对宇宙神火箭最大动压点的仿真，使得制造载人系统成为了可能。

5.2.12　水星—红石运载火箭

水星—红石运载火箭主要用于水星飞船的亚轨道飞行测试。该火箭主要由克莱斯勒公司制造，长 29 m，箭体直径 1.7 m。单个北美航空公司 A–7 发动机可以产生 346 944 N 推力，推进剂采用液氧燃料（75％为乙醇，25％为水）。主要采用佛罗里达州的卡纳维拉尔角发射场进行发射。最初计划 1959 年 1 月进行两次飞船和运载火箭验证飞行，随后在确定轨道任务之前进行 6 次载人亚轨道"训练"任务。后经过修改取消了一次载人发射，剩余 5 次发射主要进行 2 次无人发射（其中一次搭载黑猩猩）、1 次研制发射和 2 次载人发射任务。

图 5 - 12　　逃逸塔发射之日——水星—红石 1 号火箭

5. 2. 13　逃逸塔发射之日

首次水星—红石发射计划在 1960 年 11 月 21 日进行，主要利用红石火箭进行水星号飞船（编号为水星 2 号）的验证飞行。虽然该日进行了一次发射，但结果完全出乎意料。发射时刻红石火箭发动机突然关闭，在上升了若干英寸之后又落回发射台，飞船发动机也同样关闭，并且整个系统失效。虽然发射逃逸系统发动机点火，并且与飞船相连的脱落保护装置已经释放，最终逃逸塔逃离发射台，但其尾气却造成整个发射台蒙上一层厚厚的烟云。1 s 后逃逸发动机关闭，逃逸塔在位于 1.2 km 的高度继续按照预定轨道进行飞行，最终撞向观察员所在的海滩、距离发射场 365 m 的位置。

虽然媒体报道了此次故障，但整个系统却完成了设计者设定的所有目标。

1960 年 12 月 19 日，水星—红石-1A 火箭成功发射了一艘改装飞船。助推器关闭 10 s 后，逃逸塔与火箭正常分离。此次发射携带了一只名为哈姆的黑猩猩。在速度分离系统做好准备之前，飞船在红石火箭推进剂耗尽时收到了异常中止信号，早于推力室异常中止开关的转换时间。异常中止系统完全按照计划运行，并且增大了速度，将回收点距离增加了 186 km，远远超过了预计位置。1961 年 3 月 24 日，试验人员对红石火箭进行了助推器验证飞行，开启了载人飞行的新时期。

5.2.14　水星-宇宙神运载火箭

第一艘将人类送入近地轨道的运载火箭由通用动力公司的宇航部建造，高 28.7 m。助推器直径为 4.8 m，主发动机直径为 3 m。该火箭推进系统主要由 2 台洛克达因（Rocketdyne）LR89-5 发动机（推力为 734 057.9 N）、1 台洛克达因 LR105-5 发动机（推力为 253 581.7 N 推力）和 2 台游机发动机（推力为 4 452.7 N）组成。系统采用液氧/煤油（RP-1）推进剂。随后设计人员对水星-宇宙神火箭进行了 1 次样机发射、4 次无人和 1 次搭载黑猩猩的飞行，之后进行了 4 次载人发射（第 5 次载人发射被取消）。

水星—宇宙神-1（MA-1）主要用于测试飞船运载火箭组合体的整体结构性能，因此并未携带异常中止逃逸塔。不幸的是，飞行 60 s 后任务失败，因此，工作人员在所有宇宙神火箭的操作系统都安装了逃逸塔信息系统。1961 年 2 月发射的 MA-2 火箭重新验证了 1960 年 7 月 MA-1 的任务目标。

1961 年 4 月 25 日，MA－3 是预计第一个进入轨道的飞船任务，发射 40 s 后，由于宇宙神火箭电路故障影响火箭的滚转和俯仰，导致不能按照预定方向飞行，因此，发射场安全负责人下达了异常中止指令。虽然此次任务失败，但异常中止系统却按照设计正常工作，飞船在溅落之后很快得到成功回收，并且只有一个镜面损坏。

1961 年 9 月 13 日，MA－4 成为第一个完成载人轨道飞行的水星号飞船，并且得到成功回收。从此之后，所有计划的水星-宇宙神任务都成功与逃逸塔分离，并且完成轨道飞行。1962 年 2 月 20 日，MA－6 携带约翰·格伦绕地飞行 3 周，成为第一个绕地飞行的美国人。此次壮举在同年 5 月由斯科特·卡彭特在 MA－7 任务中再次重现。瓦尔特·施艾拉在同年 10 月执行的 MA－8 任务中将在轨时间延长到了 6 个月。1963 年 5 月，戈登·库珀执行的 MA－9 任务完成了绕地 22 周的飞行目标，结束了单个航天员的载人水星计划。通过对 MA－10 任务的 3 天讨论，最终确定将该任务改为两个航天员的双子星座任务，从而为阿波罗月球着陆计划积累经验。设计人员在双子星座任务中引进了不同的逃逸方法。

5.2.15　小结

水星系统中存在问题的领域主要为时序系统。作为水星号飞船的后续产品，双子星座号飞船增加了复杂的时序系统，甚至还简化了很多操作。航天员可以控制很多水星号飞船的系统，但出于安全考虑，仍然需要进行一些自动备份，而这些备份需要一些复杂的实心线路进行连接。双子星座号飞船对这些线路进行了简化。

5.3　双子星座号发射逃逸塔

水星号飞船后续任务设计初期（最初称为水星-Ⅱ，1961 年 12 月更名为双子星座号），采用了与最初水星号飞船类似的逃逸塔和展开着陆气囊技术。逃逸塔系统在第一个美国载人飞船中使用过，同时搭载 3 名航天员的阿波罗计划也对该项技术进行了评估。受技术方面很难有所突破的影响，设计人员在载人飞船安装弹射座椅的信心严重受挫。然而在确立了利用大力神-2 火箭发射双子星座号飞船后，用弹射座椅来替代逃逸塔的呼声又高涨起来。另外，舱外活动又需要在飞行过程中打开舱门。因此，设计人员很快就放弃了采用与水星号飞船相似的逃逸技术，随即利用双人弹射座椅来替代采用牵引火箭将乘员舱拉离危险火箭的技术。

　　水星号飞船上最复杂的时序系统就是自动异常中止模式。除了电子线路，多数都是逃逸塔发射之后不需要的部分，而最多余又增加发射质量的就是逃逸塔本身的质量。双子星座号飞船在水星 2 号飞船的基础上重新进行了设计，采用弹射座椅技术来减少发射逃逸塔的质量和相关线路。

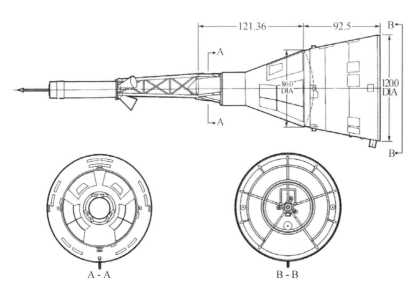

图 5 - 13　提议的水星 2 号（双子星座）飞船逃逸塔系统

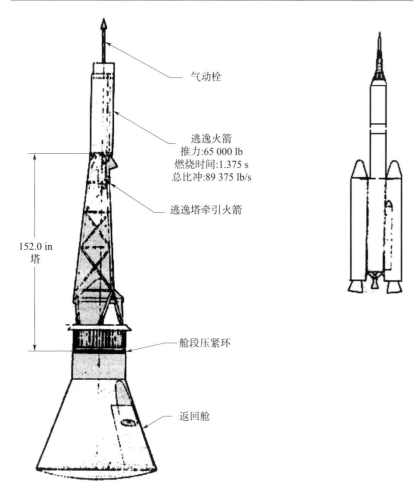

气动栓

逃逸火箭
推力:65 000 lb
燃烧时间:1.375 s
总比冲:89 375 lb/s

逃逸塔牵引火箭

152.0 in
塔

舱段压紧环

返回舱

图 5 - 14　美国空军载人轨道实验室短期使用的逃逸塔

5.4　阿波罗发射逃逸塔

　　1967—1975 年,阿波罗飞船/土星火箭组合体成为美国主要的载人登月计划。系统采用发射逃逸推进系统的方法来保证发射台或上升段紧急情况下阿波罗飞船 3 名乘员的安全,逃逸系统能将乘员带离到安全距离范围外，利用地球着陆分系统的降落伞实现安全返回。从美国水星计划已经开始对持续操作进行研究，同时又用作未来星座计划的参考，另外，猎户座载人飞船也将采用相似的系统。

5.4.1　概述

　　整个系统有 3 个固体燃料发动机，分别为 1 个发射逃逸发动机、1 个逃逸塔抛射发动机和 1 个俯仰控制发动机。逃逸系统像火箭一样，通过塔状的网格结构与安装有推力器防护罩的指令舱相连。

　　主发射逃逸发动机推力为 70 308 N，可以迅速将指令舱从危险区域带到一个安全的回收高度。一旦逃逸塔脱离，抛射发动机将指令舱与系统分离，并打开降落伞系统。正常飞行条件下，逃逸塔抛射发动机是主要的分离系统。俯仰控制发动机是确保逃逸塔可以远离运载火箭进入安全轨道的重要组成部分。1961—1966 年，设计人员对阿波罗飞船的逃逸系统进行了设计、鉴定和测试；1967—1975 年，逃逸系统开始运行。在这 14 年期间，发射时曾经出现了一些问题，但强调设计质量和有效性的逃逸系统没有出现问题，保证了阿波罗系统的可靠性。正常任务运行过程中，并不需要阿波罗飞船发射逃逸系统来进行指令舱回收。

5.4.2　硬件

　　阿波罗飞船发射逃逸系统由若干分系统组成（NAA，1968）。

　　（1）发射逃逸发动机（由洛克希德推进公司负责研制）

　　该发动机采用固体燃料（推进剂采用复合多硫化物），钢制外壳，长 4.7 m，直径 66 cm。位于发射台时，3.2 s 内发动机推力可达到 652 680 N，推力大小随时间变化。发射阶段初期，它主要用于提供足够推力使乘员远离危险情况。逃逸发动机是分系统中最大的发动机，质量为 21 319 kg，其中 2/3 为推进剂质量。正常推力矢量角与重力线方向呈 2.75°夹角。位于俯仰平面的 2 个喷管的喷口面积与偏航平面的喷管面积不同，其中一个比偏航平面的两个喷管喷口面积大 5%，另外一个小 5%。发动机与逃逸塔相连的结构蒙皮采用钛材料。

（2）俯仰控制发动机（由洛克希德推进公司负责研制）

此固体火箭发动机长 0.6 m，直径 22.8 cm，质量 22.7 kg，采用钢制外壳。推进剂采用复合多硫化物，0.5 s 内可产生 10 656 N 推力。一旦出现发射台异常中止或较低高度异常中止情况，该发动机可以为指令舱提供能够飞往大西洋的初始俯仰机动，从而避免指令舱下落过程中与损坏/爆炸的运载火箭碎片相遇。虽然指令舱已与故障运载火箭脱离，但航天员并不希望进入碎片云团或火团中，因为这些碎片或明火可能损坏指令舱和破坏降落伞系统。

（3）逃逸塔抛射发动机（齐奥科尔化学公司）

该固体燃料发动机长 1.4 m，直径 66 cm，发动机壳采用高碳铬钼钢材料。1 s 内多硫化物推进剂可以产生 139 860 N 的推力。第一级火箭分离之后，不再需要逃逸塔时，该发动机主要用于抛掉发射逃逸系统。逃逸塔抛射发动机质量为 238 kg，发射逃逸塔发动机顶部有两个呈 180°角安装的固定喷管，这两个喷管相对发动机壳一个向下、一个向外呈一定角度安装。这种倾斜喷管设计可以提供 4°的推力矢量角，能有效地使逃逸塔倾斜并将指令舱拉出。

（4）发射逃逸塔

该塔长 3 m，主要由直径为 6.3 cm 和 8.8 cm 的钛合金管焊接成的桁架结构构成。每根管上涂有丁腈橡胶材料的绝缘层，用于隔绝火箭发动机尾气的热量。4 根支柱成正四棱锥形状穿过推力器防护罩与指令舱相连，顶部边长为 0.9 m，底部边长为 1.2 m。发射逃逸塔总质量为 227 kg，包括所有配套设备、相关线路和绝缘材料。发射逃逸塔支撑着上述 3 个发动机，通过双头螺栓和尖头螺母与指令舱连接，并安装有安全炸药来实现抛掉逃逸塔时与指令舱的分离。

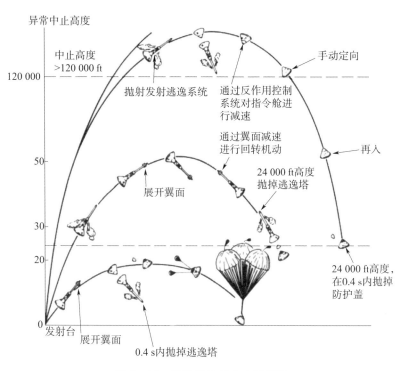

图 5-15　阿波罗异常中止示意图

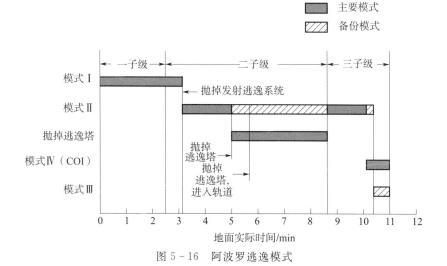

图 5-16　阿波罗逃逸模式

（5）推力器防护罩

覆盖整个阿波罗指令舱的防护罩呈锥形，主要用来预防指令舱外表面在大气层上升阶段和异常中止飞行阶段的抛射逃逸塔炭化过程，直到防护罩被抛掉。该防护罩主要由树脂纤维、蜂窝芯层纤维和软木制成。针对反作用控制发动机，整个防护罩有 12 个喷出口和排气孔，并且在指令长（中央位置）的前方位置有一个直径为 20.3 cm 的观察窗。在无尘室操作期间，防护罩还有一个铰链式开关能够到达指令舱侧面舱门。整个结构质量为 317 kg，高 3.3 m，底座直径为 3.9 m，并且与指令舱紧密配合。发射期间，推力器防护罩与指令舱对接探测器之间由一条张力带相连。正常上升期间，逃逸塔抛射发动机在第一级火箭分离之后被抛掉，推力拉断张力带将防护罩从对接探测器上拉离。一旦其中一项阿波罗任务出现异常中止，主事件控制器（master events controller）和月球对接事件顺序控制器（lunar docking events sequencer controller）将发出电信号来解除指令设备，从而分离指令舱上的对接环。发射逃逸系统在回收伞展开时被抛掉，但与探测器相连的逃逸塔将与探测器、推力器防护罩相连的指令舱对接环分离。

（6）翼面

异常中止情况发生 11 s 后，翼面进行定向展开，让指令舱防护罩指向前面，降落伞指向船尾的飞行方向。它主要由 2 个长度接近 1.2 m 的金属蚌壳形状的气动控制面组成。

（7）Q-球

头锥位于逃逸塔结构顶部，长 34 cm，底座直径 40 cm，由铝材料制成。被称作 Q-球组件是因为它由不同的压力传感器和电模块组成，主要进行俯仰和偏航轴动压差动的测量，从而根据异常中止文件进行攻角修正。Q-球自身可向指令舱主控制台和地面发送电信号。Q-球上有 8 个用于测量随攻角变化而引起压力变化的静态端口。俯仰和偏航压力变化信号随后显示在飞船和地面的显示器上。一旦土星火箭出现异常，变化信号将成为乘员做出中止飞行决定的重要依据。

（8）主事件顺序控制器

该控制器由一对尺寸为 35.5 cm×25.4 cm×20.3 cm 的矩形结构组成，每个结构都包括时间延迟、继电器、引信和引爆器。主事件控制器安装在指令舱的右前方设备舱，负责一系列发射异常中止和正常任务的控制功能。

（9）紧急探测系统（EDS）

该系统是上升阶段对运载火箭临界情况进行分析的监测系统。一旦出现紧急情况，异常中止情况将通过指令舱主控制台向乘员显现。在与逃逸塔分离之后，紧急探测系统可以通过发射逃逸系统或服务推进系统向乘员显示异常中止情况。系统还通过一套自动异常中止系统来保障关键时刻的情况，例如第一级火箭（S-1C）的 2 个或更多发动机突然关闭或土星火箭出现俯仰角、偏航角和滚转角过量情况。

5.4.3　操作

正常飞行期间的发射逃逸系统是手动抛掉的。逃逸塔支架爆炸螺栓和逃逸塔抛射发动机同时点火，将发射逃逸系统从上升的运载火箭上拉离，横向机动至少产生 46 m 的分离距离（又称为脱靶量）。最糟糕情况下，发射逃逸系统仍能保证分离，并且仍能避免与运载火箭再次碰撞。如果逃逸塔抛射发动机出现故障，在不影响乘员安全或运载火箭进入轨道时发射逃逸发动机将点火实现发射逃逸系统的分离。

无论是手动还是自动开启异常中止开关，都意味着紧急探测系统将在超出时间限制后切断助推器发动机。出于距离安全限制考虑，在土星-1B 和土星 5 号载人火箭上增加了一个时间延迟：土星-1B 的时间延迟为 40 s，土星 5 号的时间延迟为 30 s。但这样并不能简化发射逃逸系统的操作。

指令舱上的紧急探测系统电路在发射时自动开启，任务进行

100 s后自动失效。发射时，主控制台上的 3 个开关都处于自动开启位置。这些开关可以关闭全部自动异常中止状态，同时也可以分别关闭"2 个发动机异常"或"速率超值"部分的异常中止状态。火箭第一级未分离之前，这些开关处于断开状态。土星火箭仪器单元内还安装有 2 个备份自动异常中止电路，同样第一级火箭未分离之前处于断开状态。

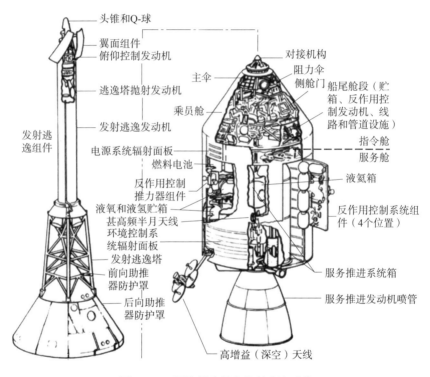

图 5-17　阿波罗飞船和发射逃逸系统

指令舱内部有 3 个显示各个领域是否出现问题的指示灯，分别为：

1）运载火箭速率指示灯。亮灯表示运载火箭滚转、俯仰或偏航速率超过限定值。

2）运载火箭制导指示灯。红色灯表明制导单元姿态参考丢失。

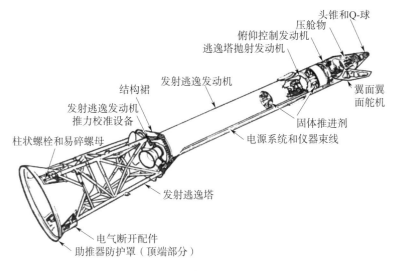

图 5 - 18　发射逃逸系统细节

3）运载火箭发动机指示灯。黄色灯表明发动机出现推力异常。

指令舱有一套土星运载火箭发动机运行状态的实时显示装置，可以观察到点火、中止、推力下降和物理阶段分离等各个阶段的状态。随着运载火箭的逐渐升高，异常中止能力也随之变化。

红色异常中止指示灯可以照亮整个乘员舱，并且出现发射台异常中止时，可以由发射控制中心启动该指示灯；发射后异常中止由发射场安全负责人通过载人航天飞行网络上行链路开启红色指示灯。

第二级火箭点火后，发射逃逸系统将被抛掉。系统有两个逃逸塔抛射开关，正常情况下两个开关均可执行抛射操作。乘员根据可见光情况和数字事件计时器来判断抛掉逃逸塔的最佳时刻。正常任务中，土星-1B 火箭发射的 1 号发动机状态指示灯和土星 5 号火箭的二级火箭分离指示灯都是用来辅助逃逸塔抛射过程的。

任务指令长负责从发射台到入轨过程中乘员位置的异常中止启动。紧急监测系统出现多个异常线索的同时，指令长要负责对出现问题的所有控制和显示器进行检查，从而避免由于自动信号触发的

错误异常中止情况。一旦出现异常中止情况，指令长将按照逆时针
方向手动转动左手位置的 T 型手柄，启动发射逃逸系统。为了确保
自动系统没有触发不必要的异常中止，异常中止的每个系统拥有三
套备份，可以在做出异常中止和继续飞行的决定上进行"民主表
决"。关于异常中止手柄（紧急弹射按钮）问题，成为了阿波罗 11
号飞船驾驶员迈克尔·柯林斯的一个担忧因素，因为在具有历史意
义的首次载人登月任务的最后倒计时时刻，柯林斯发现航天员阿姆
斯特朗的压力服与手柄出现了摩擦。他猜想，如果第二天报纸的头
条是系统无意被启动，那么将是一次相当昂贵的"惊呼"，同时在承
认事故原因时将会出现十分尴尬的一幕。

　　从阿波罗 11 号任务开始，指令长一旦根据船上信息确定火箭不
能进行自主制导，就将拥有将土星火箭驶往轨道的选择权。这项选
择权将土星火箭的控制权力移交给了指令舱或指令长本人。与肯尼
迪航天中心的发射场安全负责人或发射控制负责人以及约翰逊航天
中心的任务控制负责人一样，指令长同样掌握着能否确定异常中止
的所有信息。为了帮助乘员做出决定，上升过程中运行的计算机程
序（程序 P11）能够实时更新指令舱中显示器上的飞船速度、姿态
和变化率信息，也包括上升火箭的高度，这样乘员可以根据 P11 程
序来作为"飞行"火箭的依据，同样也可以作为指令长判断自身飞
行快慢、所处高度、飞行方向和指向的参考依据。

5.4.4　阿波罗异常中止性能

　　阿波罗飞船在上升过程中划分了若干阶段，又称为模式。模式 1
均是与发射逃逸系统相关的。发射逃逸系统操作过程中有 6 类异常
中止性能。模式 2～4 主要是指发射逃逸系统分离之后，与服务推进
系统有关。与所有异常中止情况相似，每个模式都根据运载火箭的
高度和不同的中止呼叫时间进行了分类。当经历了一个模式之后，
休斯顿的地面通信负责人将通过地-空网络告知乘员下一个即将进入
的模式。

图 5-19　期望所有工作都按预定模式进行

　　正常运行情况下，异常中止类型（发射场、高度）和推进剂倾倒可以改变一些事件顺序，但所有情况都用到了事件控制器，这样可以自动控制指令舱姿态。服务舱在保证正常再入、着陆技术和过程情况下启动异常中止程序。

（1）模式 I

模式 I 持续的时间从装上发射台到发射火箭逃逸系统的分离，正常任务的飞行地面时间为 2 min 44 s。第一级火箭的两个发动机故障或超出火箭预定速率，发射逃逸系统将自动激活（同时也可以由乘员指令输入激活）。发射逃逸系统与指令舱分离之后，阻力伞和主伞打开，指令舱溅落在 741 km 的海域。

1）发射台异常中止。主要发生在发射之前或发射后很短时间内，没有抛掉逃逸塔之前。压力带爆炸装置将切断指令舱和服务舱的连接。发射逃逸系统将指令舱从服务舱和土星火箭中分离，并将指令舱推入恰当的高度来确保指令舱地球着陆系统的正常操作。风漂移问题包含在异常中止类型中。异常中止轨道面锁定在火箭发射方向，并且发射台异常中止的最高点高度为 914 m。

2）低空异常中止。虽然安全范围限制不允许动力飞行的前 30～40 s 内切断助推器，但发射逃逸系统仍具备操作能力。

3）高动压情况下异常中止。运载火箭最大动压耗尽时，发射逃逸系统开始运行。异常中止程序需在运载火箭爆炸前启动。

4）30 480 m 高度异常中止。根据紧急探测系统产生的信号，通过手动或自动的方式启动异常中止操作。发射逃逸发动机点火 0.6 s，俯仰控制发动机点火 4.0 s。俯仰控制发动机在相对较短时间内产生一个大的俯仰机动，从而增加发射台异常中止的安全范围能力，提高较高高度异常中止情况下与运载火箭的横向分离距离。发射 42 s 后，通过自动的时间控制继电器或乘员操作开关来关闭发动机。11 s 后展开翼面来调整指令舱和前向热防护罩组合体的方向。接下来 3 s 后或下降到 7 620 m 高度时，抛掉逃逸塔，运行指令舱执行降落伞下降。

5）30 480 m 以上高度异常中止。乘员通过指令舱反作用控制系统为发射逃逸系统和指令舱提供正的俯仰机动，在进入异常中止的 11 s 时展开翼面，接下来按照指令舱操作顺序进行。

6）最大高度异常中止。发射逃逸系统的使用不能超过第二级点火的高度，动压速率和分离组件之后的发射逃逸系统操作都有限制。阿波罗计划中的发射逃逸系统操作参数定义为：动力高度 97 536 m，马赫数为 8.0，动压为 0.2~0.4 kgm²。

按照火箭第一级运行期间的轨迹和速度，模式 I 分为 3 个阶段。

模式 I A 阶段是指任务动力飞行的前 42 s 至上升到 3 km 高度期间。这个状态内，运载火箭离开发射台，越过了发射塔，并且慢慢从发射场综合区域开始上升。乘员时刻准备对任何发射偏移情况作出反应。一旦过了 42 s，则进入异常中止模式 I B 阶段。此时，土星-阿波罗火箭已经累积了足够的横向速度，能够按照计划中的轨道方位角进行翻转，飞往大西洋方向。另外，指令舱还没有处于可以从土星火箭的碎片中返回的位置。因此，此模式中并未使用到俯仰控制发动机。然而，此时就需要一套在确保指令舱转向飞行过程中能够保证降落伞地球着陆系统正常运行的系统。通过测试得到的结论为，如果抛掉了推力器防护罩/发射逃逸系统，那么防护罩将影响到指令舱结构，损坏地球着陆系统，可能还会妨碍到完全分离。因此，翼面将重新对综合体进行定向，利用阻力使航天器翻转，让指令舱热防护罩朝向正确的飞行方向。异常中止模式 I C 阶段从 30 km 高度开始，持续到土星火箭第二阶段开始。在这个高度，大气比较稀薄，逃逸塔翼面是无效的。因此，指令舱的定向通过指令舱基部的小反作用控制助推器实现，通常这些助推器在任务结束时的服务舱分离后和进入大气层之前使用。

（2）模式 II

此模式从飞行任务的 2 min 44 s 持续到 9 min 23 s。指令舱和服务舱与土星-4B 火箭分离 20 s 后，服务舱反作用控制系统加速级点火（沿飞行方向）。随后指令舱与服务舱分离，在 741~5 930 km 范围内执行一个完整的升力式再入着陆过程。

抛掉逃逸塔之后，异常中止模式 II 开始生效。此时气动力不再是火箭分解的威胁，航天器能够自动分离实现回收。

（3）模式Ⅲ

模式Ⅲ从 9 min 33 s 的飞行地面时间点持续到轨道插入（9 min 53 s）。此时的分离顺序与模式Ⅱ相同，但服务舱推进系统的点火方向为倒退的方向（与飞行方向相反的减速方向）。指令舱在回收区域为 5 930 km 的范围内，执行一个开环（半升力式）再入，一旦不能实现插入轨道异常中止时，指令舱将立即返回地球。模式Ⅲ异常中止轨道插入又称为紧急轨道插入，当土星 2 号火箭出现故障时，服务舱通过土星-4B 联合点火，将航天器推入地球轨道，但与土星-4B 第三级分离之后就不能进行月球轨道插入点火，那么任务设定的两种紧急轨道插入方案中的一种将能安全飞行（见第 7 章）。

（4）模式Ⅳ

模式Ⅳ从任务的 9 min 27 s 一直持续到轨道插入。服务舱推进系统将利用加速级点火将航天器送入一个近地点不低于 105 km 的轨道，从而能够预留充足的时间进行脱离轨道点火。如果可选任务的异常轨道插入姿态不能实现，那么在一种轨道情况下将尝试在西大西洋或中太平洋回收。模式Ⅳ比模式Ⅱ更优越，并且只有当模式Ⅲ中需要立刻返回地球的情况下才选择模式Ⅳ。

（5）远地点助推（AK）模式

此种模式是模式Ⅳ的变更，服务舱推进系统点火将近地点提升到 105 km。此时比土星-4B 火箭的分离速度要高出 30.5 m/s。除非指令舱要求立刻返回地球，否则 AK 模式是最佳选择。

5.4.5　发射逃逸系统研制

1962 年 2 月 13 日，阿波罗计划主承包商——北美航空公司将阿波罗发射逃逸系统的合同授予了洛克希德推进公司。这是北美航空公司获得 NASA 阿波罗载人登月计划中指令和服务舱设计研究合同 6 个月之后的又一份合同。最初计划采用推力为 888 000 N 的固体火箭发动机，并且配有主动推力矢量控制分系统。然而，随着后面大量研究的展开，移除了控制分系统，6 月份将设计改成了与俯仰发动机配合使用的俯仰控制发动机分系统。因此，逃逸发动机的推力减少到了 688 200 N。

3 个月之后的 4 月 6 日，北美航空公司将固体燃料火箭发动机的制造合同授予了齐奥科尔化学公司。该发动机主要用于正常任务或发射异常中止情况下的逃逸塔抛射。1963 年 1 月，在指令舱上安装了一对气动柱（aerodynamic stake）来防止异常中止情况下出现乘员舱再入尖端朝向地面的危险。如果异常中止高度很低，一旦抛射，尖端罩是否与指令舱分离就存在问题。气动柱的增加从某种程度上增加了质量，改变了指令舱的重心；另外，烧蚀涂层也增加了此问题。一旦移除气动柱，就需要对指令舱进行重新设计，允许尖端前向定向过程中能实现尖端抛射（与地球着陆系统分离）。

1963 年，北美航空公司决定用副翼来替换气动柱，这样在正常任务或异常中止情况下与指令舱相连时可以将其和逃逸塔一起抛掉。NAA 大量试验表明，在逃逸塔上端采用副翼具有很多优点，可以通过暴露在气流中实现航天器着陆时的翻转。

1963 年 4 月 18 日，洛克希德推进公司从北美航空公司获得了固体推进剂发动机合同。7 月份的系统设计包含了一套备用逃逸塔分离装置，装有爆炸螺栓和脐带切割器。作为新航天器研制的一部分，北美航空公司航天员办公室给航天员布置了不同的任务，例如，代表航天员办公室参加会议，进行项目评估和接待合同商访问等。随后航天员定期在会议上向讨论组进行汇报，确保其他组员能掌握其个人能力范围之外重要领域的最新研制动态。

1964 年 1 月，航天员和系统工程组在休斯顿载人航天中心（MSC，约翰逊航天中心的前身）举行了会议。会议中工程师想要向航天员确定，如果阿波罗异常中止系统增加副翼面，航天员进行手动定向机动是否可行。航天员认为该方案可行，并且在较高高度时手动控制是一个有价值的选择，但需要引起重视的就是指令舱观察窗的炭黑生成问题，该问题的产生能限制正常或异常中止飞行轨迹的可见度。讨论组建议为指令舱安装一个防护罩来消除此问题。无

图 5 - 20　位于发射台上的阿波罗土星 5 号火箭（发射逃逸系统位于火箭上端）

论是正常模式还是异常中止模式，一旦发射逃逸系统分离，防护罩
将会被抛掉。此项讨论一直持续到 1966 年技术文件的正式公布，该
文件详细介绍了阿波罗发射轨迹中高空异常中止手动操作的研究内
容（NASA，1966）。

　　同时，关于采用前置翼还是襟翼更具有优势的讨论仍在进行，
并且提出了关于前置翼方案强有力的案例。最初前置翼被建议安装

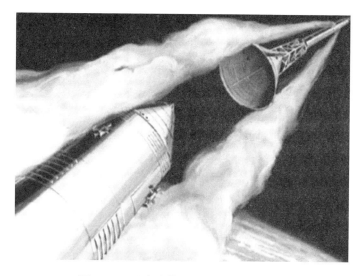

图 5 - 21　飞行中推力器防护罩分离过程

在发射逃逸系统模块 I（地球轨道，无对接系统）上，直到发射逃逸系统模块 II（月球距离）采用该结构时该项研究仍在持续进行。1964 年 2 月的研究表明，襟翼的使用在高空异常中止情况下很容易超过乘员的加速度限制。因此，在被确定可以安装在模块 II 之前仍需要对安装在模块 I 上的前置翼进行更深入的研究。接下来几个月中，设计人员提出了硬助推防护罩概念，该防护罩在抛弃逃逸塔的同时也将被抛掉。

1964 年 11 月，贝尔公司（Bellcomm）对紧急探测系统增加的Q -球装置进行了评估。该装置位于逃逸塔尖端内部，主要用于记录运载火箭的攻角动压，并且告知乘员火箭即将发生气动爆炸，允许启动异常中止系统。该装置对乘员安全非常重要，是一项理想化任务，主要集成在逃逸系统设计中。

1965 年，增加的质量暴露出发射逃逸系统不能将指令舱提升到助推器安全距离之外的问题。持续研究表明，爆炸火箭的弹道影响和大量热量对用于乘员回收的降落伞有严重影响。

整个飞行操作期间都在持续进行系统改进研究。1969 年 3 月，阿波罗飞船计划办公室主任乔治·洛（George Low）发表声明称，早在 1968 年 10 月他已经建议去除推力器防护罩来减轻质量，这样可以与新的系统合并并且更新下一代阿波罗指令舱和服务舱航天器，从而保障后续的月球和地球轨道科学活动。但最终的决定是保留该防护罩。

5.4.6　白沙发射设施

为了鉴定阿波罗发射逃逸系统，1963—1965 年期间，NASA 利用新墨西哥白沙导弹靶场设施进行试验。阿波罗发射逃逸系统最初计划从位于佛罗里达州卡纳维拉尔角的美国空军东部试验靶场进行发射测试，但该发射场繁重的高优先级发射任务使该计划被迫取消。由于卡纳维拉尔角发射场和 NASA 沃勒普斯岛发射场有废水回收要求，而白沙导弹靶场没有此项要求，因此保留了低成本状态。除了支持逃逸系统的研制，白沙导弹靶场设备还用于执行指令舱和服务舱结构、星上电池和一些飞行仪器的验证测试，从而节省在卡纳维拉尔角停留的时间。同时，在白沙导弹靶场还进行一些指令舱和服务舱的安装-功能测试和地面支持设备的测试等。一旦阿波罗任务的设备支持工作完成，飞行测试办公室的财产和设备资产将被处理（阿波罗小乔伊 2 号火箭最后飞行的 60 天内）。1970 年以来，白沙发射场一直作为航天飞机的备用发射场，尽管这样的发射只在 1982 年进行了一次（STS-3 任务）。见文献《NASA，1975》第 8 章。

（1）综合发射设施 36

最初的基础综合设施包括红石助推器点火设备。另外还包括发射台、火箭发射防护室和服务塔等。项目结束时，此发射场被改装为支持阿波罗小乔伊 2 号系列火箭发射的设施。此次改装使用了服务塔和一半火箭发射防护室，另外一半防护室应用于另外一个项目。需要建造新的发射台以及与新发射台配套的服务塔、电源，还需要铺设线路来实现对火箭的永久跟踪。为了容纳阿波罗/小乔伊 2 号配置，需要对服务塔进行大量修改，同时添加一个无尘室用于航天器的装配、设备和仪器检验。发射台还包括一些用于清洁发射台和增加安全的泛光灯、倾注和水冲系统等。其他保障设备包括一个过氧化氢服务塔和便携式记录监测设备。

（2）火箭装配间

距离发射台一英里远处新建造了火箭装配间。新设施包括高架台、实验室、存储设施和检验区域。小乔伊 2 号火箭到达发射设施后，存放在火箭装配间，有时还存放英仙座（Agol）火箭发动机。随后该设施又增加了一个无尘室。由于此项目周期较短，15 个支持火箭集成和检验的移动跟踪办公室一致否决了设立永久空间办公室的方案。这些发射台区域的跟踪办公室在最后的系统检验装配之前撤离，在下一次发射任务之后再搬回。

（3）控制系统测试设施

该设施是进行反作用控制系统和水能气动控制系统所有设备测试和服务的必要设施。系统测试设施包括一个混凝土测试台和钢制环境控制间。

（4）运载器

运载火箭总装配和系统检验的机械结构。所有的发射都进行最小限度的修改，但根据飞行测试经验和系统更新的要求仍需进一步改进。

（5）地面支持设备

小乔伊 2 号火箭有 248 项地面支持设备要求。一些设备是承包商或 NASA 通过商业模式获得的，另一些是专门为此项目制造的。指令舱和服务舱需要 45 个处理设备单元、22 个检验设备单元和 9 个服务单元（还保留了另外 28 个单元）。

通过支持小乔伊 2 号项目，白沙发射场反映出若干问题，如经常忽视一些系统研制需要的附加材料、设备、操作要求和特殊支持等问题。这些均可以在操作中使用，但除了在紧急情况下得到应用之外没有得到重视。

5.4.7　地面测试项目

地面测试项目对飞行测试和操作使用中阿波罗发射逃逸系统的

每个元件进行鉴定。该项目包括发射逃逸系统俯仰控制的静态试射、逃逸塔的抛射和发射逃逸发动机的操作等。另外，该项目还对硬件和系统在不同操作条件的环境进行了测试。

一旦推进剂在选定的预设温度内保持稳定，那么试射应在压力为 1 bar 情况下完成。这些温度应与操作温度预计的最低温度（−6℃）、标称温度（21℃）和最高温度（49℃）保持一致。

（1）俯仰控制发动机

14 个俯仰控制发动机一共进行了 5 组环境测试。5 组测试分别为温度周期变化和振动试验；温度周期变化和温差试验；加速老化试验；加速试验和温度周期变化试验。接下来再对 17 个俯仰控制发动机进行静态试射试验，其中 10 个发动机已经进行过环境测试。三组静态试射温度分别为−6℃（6 个发动机）、21℃（4 个发动机）和 49℃（7 个发动机）。1962 年 12 月，洛克希德推进公司成功进行了 4 个俯仰发动机的静态试射。1963 年 8 月完成了发动机的研制试验。

（2）逃逸塔抛射发动机

测试期间，静态试射使用了 21 个逃逸塔抛射发动机，其中 15 个进行了环境试验。此次测试分为 4 组，分别为温度周期变化试验；加速老化试验；温度周期变化/冲击试验和振动试验，测试温度仍为预定的−6℃（9 个发动机）、21℃（5 个发动机）和 49℃（7 个发动机）。1962 年 12 月 1 日，齐奥尔科化学公司对逃逸塔抛射发动机进行了第一次静态试射。1965 年 2 月测试中出现点火延迟，点火管需要进行重新设计。然而在需要改进封盖设计并进行测试的情况下，该公司仍然在 2 月份完成了鉴定测试。1965 年 8 月和 9 月份的测试非常成功。

（3）发射逃逸发动机

一共对发射逃逸系统进行了 20 次静态试射。测试分为 4 组，分别为试射（7 个发动机）、加速老化试验（2 个发动机）、温度周期性变化试验（4 个发动机）和连续性试验（7 个发动机）。这些测试中对 7 个发射逃逸发动机进行了特定顺序的环境测试。其中，6 个发动机按照温度周期性变化试验、温差试验和点火试验顺序进行测试。

另外一个按照振动试验、温度循环试验和点火试验顺序进行测试。该项目包括所有的发射逃逸情况，尤其是弹道性能、环境测试和校正（区别于滚转力矩测试）。通过对测试数据进行分析发现，有 5 个发动机超过滚转上限值 40 m/0.45 kg。接下来喷管喉部的光学检验表明，最大的校准误差将导致 1.2 m/0.45 kg 的滚转。静态压力元件的测试误差对过高滚转速率的影响要远远大于设计冗余的影响。1962 年 12 月，西北航空公司完成了 3 次发射逃逸发动机静态试射。

（4）鉴定和生产问题

系统研制过程中已经预料到，发射逃逸系统的 3 个发动机鉴定和生产中会遇到诸多问题。通过对之前出现问题的进一步评估、程序改变和方法改进，载人发射系统的鉴定没有对飞行测试造成过多延迟。

5.4.8　阿波罗发射逃逸系统飞行测试计划

阿波罗发射逃逸系统有 8 次鉴定飞行。6 次鉴定飞行在白沙导弹试验靶场进行，主要对阿波罗系统在异常中止情况下的性能进行研究，包括 2 次发射台异常中止和 4 次小乔伊 2 号火箭测试飞行。另外 2 次飞行在肯尼迪航天中心进行，主要进行土星火箭的正常飞行鉴定。

5.4.9　发射台异常中止测试

发射台异常中止情况，两个飞船模拟件从飞到足够高的运载火箭上分离，对发射逃逸系统推进飞船安全着陆的地球着陆系统进行了仿真。

（1）发射台异常中止计划 1（PA - 1）

1963 年 11 月 7 日，飞行测试计划从发射台异常中止开始。该计划满足所有主要的目标，并对阿波罗发射逃逸系统发射台异常中止文件的气动稳定性能进行了确定。计划将指令舱推离到运载火箭安全距离范围外。发射逃逸系统能力在此次测试中得到了试验。发射逃逸系统/指令舱构型的稳定性也得到了成功验证。然而，供电飞行期间，模拟件的俯仰、偏航和滚转性能都与预计的不同。飞行后经检查发现，来自逃逸发动机的尾气粒子撞击到指令舱上，形成了油烟（soot）堆积。这是后续航天器指令舱安装推力器防护罩的重要因素。

表 5 - 1　　阿波罗发射逃逸系统鉴定飞行

名称	飞船	发射日期	发射场	备注
PA - 1	BP - 6	1963 年 11 月 7 日	WSMR	第一次发射台异常中止
A - 001	BP - 12	1964 年 5 月 13 日	WSMR	超声速异常中止
AS - 101	BP - 13	1964 年 5 月 28 日	KSC	正常发射脱离环境
AS - 102	BP - 15	1964 年 9 月 18 日	KSC	正常发射脱离环境
A - 002	BP - 23	1964 年 12 月 8 日	WSMR	最大动压异常中止
A - 003	BP - 22	1965 年 5 月 19 日	WSMR	低空异常中止（计划高空异常中止）
PA - 2	BP - 23A	1965 年 6 月 29 日	WSMR	第二次发射台异常中止
A - 004	SC - 002	1966 年 1 月 20 日	WSMR	供电翻转范围内的异常中止

图 5 - 22　阿波罗小乔伊 2 号火箭

　　验证的发射逃逸系统采用了 CM6 模拟件，这是阿波罗计划中采用的第一个指令舱模拟件。然而，由于不代表正常飞行的航天器，测试飞行期间没有星上仪器来确定结构载荷。测试飞行主要对上升段火箭的加速度、攻角、马赫数和动压进行测量。通过对这些数据分析，工程师可以确定由于火箭飞行中外部动力载荷引起的飞行载荷。

图 5-23　阿波罗异常中止测试发射

　　指令舱垂直安装在混凝土发射台支撑结构的三个支点上，发射逃逸系统位于指令舱顶部。地面信号在恰当时机启动发射逃逸顺序，同时激活发射逃逸和俯仰控制发动机。这样可以保证指令舱按其预定轨道飞行，15 s 后与逃逸塔分离，然后按照其弹道轨迹继续飞行。点火 165.1 s 后，指令舱以 7.3 m/s 的速度执行一个正常降落伞下降。

　　虽然运载火箭的稳定性没有预计的高，但满足了全部基本目标。实际上，运载火箭超出了阿波罗发射台异常中止的最低高度和射程要求（分别为 296 m 和 465 m）。

（2）发射台异常中止计划 2（PA-2）

在逃逸塔安装副翼系统和在指令舱上安装推力器防护罩之后，改变了指令舱的质心，以至于距离第一次发射台异常中止测试 19 个月后的 1965 年 6 月 29 日，才进行了第二次发射台异常中止测试。此次测试是测试计划中的倒数第二次异常中止测试，满足所有的目标。逃逸发动机和俯仰控制发动机按计划同时点火，副翼成功展开，整个综合系统将指令舱转向热防护罩朝前的姿态。发射逃逸系统和尖端罩如期被抛掉。唯一的误差就是在上升段产生了一个适度的滚转速率，但对整个测试的结果没有影响。

此次发射台异常中止使用了发射逃逸系统鉴定件和 BP-23A 飞船模拟件，BP-23A 在之前的 A-002 测试中使用过。经过再次改装，BP-23A 尽可能在质量和其他性能上与指令舱模块Ⅰ相似，这样对实际飞船有一个更真实的验证。此次测试采用 36 号发射台进行发射。副翼引起的整个俯仰机动过程中推力器防护罩都与逃逸塔相连并且保持完好无损，但在逃逸塔与防护罩分离时，由于指令舱分离时经历了不同级别的压力，导致防护罩瞬间碎裂。剩余的飞行中并没有证据可以证明在组件之间出现二次接触或阻碍。

降落伞系统按照设计正常工作，达到了最大海拔高度 2 822 m（白沙 LC-36 的海平面高度约为 1 219 m），或距离发射台高度为 1 600 m。高度比计划高出 200 m，并且指令舱降落的距离比计划远了 610 m，大约距离发射台为 2 316 m。此次飞行在交会区域还对安装在指令舱模拟件的玻璃样品进行了额外测试，这些玻璃计划安装在后续飞船的乘员舱窗户上。玻璃上没有发现异常中止发动机的烟尘，但四块样品中的三块上发现有油膜残留物。通过测试确定，真正的载人飞行中，这些碎片数量对水平扫描或乘员的对地观测能力不会造成影响。

经过此次飞行可以确定，在投入实际使用的系统鉴定之前不再需要进行发射台异常中止测试。

5.4.10　小乔伊测试计划

阿波罗计划最早的决定就是尽快实现最低级别的载人发射逃逸系统。NASA 没有合适的运载火箭进行测试，不具备处理有效载荷质量和特定射程推力级的能力。NASA 落实了满足计划目标的特定火箭设计和制造合同。

（1）运载火箭研制

小乔伊 2 号火箭选定了 2 种构型。第一种采用 6 个固定翼，第二种采用飞行控制系统。火箭的尺寸满足阿波罗服务舱要求，长度满足推进系统的要求。火箭底部的 4 个气动翼满足了飞行稳定性要求。运载火箭合同授予了通用动力公司/康维尔公司，这两个公司分别与制造飞船的西北航空公司和 NASA 休斯顿载人航天中心有项目合作协议。1962 年 8 月开始着手建造第一枚运载火箭，1963 年 7 月完成工厂检验。除了一个较为复杂的制造工程外，整个项目尽可能使用简化工具和现货供应的硬件，将成本保持到最低。另外，还尽可能减少组件数量来将整个制造周期缩减到最短。

整个火箭质量为 67 056 kg，其中有效载荷质量为 24 384 kg。运载火箭第一级 4 个发动机和第二级英仙座固体推进发动机（每个推力为 465 kN）设计为顺序点火。通过对不同数量火箭发动机簇点火可以满足很多任务目标需要的性能。当发动机数量增加到 7 个时才能最终满足任务目标。当上升段需要额外的推力器时，运载火箭增加了每个推力为 167 N 的新兵（齐奥科尔-19）火箭发动机（最多可以增加 6 个）。不包括指令舱/服务舱/发射逃逸系统，小乔伊 2 号火箭总长度为 10.1 m，一旦指令舱/服务舱/发射逃逸系统安装在火箭上，总长度为 26.2 m，主体直径为 3.9 m，点火时间为 50 s。

（2）鉴定测试运载火箭

1963 年 8 月 28 日，没有安装飞船的小乔伊 2 号鉴定测试运载火箭进行了发射。此次测试为了验证运载火箭执行 A-001 任务特定发射轨道的能力，以及验证小乔伊 2 号火箭可以清除发射台所有物品，并且对英仙座推力末段系统进行验证。此次飞行还验证了翼面振动、结构可靠性、对俯仰角（高度）和方位角（方向）的气流偏移的补偿能力等，并评估了地面支持设备的操作能力。

此次测试飞行之后，小乔伊 2 号项目又进行了 4 次发射。验证在载人任务可能遇到的多种重要条件下发射逃逸系统可以安全中止指令舱的能力。另外，在异常中止导致的压力条件下对地球着陆系统进行了测试，不仅确认了结构完整性，还对设计的系统可靠性进行了验证。

①A - 001，1964 年 12 月 8 日

按照年代顺序排序，此次发射是计划中的第二次发射，主要为了评估仿真土星轨迹中高动压（超声速）区域逃逸系统将指令舱推离运载火箭的能力。一个燃烧时间为 42 s 的英仙座主发动机和 6 个新兵发动机（1.5 s）将 BP - 12 送到了 9 075 m 的海拔高度。由于风力条件影响，白沙发射场将发射推迟了 24 h，但直到地面系统发现英仙座发动机壳破裂，发出中止运载火箭推离信号为止，第二次尝试都按计划进行得很顺利。发射逃逸系统出现了结构损坏情况，但仍然按照设计进行了工作。由于指令舱尾部的热防护结构在快速推力机动末期与助推器发生了二次接触，因此，造成了发射逃逸系统的结构损坏。测试中，逃逸塔在 44 s 时被抛掉。降落伞在与指令舱上部结构摩擦过程中造成了损坏，着陆系统的 3 个降落伞变成了 2 个，但 350.3 s 后，指令舱仍然成功地降落在 6 827.5 m 范围内。

②A - 002，1964 年 12 月 8 日

在土星紧急探测系统可以触发异常中止的同样最大高度情况下，此次测试对仿真土星轨迹中最大动压情况下的异常中止能力进行了验证。对运载火箭的改进包括飞行控制和仪器方面，该火箭主要由 2 个英仙座火箭发动机和 4 个新兵发动机提供推力。逃逸塔增加了翼面，并且首次对指令舱（BP - 23）使用了推力器防护罩。通过实时输出动压和马赫数，土星火箭实现了异常中止和自动上仰的机动。然而，错误的气象数据输入导致火箭自动上仰的机动提前了 2.4 s。这意味着土星火箭计划的轨迹测试点和最大 Q 区域的标称点没有实

现，但提前的自动上仰机动产生了比设计值更高的动压。

异常中止信号发出 11.1 s 后翼面展开，指令舱进行 4 次翻滚，最终保持在计划的后端热防护罩朝前的稳定姿态。试验发现，第一次翻滚期间推力器防护罩的结构在遇到的环境中并不可靠，其软的部分被撕离。此次验证飞行对最大的 Q 系统进行了充分的检验。发射 443.4 s 后，最大的平均海拔高度为 1 535 m，指令舱着陆距离为 10 000 m。指令舱 BP‑23 模拟件在第二次发射台异常中止测试中作为 BP‑23 再次被使用。

图 5‑24　安装在阿波罗 8 号顶部第 2 级的发射逃逸系统

③A - 003，1965 年 5 月 19 日

此次测试是为了验证系统在接近翼面分系统上限高度时能够为指令舱的安全着陆进行再次定向的能力。测试采用 BP - 22，推进系统替换为 6 个英仙座发动机群。火箭计划达到的高度为 36 575 m，然而发射 2.5 s 后，小乔伊 2 号的故障导致火箭过度滚转而失去控制，在第二级点火之前就发生爆炸。因此，一次低空异常中止测试代替了计划的高空目标。发射 26.3 s 后，一次计划外但很成功的低空异常中止测试启动，大约 4.5 min 后成功实现陆地着陆。虽然高空测试点没有达到，但计划外的低空（11 149 m）快速滚转火箭[约为 335（°）/s]异常中止测试得到了验证。异常中止信号发出时的马赫数、动压和高度都与土星 - 1B 或土星 5 号的发射轨迹一致。飞行后的评估表明，虽然推力器防护罩软的部分在逃逸塔抛射时已经大多数剥离，但短期内仍有部分残留在指令舱上。翼面在滚转速率为 20（°）/s 时可以有效稳定航天器，此速率是土星紧急探测系统的极限值，但此次故障表明，翼面在高滚转速率[翼面展开时为 260（°）/s]情况下不能稳定航天器。

④A - 004，1966 年 1 月 20 日

小乔伊 2 号火箭逃逸系统的最后测试也是指令舱模块 - 1 的首次飞行，主要为了测试运载火箭在供电异常中止期间发生高速率翻转之后能够成功重新定向的能力，并且指令舱的结构在测试条件下达到负载的设计极限仍能保持完整。此次飞行是小乔伊 2 号火箭的第 5 次飞行，也是最后一次飞行，其推力系统由 4 个英仙座和 5 个新兵发动机组成。反作用控制系统从火箭的姿态控制系统中去除了，因此就需要一个地面上仰机动指令来触发运载火箭的翻转。此次改进的指令舱和服务舱模块 - I（002）与改进的模块 - I 的发射逃逸系统配套使用，从而能更加接近实际飞行运载火箭的性能。为了保证能够发生翻转，对指令舱的重心和推力矢量进行了改变。经过一系列技术问题和天气限制的推迟之后，运载火箭进行了发射，当遥测信号表明火箭到达指定高度时成功地发出了上仰指令

信号。异常中止指令发出 2.9 s 后，火箭开始出现翻转，俯仰和偏航的速率峰值达到 160（°）/s，滚转速率为－70（°）/s。在飞行的 410 s 内，所有的其他系统和操作都正常运行，最高海拔高度达到 23 829 m，距离发射台 34 631 m，火箭在稳定之前进行了 4 次翻转。

通过这些测试发射可以确定，如果这些测试是载人测试，那么乘员是可以安全着陆的，因此，小乔伊系列已经对阿波罗载人飞行的发射逃逸系统（和地球着陆系统）性能进行了鉴定。这些测试对发射逃逸系统条件下的阿波罗飞船性能进行了测试，但远远不能满足实际的载人飞行条件。

5.4.11　土星 1 号无人测试计划

土星 1 号运载火箭一共进行了 10 次发射来验证阿波罗系统的兼容性，这些发射都使用了阿波罗飞船的模拟件和产品级的发射逃逸系统。在土星 1 号运载火箭的 10 次发射中有 2 次采用了装有发射逃逸系统的构型。

①阿波罗 AS-1，1964 年 5 月 28 日

此次飞行是第一次在预计的载人阿波罗土星 5 号任务相似的飞行环境中验证飞船模拟件的兼容性。发射逃逸系统同样也在与正常任务非常相似的逃逸塔抛射发动机点火过程中得到测试。此次飞行中发射逃逸发动机和俯仰控制发动机是无效的。使用的飞船是第 6 次土星 1 号任务（SA-6）中使用的 BP-13。任务中发射逃逸系统阶段的所有目标都成功实现。计划飞行中的抛射时间为 158.5 s，而实际操作中的飞行地面时间为 161.2 s。

②阿波罗 AS-102，1964 年 9 月 18 日

此次飞行利用发射逃逸和俯仰控制发动机来代替主系统进行逃逸塔发射，成功地验证了逃逸塔抛射备份模式。运载火箭 SA-7 采用 BP-15 作为指令舱和服务舱。所有系统都按设计运行，计划的分离时间为 159.2 s，实际的分离时间为 160.2 s。

③无人阿波罗任务

为了鉴定运载火箭和整个系统，土星-1B 火箭一共进行了 4 次无人发射，其中 2 次（1966 年 2 月 26 日发射的 AS - 201/CSM - 109，1966 年 8 月 25 日发射的 AS - 202/CSM - 011）是在正常的逃逸塔抛射模式下抛射发射逃逸系统的。1967 年 11 月 9 日进行了第一次土星 5 号（阿波罗 4 号/CSM - 017）发射，其发射逃逸系统是在正常逃逸塔抛射模式下进行的抛射。所有的一切均表明可以执行载人阿波罗任务，并且通过发射逃逸系统和长期轨道的异常中止模式可以确保乘员的安全着陆。

5.4.12　载人操作

虽然在轨道途中出现了一些故障，并且其中两次载人发射故障对技术、工程师和航天器形成了很大挑战，但值得赞扬的是，土星-1B 的 5 次载人发射（阿波罗 7 号，天空实验室 2 号、3 号和 4 号，阿波罗 18 号/ASTP）和土星 5 号的 10 次载人发射（阿波罗 8～17 号）都没有达到开启异常中止的程度。

逃逸塔抛射时首先映入指令舱中乘员视线的是洒入窗户的阳光，然后是噪声、火焰和一定数量的碎片（部分可能是爆炸螺栓系统）；然而，这些现象发生在他们面前是毋庸置疑的。

1968 年 4 月的无人阿波罗 6 号发射期间，火箭第一级出现纵向振动，这种振动被称为波哥效应（pogo），源自极限运动中的原地纵跳。此种效应将会令乘员的旅程感到非常不舒服。该问题通过将氦抽到推进剂管路而解决，此种状态没槽糕到触发逃逸系统的地步。1969 年 5 月的阿波罗 10 号任务中，设计人员决定通过提前关闭 S - 2 来避免波哥效应的问题，直到 1970 年 4 月，阿波罗 13 号任务中的振动速率增加，一个探测推力异常的开关无意中被激活，导致主发动机提前关闭。与其他任务不同，单个第三级发动机 S - 4B 使阿波罗 13 号安全进入轨道。

1969 年 11 月的阿波罗 12 号任务是最近的一次发射异常中止任

务，装配好的运载火箭在发射后 36 s 进入云层时遭到了闪电。闪电击穿了土星火箭，电离的气体瞬间弥漫了整个发射塔。乘员很快报道指令舱失去电源和引导。土星火箭运行正常，但飞船一直利用备份电源进行飞行，除非乘员能够在轨恢复系统。控制者考虑启动异常中止程序，利用发射逃逸系统将乘员运送到大西洋，然后在土星火箭的安全范围外引爆火箭。飞船在利用备份电源运行期间，一个负责监测电源系统的地面控制者约翰·艾伦记得曾经在一年前的训练仿真中出现过类似现象。他通过恢复了一个开关位置就解决了这个问题。接下来的工作由乘员艾尔·比恩接替，按照说明进行操作。在轨安全时，乘员收到了脱离轨道登陆月球的命令。在这千钧一发的时刻，皮特·康拉德（Pete Conrad）几乎手动驾驶土星火箭进入轨道，此设备仅在阿波罗 11 号任务中安装过，并且与前海军试飞员非常匹配。

5.4.13　小结

阿波罗的 11 次载人发射中没有使用过发射逃逸系统，但庞大的地面和大气测试计划使人们对系统充满了信心。阿波罗 6 号、12 号和 13 号飞行中出现的事件同样强调了冗余系统的兼容性，能够确保在申请最后的异常中止指令之前克服和补偿飞行中出现的紧急情况，营救任务和确保乘员安全。此系统虽然在阿波罗系统中没有使用，但现在已经是星座计划和 2014 年猎户座载人飞船的设计基础。

5.5　联盟号发射逃逸塔

迄今为止，服务时间最长的发射逃逸系统是俄罗斯联盟号飞船上使用的逃逸塔系统。无人飞船测试之后，1967 年 4 月发射了第一艘联盟载人飞船，在 40 年运营时间里，紧急逃逸塔安装在了每一代的载人飞船上，迄今没有明确的标志来结束这项伟大的计划。

图 5 - 25　联盟号飞船发射

5.5.1　研制

失去控制的运载火箭将会导致火箭在大气层中解体和爆炸，因此，逃逸火箭被确定为只在低密度大气层内使用。如果问题出现在较高大气层内，运载火箭的速度已经可以以标称速度进入和着陆（联盟-18A）。因此，逃逸塔抛射系统是适合联盟飞船的主要发射异常中止方案（Shayler，2000，pp.151 - 157；Hall and Shayler，2003，pp.188 - 192，303 - 307）。

出现故障事件时，安全地将航天员推离运载火箭，取决于爆炸前的响应时间、飞行距离和能够运行的高度，因此，东方号飞船座椅弹射系统和个人降落伞下降飞行路线有很多限制。另外，随着多乘员飞船上升号（东方号飞船的改进版）的引进，不可能实现针对每个乘员的分离弹射座椅，如美国的 2 人双子星座飞船问题。阿波罗计划和 3 人乘员任务中，美国人设计了（与单乘员水星计划中使用的相似）改进的逃逸塔。苏联人仍然在为他们的新飞船——联盟号设计逃逸塔。

1961 年，苏联试验设计局（OKB-1）的 11 号分部对联盟号飞船的发射逃逸系统进行了充分的研究（Zak，2008）。新飞船的一些规范定义了要求，在发射至轨道插入期间为所有乘员（最多 3 个航天员）逃生提供充分、可靠的方法。火箭在发射台爆炸是最困难的逃生情况，三人弹射座椅系统并不可用，并且不能保证将航天员及时送离或逃逸爆炸火箭的碎片，远离推进剂燃烧形成的巨大火球。随着时间的推移，逃逸塔系统逐渐成为最适合的设计理念。1983 年联盟号乘员通过此系统从一次真实的发射台爆炸事件中获救，因此，选取逃逸塔系统的决定是一个幸运的决定。此次事件产生的大火在发射台燃烧了 20 h，修复工作受影响的同时，致使该发射台在一段时间内不能使用。

1962 年的事件证明，特殊固体推进剂火箭的使用能够将乘员舱从运载火箭的联盟号飞船拉离，远离爆炸的 R-7 火箭的特定区域，及时将乘员舱送到一个能够通过地球着陆降落伞系统正常回收的高度。在 N·S·斯特罗夫（N. S. Stroev）的带领下，通过与 OKB-1 合作，苏联飞行研究所（LII）完成了评估研究，其执行的测试表明了该方案的合理性，此项工作由 G·I·塞弗林（G. I. Severin）负责。

火箭爆炸最有可能发生的地点为发射台或低大气层，因为密集的云层能够加剧失去控制、气动分解和火箭丢失的可能性。在上层大气层内得到的实时数据可以确定火箭级爆炸的几率最小，因此，并不要求有发射逃逸系统。联盟飞船能够从火箭分离完成一个弹道式再入，通过降落伞系统完成一个正常方式的着陆。1975 年出现的情景再次证明，抛掉发射逃逸塔后，通过再入的方式解决意外事故的方法是有价值的选择。

接下来的一年，1963 年，一项称为"可分离紧急逃逸机头部分"（苏联 OGB SAS）的结构设计得到开展。此项工作由 OKB-1 负责协调，15 分部的 K·D·布什耶夫（K. D. Bushyev）和 S·科尤科夫

（S. Kryukov）领导由第 3 分部和第 11 分部组成的工作组。另外，位于古比雪夫（现在的萨马拉市）的一个 OKB－1 分部负责 R－7 运载火箭的研制和生产。工作组将发射逃逸系统与 R－7 火箭的设计和飞行路线相结合是一项明智的选择。以伊凡·I·卡图库夫（Ivan I. Kartukov）为首席设计师的工作团队负责研制固体火箭发动机系统的主要特性，在位于莫斯科的第二设计局 81 号工厂进行生产。

可靠的诊断系统是用来探测运载火箭不同故障概率的，因此，发射系统的有效性与其紧密相连；同时 R－7 火箭的实际飞行经历也将为火箭可能出错情况提供充足依据。另外，工程人员意识到降落伞系统应结合联盟号飞船的使用情况而改进，确保该结构在重力加速度明显高于正常飞行的发射异常中止情况下能成功且安全地执行。

1963 年底，已经形成了逃逸系统的技术规范和降落伞着陆系统的改进方案。一旦出现发射台发射故障，逃逸高度不超过 850 m，射程不远于 110 m，相比一定高度异常中止 21 g 的加速度来说，发射台异常中止时乘员经历的加速度不会超过 10 g。该系统具备从发射到飞行 400 s 后处理异常中止的能力。为了达到足够的高度，逃逸系统最大的推力为 744.8 kN，逃逸系统的总质量为 7 635 kg。正常任务中最初系统设定的逃逸火箭分离时间为 157 s，整流罩分离时间为 161 s。

1964 年完成了逃逸系统的设计。同年，K·D 布什耶夫和 OKB－1 的一些领导成员举办会议，确定了需要使用逃逸系统的 R－7 火箭发射时最有可能出现的故障。会议成员包括 B·切尔托克（B. Chertok）、S·科尤科夫、E·沙巴洛夫（E. Shabarov）、S·奥卡普金（S. Okhapkin）和 V·提姆琴科（V. Timchenko）。通过他们的调查发现，下列 5 种情况需要使用逃逸系统。

1）R－7 星上陀螺仪和敏感器探测到火箭飞行线路出现偏差并且失去控制；

2）第一级助推器分离过早；

3）燃烧室压力降低；

4）速度降低；

5）推力减小。

为了确定这些情况，R－7 运载火箭到处都安装有敏感器和仪器。联盟号飞船设计中安装有特殊的失重状态敏感器，当该敏感器激活过早时（例如，推力减少之前激活）将启动逃逸火箭。

谢尔盖·科罗廖夫（Sergei Korolyov）亲自批准已经接近最后阶段的设计，但 1965 年又出现了新的问题。联盟号飞船由 3 部分组成：柱状推进舱（仪器集成舱，俄语称为 PAO）包括仪器、修正发动机和分系统，同时还支持太阳翼电池阵；前灯外形的乘员舱，又称为下降舱（下降系统，俄语称为 SA），位于推进舱（PM）前面；同时，蛋形轨道舱（居住舱，俄语称为 BO）也位于推进舱前面。整个飞船封装在整流罩内，从而防护上升段穿过大气层时气动力的损害。此种设计意味着发射异常中止时，乘员位于推进舱和轨道舱之间的乘员舱内，该舱包括再入热防护和地球着陆系统（全部都在整流罩内）。整流罩顶部的逃逸火箭能够将乘员弹出，但他们必须在启动地球着陆系统之前离开整流罩并且与其他飞船部分分离。这与阿波罗系统形成了显著对比，阿波罗飞船乘员乘坐的指令舱（CM）位于土星火箭的顶部，下部直接与发射逃逸系统相连。其服务舱位于指令舱下面，登月舱安装在土星 5 号火箭第三级顶部的适配器部分，位于服务舱下面。

为了解决异常中止情况下的联盟号飞船配置问题，逃逸系统发射的同时，服务舱中与电和机械相关的系统将与下降舱分离，留下剩余的 R－7 火箭部分。随后达到适当的安全距离时下降舱与整流罩分离，从敞开的整流罩底部脱离执行其降落伞下降轨迹。在研究配置问题的同时又暴露出了另外一个新问题。服务舱外围的整流罩被逃逸塔拉离时可能会出现逃逸碰撞情况。设计人员对若干方案进行评估后，决定减小有效载荷整流罩尺寸，于是异常中止指令发出时的整流罩被分为了两个部分。上面部分与逃逸系统分离；下面部分仍然与位于故障 R－7 火箭顶部的服务舱相连。为了改进异常中止飞行中逃逸塔/整流罩/飞船外形的气动稳定性，在整流罩外部相反方向安装了 4 个折叠翼面，正常上升阶段翼面处于折叠状态，当下降过程中出现失重情况时，翼面的展开对异常中止的降落伞回收过程起到辅助作用。

　　随着对启动异常中止指令能力需求的提高，研究人员采取了对发射过程进行控制。位于苏联拜科努尔 23 号发射场的量子号地面站能够发射无线电信号，激活发射台上的紧急逃逸系统。

5.5.2　测试系统

　　用于载人系统的逃逸系统进行了 2 次试射：第一次在 1966 年，第二次在 1967 年。这些试射与美国进行的发射台异常中止的海滩异常中止仿真具有同等意义。对测试的后飞行分析发现，一次测试中的整流罩盖被额外的声负载剥离，致使整流罩的结构轴承暴露在外面。为了避免此种现象再次发生，在未来整流罩的设计上加装了热防护结构。

　　1966 年 11 月 28 日进行了第一次联盟号飞船发射（无人飞船，编号为宇宙-133）。飞船安全入轨，但在轨期间出现问题，随后取消了第二艘飞船的发射，该飞船计划与第一艘飞船实行对接验证。直到 12 月 14 日，第一艘联盟号飞船问题得到解决，第二艘飞船执行单独的测试飞行，不再执行最初的自动对接飞行任务。然而，事情并没有像预期那样发展，计划之外的逃逸系统验证并没有实现。

　　点火之后很短时间内 R-7 火箭发动机关闭。在确定了发射台没有火灾隐患、处于安全情况下后，发射人员返回发射台以确保火箭安全。正当发射台工作人员都处于火箭周围的时候，逃逸系统突然激活产生火花并猛冲出去；结果第三级火箭点火，在爆炸之前工作人员乱作一团。令人感到庆幸的是，这次可能会造成巨大伤亡的悲剧中只有一名人员死亡。

　　随后，调查人员不仅对 R-7 火箭不能发射的原因，还对没有任何参数受到影响情况下的逃逸系统激活原因以及系统导致火箭着火

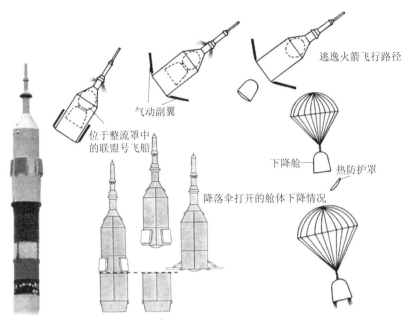

图 5 - 26　联盟号飞船异常中止顺序

并最终夺取一条生命的原因进行了调查。此次发射的三天前（12 月
11 日），工作人员在卡普斯金亚尔（Kapustin Yar）航天发射中心附
近的弗拉基米尔（Vladimirdovka）对逃逸系统进行了一次测试，发
生了类似的事件。测试中推进舱没有加注燃料，因此没有发生爆炸。
研究发现，拜科努尔事件中，连接下降舱和推进舱的热控系统线路
被切断，并且异辛烷制冷剂泄漏并起火；来自逃逸系统的火花通过
排气系统蔓延到推进舱以及 R - 7 火箭的上面级。拜科努尔爆炸事件
之后，航天员训练中心主任尼古拉 · P · 卡曼林（Nikolai
P. Kamanin）在听到弗拉基米尔事件时非常不安，火箭爆炸时他位
于距离发射台 700 m 远的大楼附近，因此险些被夺去其生命。
　　对于 R - 7 火箭，在每一个捆绑式助推器上安装点火器的决定就
是错误的，一旦出现问题是几乎不能进行调整的。卡曼林认为，理
论上，已经确定不会发生点火情况下逃逸火箭突然点火的原因是 R -

7 火箭周围的竖立架在某种方式下移动了位置,而在异常中止情况下又回到了原位;但经过大量分析之后,OKB-1 的首席设计师鲍里斯·切尔托克(Boris Chertok)认为,位于 R-7 核心级中的陀螺仪在关闭电源之后意外地激活了系统。因此,在系统进行载人飞行之前,任何事件都需要进行调整,最终确保整个系统按照设计运行(Hall and Shayler,2003,pp. 125-127)。

5.5.3　系统更新

数年来,联盟号飞船发射逃逸系统持续不断地进行升级来匹配 R-7 运载火箭和联盟号飞船自身。改进逃逸系统和着陆系统的工作一直都在进行,1968 年早期开始了更新版本的研究工作。最初此项工作由 OKB-1 第 241 号分部 V·A·提姆琴科(V. A. Timchenko)领导的小组负责,1974 年,179 号分部这个特殊实验室接管了此项研制工作,一直负责到 1979 年的联盟-T 系列飞船。

新的固体火箭发动机由位于彼尔姆的火花(Iskra)工厂研制。该系统具备更高的可靠性,能够在更高的高度运行并且产生更大的分离距离,能够替代之前预留降落伞方案进行主伞回收。根据风特性的改变来选择有利的逃逸轨迹也是新设计的主要特征。

逃逸塔系统安装在第一组固体火箭发动机上面,而安装到逃逸塔系统的第二组固体火箭发动机为下一步的发射台异常中止事故的分离提供了额外推力,能够实现更快分离;第二组固体火箭发动机在 1983 年 9 月的发射台异常中止事件中起到了至关重要的作用。在更高的高度情况下,第二组固体火箭发动机能够增加火箭的稳定性。

除了更新飞行控制系统,在整流罩上还安装了两对固体发动机。在逃逸发动机分离之后和抛掉上部有效载荷整流罩进入大气层之前,此种设计为乘员的逃逸提供了选择。之前在动力上升期间并没有对此领域采取防范措施。为了补偿增加的逃逸系统质量,在不需要逃逸火箭的情况下可以将其抛掉,飞行时间设定为 123 s,而不是之前的 160 s。

地面仿真期间对新系统进行了测试。一项特殊的测试仿真了与逃逸塔分离之后的运载火箭失效情况，又称为阶段-1A 逃逸。一枚只有 2 个发动机的测试火箭替代了 R-7 火箭，将飞船试射到2.5 km 高度，对整流罩中新的固体火箭发动机进行了评估。

1986 年，火花工厂对联盟-TM 飞船进行了进一步的改进。此次改进是节省质量的另一个措施。为了减少逃逸火箭的质量，发动机被重新设计为单室结构，用以替代最早的双核发动机（一个主要的和一个额外的发动机）。在新设计中，两次改进都需要沿着同样的飞行轨迹进行燃烧，但可以使用同一个喷管。新设计除了考虑质量之外，还减少了整个直径的尺寸，因此就需要改进气动性能。如果用不到逃逸系统，所有改进的系统都将在 114～115 s 之间被抛掉。重新设计中节省的 60 kg 质量能够改变飞行轨迹，令抛射的逃逸火箭和 R-7 的 4 个第一级助推器落入同一个区域。

5.5.4　描述和操作

紧急 SAS 包括载有航天员的再入舱、轨道舱、有效载荷整流罩和固体推进剂逃逸火箭。发射之前，要对特定火箭的重心进行校准。火箭能否按照预定轨迹和特定高度分离，需要通过修改逃逸舱的陀螺仪和特定推力器来进行补偿。系统在预计起飞前的 15 min 时激活，并且在上升段的 157 s 时使用（1967～1981 年期间的早期联盟号系列）。如果不需要，紧急系统将分离，4 s 之后有效载荷整流罩分离。为了确保能够与联盟号飞船实现平稳分离，在装有飞船结构的整流罩内部安装了 3 根"漂浮"支柱。

紧急情况下，这些支柱能够固定在下降舱较低处的结构环上，支撑所有来自有效载荷整流罩的负载，然后在逃逸飞行期间实现分离。整个系统是全自动化的，当探测到发射故障时，乘员舱和发射控制站内均有一个红灯进行报警。

一旦系统激活，逃逸塔发动机在燃烧的 2～6 s 时间内能够将整流罩的上面部分以及居住舱和下降舱拉离。火箭上升期间速度可以

达到 50～150 m/s，异常中止期间将产生一个高度为 1～1.5 km 的
向上路线，从而保证一个正常的降落伞着陆。一旦达到故障 R-7 火
箭的安全距离，一个分离发动机点火，同时下降舱与轨道舱分离，
末端开口的整流罩脱落，执行一个与装入膛中即将发射的手枪或炮
弹相似的轨迹。正常任务情况下，逃逸发动机用来将逃逸塔与同速
度上升的火箭分离，以至于角度和距离方面不会与将飞船运至轨道
的 R-7 火箭发生二次接触。

图 5-27　1983 年联盟号飞船发射台异常中止监测

逃逸系统的设计中融入了三个推进系统一体化概念。中央火箭
发动机是下降舱逃离故障 R-7 火箭的主要方式，并且能够达到足够
高度来进行降落伞回收。上升阶段的前几秒钟，姿态控制火箭推力
器助推器主要用于按照从预定的发射台沿着预定的飞船逃逸轨道进
行飞行。为了确保能够达到正常抛射之后的逃逸分离轨道，姿态控
制火箭推力器助推器还为分离火箭提供推力。同时，姿态控制火箭
还用于异常中止期间气动整流罩与乘员舱的分离。

另外，如前面描述的，整流罩上也安装有推力器助推器，为发射台或后续逃逸塔分离或整流罩分离时提供额外的推力。安装自动设备的逃逸分系统与飞船和 R-7 火箭协调工作，无论是在发射台异常中止还是高度异常中止情况下向逃逸系统发送指令。

操作阶段被划分为 6 个部分。

（1）从准备发射（起飞前 15 min）到起飞期间

该段时间内，只有发射指挥者通过发射控制室的无线电系统发出紧急信号。紧急信号指令发出时将切断与推进舱的联系并且点燃主中央火箭发动机。1.4 s 之后将根据当前的风向和风速数据向姿态控制火箭推力器发送一个点火信号，2.6 s 后向整流罩推力器发送信号。一旦逃逸轨道达到最高点，自动设备将指令抛射航天员光学系统，并且分离下降舱和轨道舱；整流罩上的推力器助推器将居住舱推离下降舱来预防可能发生的碰撞。随后下降舱在有限的时间范围内执行降落伞回收操作。

（2）从起飞到 20 s 飞行期间

此段时间内为低空异常中止模式，R-7 运载火箭的推进系统工作还未结束，因此，在将逃逸塔抛掉和执行有限时间内乘员回收任务之前，剩余的推力可以将运载火箭尽可能远地推离发射场区域。

（3）从 20 s GET 到逃逸塔推进系统抛射期间

在此期间可以发出运载火箭推进系统紧急情况的指令。由于高度足够保证正常回收，因此接下来的第一步就是只有中央火箭发动机的第一个燃烧室点火。

（4）从程序中抛掉逃逸塔到抛掉整流罩期间

在此期间的整流罩推力器主要用来辅助乘员的逃逸。收到异常中止指令时，飞船将在下降舱/推进舱的接口处分离并且点燃两个整流罩推力器。0.32 s 后第二圈整流罩推力器点火将乘员舱与故障的助推器分离。

（5）从程序中的整流罩抛射到 R-7 上面级分离预备指令期间

除了整流罩外，几乎在轨道插入位置没有任何主动措施能够将飞船从故障运载器移开，因此需要采用星上联盟号飞船分离辅助设备。收到异常中止信号的瞬间，运载火箭的星上自动设备发出一个紧急切断运载火箭推进系统的指令。同时还发出一个飞船模块分离指令，乘员舱执行一个弹道式再入和正常的降落伞着陆程序。

（6）从预备分离指令到关闭 R-7 运载火箭第三级指令期间

在此期间假设飞船从运载火箭分离，但进入了一个异常轨道。该模式下首先确认乘员生命保障的要求（最多 30 min），然后进行乘员营救工作。收到异常中止指令后自动系统发出一个飞船与运载火箭第三级分离的指令。几乎同时计算出下降段的飞行路线、正常舱段的分离路线以及降落伞的着陆路线。

5.5.5　操作经历

联盟号载人飞船飞行的 40 年内，只有两个上升进入轨道阶段采用紧急系统的案例。1975 年 4 月，由于运载火箭故障，飞往礼炮 4 号空间站的第 2 批居住乘员经历了高重力加速度情况下的弹道式回收。1983 年 9 月，即将成为礼炮 7 号空间站第 4 批居住乘员的联盟 T-10 乘员经历了基于逃逸塔发射逃逸系统成功逃生的发射台异常中止操作，此次经历是全世界首次载人发射台异常中止事件（Shayler，2000，pp. 151 - 167；Hall and Shayler，2003，pp. 188 - 192，pp. 303 - 307）。

1975 年 4 月 5 日，经过一个完美的起飞和 4 个捆绑式助推器分离之后，主发动机关闭并且两个火工品装置已经将连接在上面级的网格分离。然而，一些装药由于过早点火只有部分与上面级分离，没有完全分离。此时运载火箭已经偏离计划轨道方向 10°，陷入重重困难，无暇顾及联盟号飞船内部情况。运载火箭的异常中止系统探测到偏离并且启动了联盟号分离机动和用于降落伞回收的舱段分离。乘员达到的高度为 192 km，降落在距离苏联边界 320 km 的大山一侧，该区域与中国相邻；下降过程中他们经历了高达 20.6 g 重力加速度的严峻考验。任务计划持续时间为 60 天，但实际只持续了

22 min。此类型异常中止现象属于 5.5.4 节中描述的第 5 类。

　　1983 年 9 月 27 日的发射台异常中止发生在起飞前的 80 s，一个推进器阀不能关闭并且助推器底部着火。大火瞬间吞噬了火箭一侧，损坏了主异常中止系统，在地面小组意识到发射台上存在严重问题时时间已经过去了 10 s。随着联盟号飞船的倾倒，最终通过一个备用系统激活了异常中止系统，在 R-7 火箭爆炸时将两名航天员从发射台弹射了出去。经过一个短暂仓促的飞行之后，下降舱撞击降落在距离 3.2 km 的地方，本应该是在礼炮 7 号空间站停留 90 天的任务，结果仅飞行了 5 min13 s 就用降落伞着陆了。2 名航天员在回收小组的允许下喝了一杯烈性的伏特加酒，并不需要送往医院；发射台燃烧了 20 个小时。此类型的异常中止现象属于 5.5.4 节中描述的第 1 类。

5.5.6　小结

　　在将近 100 次的载人发射中，仅在一次发射台异常中止中使用了逃逸系统，发射逃逸情况中的部分紧急操作程序也仅用过一次。40 年期间，半个世纪之前设计的联盟号飞船发射逃逸系统成为了联盟号飞船乘员从故障运载火箭逃逸的一种方法。该系统取得人们信任的另一个原因就是在实际紧急情况中救过航天员的生命，并且集成到联盟号飞船设计中的程序曾经令第二批乘员从高空和高重力加速度任务中安全返回。

5.6　苏联的其他逃逸塔

　　除联盟号飞船逃逸塔除外，苏联还在其载人登月计划和军用空间站计划中的钻石卫星中采用了逃逸塔技术。

5.6.1　钻石空间站的运输保障船（TKS）运输

　　钻石军用载人空间站起源于 1964 年，由弗拉基米尔·切洛梅

（Vladimir Chelomey）领导的 OKB - 52 设计局负责研制。当时的设计假定了一种配置，即乘员与在轨的空间站采用同一个运载火箭进行发射。与计划采用改装版双子星座飞船进行的美国载人轨道实验室计划相似，位于质子运载火箭顶部的乘员舱乘员可以通过热防护结构系统的一个舱门进入空间站。此设计在乘员舱顶部安装了一个大功率的离轨发动机，发动机上面是一个装有两套固体推进剂火箭发动机的长圆柱形逃逸塔，一旦出现发射异常中止，该逃逸塔可以帮助 3 名航天员安全返回。该设计最终发展成为运输保障船只，即 TKS。1970 年此项设计得到了承认，并向钻石空间站运送了乘员和货物。运载火箭顶部逃逸塔结构的顶部，由用于逃逸的发射逃逸火箭和用于下降的离轨制动火箭组成。

为了能够提供更多的载人系统信息和更快的硬件信息，设计人员决定在每次测试飞行中使用两个无人返回式飞船。1964～1979 年期间，一共进行了 4 对无人返回式测试，对发射逃逸系统和离轨以及着陆系统进行了评估，分别为 1976 年 12 月 15 日发射的宇宙 - 881/882、1978 年 3 月 30 日发射的宇宙 - 997/998 和 1979 年 5 月 22 日发射的宇宙 - 1100/1101。由于质子号运载火箭故障，第 4 对飞船丢失（1977 年 8 月 5 日发射）。另外，从拜科努尔 51 号发射台发射的飞船主要用来评估 1974～1977 年期间的逃逸系统弹道轨迹；期间有一次测试以失败告终。

虽然这些飞船上都没有乘员，但这些设计都是在后续加上乘员载人舱段飞往礼炮号空间站和和平号空间站的，随后又演变为国际空间站曙光号功能舱。

5.6.2　载人登月航天员

苏联的月球计划最初是各自独立的，但 1963 年 9 月由谢尔盖·科罗廖夫提出合并，统一采用月球（Lunik）的首字母 L 作为标识。

1）L-1 是基于联盟号飞船运载火箭的绕月飞行任务，后又改为探测火箭（Zond）；

2）L-2 为探测月球表面的自动自主月球巡游器；

3）L-3 为载人登陆任务；

4）L-4 为月球轨道研究和测绘；

5）L-5 为载人月球巡游车。

载人项目计划采用质子运载火箭来执行 L-1 任务，N-1 运载火箭执行载人登月任务，该火箭最初计划用于火星任务。虽然切洛梅提议的 UR-700 运载火箭和米哈伊尔·杨格尔（Mikhail Yangel）提议的 R-56 运载火箭面临种种挑战，但这两种库洛耶夫（Korolyev）运载火箭也是唯一能够支持苏联载人登月计划的动力来源（Harvey，2007；Siddiqi，2000）。

5.6.3　发射逃逸

质子运载火箭/探测运载火箭采用了与联盟号飞船火箭相似的逃逸塔系统。N-1 运载火箭采用了改进的发射逃逸塔。

随着发射逃逸系统在载人联盟号飞船计划中的使用，地面测试和飞行测试计划认为该系统可以用于月球计划。虽然月球计划中没有质子运载火箭或 N-1 运载火箭搭载航天员发射，但其可以在发射故障中利用发射逃逸系统拯救乘员生命的能力已经在多次无人任务中得到了验证。

该计划中的火箭发射在施普林格出版社/实践出版社系列丛书的其他书籍中已经进行了介绍（Hall and Shaler，2003，pp.23-33；Harvey，2007）。探测-1P 进行了地面测试，在 1967 年 3 月进行的第 1 次地球轨道测试任务中，探测-2P 作为模拟件执行了宇宙-146 任务，并未计划进行回收。1967 年 4 月，探测-3P 发射了宇宙-154，部分成功地完成了第 2 次地球轨道测试。从此发射逃逸系统开始应用于后续的任务。

（1）L-1 探测火箭绕月计划

1）1967 年 9 月 28 日——计划进行绕月飞行的任务以离开发射台就失败而告终。起飞 60 s 后质子火箭开始出现偏离预定轨道；其故障启动了逃逸塔，将 L-1 舱（4L）从质子火箭拉离。此次任务虽然失败，但清楚地证明了紧急逃逸系统可以按照设计正常运行。

2）1967 年 11 月 22 日——此次发射第一级火箭按照设计正常运行，但运载火箭第 2 级点火 4 s 后，质子火箭再次偏离轨道，启动发射逃逸系统对于 5L 舱进行了回收。接下来的一系列发射都成功，并且确定探测-4（6L）作为一次飞船和回收系统的深空测试。

3）1968 年 4 月 23 日——7L 舱准时发射，但 3 min 14 s 时逃逸系统突然激活将乘员舱带到了距离发射台 520 km 的回收区域。此次故障不是质子火箭的原因，而是由飞船中发出的错误信号激活了逃逸系统造成的。指定的下一次发射计划在 7 月 19 日。然而，发射前 5 天（加工期间）的电力故障使贮箱电压过大，使未加注燃料的布洛克-D（Blok-D）氧气贮箱爆炸，导致 1 个发射技术人员死亡和一个受伤。运载火箭倾倒并且斜靠在发射塔上，但弹射系统没有激活。虽然有报导说飞船 8L 已经发射，但并未包含在 L1 计划中。

4）1969 年 1 月 20 日——下一次发射按照计划进行，但 8 min 21 s 时飞船 13L 的飞行偏离了计划的路线，此时已经具备充足条件触发启动了异常中止情况指令。此次事件是由于第二级的 4 号发动机提前 25 s 关闭，3 min 后的第 3 级故障未能对第 2 级失去的推力进行补偿引起的。

剩余的两次探测火箭发射（探测-7/11L 和探测-8/12L）没有出现故障，因此不需要逃逸系统。

（2）L-3/N-1 发射异常中止

1）1969 年 2 月 21 日——第 1 次 N-1 运载火箭计划将一艘探测飞船发往月球。然而，任务飞行 70 s 时，30 个第 1 级发动机中的 2 个已经关闭，剩余 28 个发动机的关闭导致运载火箭从其飞行计划中偏离，再一次激活了发射逃逸系统。明显不正确的地面发动机管理系统向 12 号发动机和其对面的 24 号发动机发送了明显的错误信号。过多的振动导致 12 号发动机燃料线路破裂引起火灾，并且关闭了系统和所有发动机。

2）1969 年 7 月 3 日——第 2 次 N-1 火箭的发射更加糟糕；虽然 30 个发动机全部按计划点火，但在火箭上升到距离发射台 200 m 处时，一个外来物体进入第 8 号发动机引起爆炸，破坏了其他发动机，未能向运载火箭提供足够的起飞推力，并且严重损坏了发射台。重达 250 t 的火箭整体发生爆炸，向地面喷射出大块融化的金属块，碎片凭着爆炸的速度和力量一直降落在距离发射台 10 km 的范围内。在此次灾难中，值得庆幸的就是发射逃逸系统在 14.5 s 时再次成功将探测飞船的下降舱推离构成威胁的火球，降落在 2 km 以外的安全距离范围内；如果星上有乘员，那么他们将在此次事件中幸存。两周后阿波罗 11 号任务取得历史性成功，此次事故对苏联载人登月计划无疑是另一个打击。

3）1972 年 11 月 23 日～1971 年 6 月 27 日，第 3 次 N-1 运载火箭发射的是一艘模装船和发射逃逸塔模型，火箭在任务飞行 51 s 时再次失败，但由于逃逸塔是模装，因此并未着火。1972 年对更新过的 N-1 运载火箭进行了发射尝试，此次发射能够比该类型的任何火箭飞得更高更快，但飞行到 90 s 时再次以巨大火球告终。很显然，火箭尾部爆炸之前第 4 号发动机首先着火，导致在第二级点火前的数秒钟产生了巨大的爆炸。逃逸系统再次点火，同样，如果星上有乘员，那么将可以在此次事故中存活。

在美国载人登月计划大量成功的情况下，苏联虽然计划了另一次发射，但运载火箭的改进和苏联载人登月计划的改变已经不能阻止 1974 年计划的推迟，甚至 1976 年计划的完全取消。苏联载人空间计划的野心重点并未集中在永久的载人空间站上。苏联航天员可能并没有到达月球，但他们的安全已经得到了充分的验证，在 5 年时间内逃逸系统抛出乘员舱的次数不少于 7 次；在 L-1 计划和 L-3 计划中发射了 16 次发射逃逸系统。

5.7　神舟飞船发射逃逸系统

长征-2E 运载火箭的更新改进版长征-2F 运载火箭是神舟载人飞船的运载火箭。为了确保系统能够应用于载人飞行，设计人员对长征-2E 火箭的发动机进行了 55 处更改。除了神舟飞船载人系统外，二者的主要区别就是安装在火箭顶部的发射逃逸塔。该系统被认为是俄罗斯联盟号飞船发射技术在中国火箭中的直接应用。

无论是从火箭在发射台至发射前的 15 min 还是系统和运载火箭分离的前 160 s 飞行时间里，发射逃逸系统能够彻底将飞船乘员舱从即将爆炸的运载火箭上拉离。与联盟号飞船逃逸系统完全相同，发射逃逸塔能将神舟飞船以及飞船外部的气动整流罩从上面级中拉出。分离指令发出几秒钟后，系统将乘员舱从气动整流罩的底部抛出，执行降落伞下降和着陆。

神舟系统有两套逃逸系统紧急飞行方案：39 km 以下的低空和 39 km 以上的高空。长征-2F 运载火箭的系统中集成了一个故障监测系统。与联盟号飞船一样，为了增强气动稳定性，长征-2F 火箭的整流罩上部同样安装了 4 个翼面。

逃逸系统总长度为 15.1 m，直径为 3.8 m，质量 11.26 t，逃逸塔结构自身长 8.35 m。该系统可以由飞船内部的乘员操作，通过任务控制或自动制导系统与正常飞行顺序或轨迹分离。

推进系统共有 6 个固体燃料发动机。另外火箭还有 4 个控制发动机，一个低空分离发动机（8 个喷嘴）和一个低空逃逸发动机（4 个喷嘴）。整流罩上部的 6 个发动机主要包括 4 个高空逃逸发动机和 2 个分离发动机。

故障监测系统能够探测到运载火箭出现的问题并且及时激活逃逸系统。低空逃逸要求与整流罩的上部和下部分离以及飞船顶部的两部分分离。逃逸系统发动机点火将复合体从爆炸火箭推离。

高空异常中止情况下不使用逃逸塔。整流罩一侧的逃逸发动机将飞船推至运载火箭的安全范围内。

当异常中止发生在飞行 201 s 后的 110 km 高空时，神舟飞船本身将与运载火箭上面级分离，利用自带的推进系统进入近地轨道；经历过 1 号、2 号或非标准的 14 号轨道之后执行再入（Chen Lan，2004）。

神舟 3 号飞船对逃逸系统的载人有效性进行了测试。神舟 3 号飞船发射后不久就有报道说逃逸塔分离，显然表明第 1 艘载人飞船神舟 5 号发射前，神舟 4 号飞船将对该系统进一步测试。为了避免正常上升阶段错误信号激活逃逸系统，因此没有在第 1 艘和第 2 艘神舟飞船上安装该系统。

5.8　猎户座发射逃逸塔

星座计划是 NASA 提出的新一代载人飞船项目，用以替代 2010 年退役的航天飞机系列。猎户座载人飞船将成为美国向地球轨道（以及国际空间站）、月球运输的主要模式，同时也是有人月球基地，甚至载人火星计划研制的有力保障。吸取航天飞机计划中的惨痛经验教训，猎户座计划很早就决定研制一套针对整个乘员舱的有效发射逃逸系统，再次回到了舱段类型设计的阿波罗时代，并非是空间飞机设计的航天飞机类型。新飞船逃逸系统选择了发射逃逸塔设计。逃逸塔载有一组火箭（3 个）。主火箭用于将猎户座乘员舱从发射台或发射异常中止中拉离，彻底远离阿瑞斯运载火箭。较小的发动机用于抛射逃逸塔，如果不需要，它将用于辅助姿态控制。

系统测试的计划包括在美军新墨西哥州的白沙导弹靶场研制和建造一个新的发射台（2007 年 11 月开始着手进行），从而保障进行一系列与水星飞船和阿波罗飞船相似的发射异常中止测试。

2008 年 9 月进行了首次发射台异常中止-1（PA-1）测试。鉴定星座计划/猎户座飞船/阿瑞斯火箭新系统和硬件的 10 次测试飞行中至少有 5 次是在白沙导弹试验靶场进行的。2009～2011 年还将进行第 2 次发射台异常中止测试和 3 次飞行高度考验测试。这些测试

图 5 - 28　阿瑞斯火箭发射

主要对新系统在亚声速和超声速翻转状态下的有效性进行测量。
2012 年计划在肯尼迪航天中心对新系统的设计上限进行高空异常中
止测试。这些测试将有助于鉴定从 2013 年开始的猎户座载人测试飞

图 5 - 29　阿瑞斯运载火箭异常中止测试

行，以及 2014 年开始的国际空间站实际飞行，2020 年最终飞往月球的载人着陆任务。这些技术和飞行操作能够支持未来月球以远的航天活动。

猎户座发射逃逸系统的研制主要集中在水星和阿波罗发射逃逸系统的经验和教训上，让载人飞船发射逃逸塔的使用经过一个循环后再次回到原点。该计划一直处于研制过程，但美国航空航天学会近期的一篇文章（Williams - Hayes，2008）对该计划有了详细的介绍。

乘员探测器是星座计划的主舱段，也叫猎户座。猎户座飞船由可以容纳 6 个乘员的乘员舱、服务舱和发射异常中止系统组成。乘员探测器与阿波罗飞船的指令服务舱类似，但又有明显改进，尺寸有所增大，质量也较大。根据设计情况，逃逸系统需要对发射台最后时刻和地球轨道全功率飞行时候的乘员逃逸方案有充分考虑。经过深思熟虑，一套新的发射逃逸系统成为了符合要求的最有效的解决方案。同样，一个鉴定载人飞行异常中止系统的测试飞行计划也应运而生。

5.8.1　飞行测试办公室

为了研制可以在发射台或飞往地球轨道的上升段早期故障中将乘员舱拉离、完成降落伞下降和乘员营救的系统，NASA 星座计划办公室专门成立了飞行测试办公室（FTO）。FTO 的主要目标就是在真正的载人发射之前，针对猎户座发射异常中止系统的发射台、中层高空和高空异常中止情况进行无人飞行测试。

FTO 小组汇集了 NASA 各个领域和承包商的专家，分别来自 4 个 NASA 研究中心和 3 个航空航天公司。其中 4 个中心分别为：

1）德赖登飞行研究中心，爱德华市，加利福尼亚州；

2）约翰逊航天中心，休斯顿市，德克萨斯州；

3）兰利研究中心，兰利市，弗吉尼亚州；

4）格林研究中心，克利夫兰市，俄亥俄州。

3 个航空航天公司为：

1）洛克希德·马丁航天系统公司，丹佛市，科罗拉多州；

2）轨道科学分公司，杜勒斯市，弗吉尼亚州；

3）轨道科学分公司，钱德勒市，亚利桑那州。

作为测试组织，NASA 负全面责任，位于弗吉尼亚州的轨道科学分公司的设备负责发射异常中止系统测试，位于亚利桑那州的轨道科学分公司负责研制用于飞行测试的异常中止测试助推器-9（与阿波罗使用的小乔伊 2 号相似）。作为主承包商，位于丹佛市的洛克希德·马丁公司团队负责很多关键系统的设计、制造和研制，尤其是电子装置、操作飞行仪器和飞行软件。

5.8.2　测试计划

项目组计划进行 6 次异常中止系统的无人飞行测试。至少 5 次在位于新墨西哥州的白沙测试设备进行，第 6 次可能采用阿瑞斯运载火箭在肯尼迪航天中心进行。其中有 2 次发射台异常中止测试来验证系统从发射台抛射乘员舱的能力，这两次测试不需要外部助推器。4 次上升段异常中止采用政府供应的测试助推器。指定的异常中止测试助推器由位于亚利桑那州的轨道科学公司负责研制。这些测试将提供不同测试条件下的异常中止系统数据。最后一次测试从肯尼迪航天中心发射。

按年代顺序对测试计划进行排序如下：

PA-1：此次发射台异常中止测试采用 NASA 提供的乘员舱模拟件和飞行测试特定的发射异常中止系统，更具有工程研制的性质，主要进行飞行和性能数据的收集，并非是对操作系统的验证。

AA-1：采用 NASA 提供的乘员舱模拟件和测试特定的发射异常中止系统，进行最大动压异常中止飞行测试。

PA-2：一次发射台异常中止测试，但更像一次飞行异常中止轨迹测试。此次测试采用洛克希德·马丁公司的实际运行乘员舱和实际运行发射异常中止系统。

AA-2：一次超声速异常中止飞行测试。从此次测试开始，未来所有的乘员舱都采用洛克希德·马丁公司生产的实际运行乘员舱，并且每个发射异常中止系统都是实际运行设计。

AA-3：非正常最大动压异常中止测试。

AA-4：高空异常中止测试。政府提供的异常中止试验助推器替代了阿瑞斯运载火箭，并且从肯尼迪航天中心发射。但这些仅限于本书写作时间发生的情况。

飞行测试中使用的飞船称为飞行测试试件（FTAs），并且将根据测试中想要收集的数据进行特定配置。当然，相比实际运行的航天器来说，系统测试时有很多条件限制，但在测试结果出来之前并不能完全确定。FTAs 多数是按照实际飞船设计的，用其收集数据对于猎户座飞船及其发射逃逸系统的飞行数据最终设计确认是非常重要的。实际运行的猎户座的所有系统和配置并未集成在 FTAs 中，因此，根据每次异常中止测试的时间间隔可以确定，除非测试中出现重大意外事件，否则每次进行测试的飞船不会发生重要变化。

图 5 - 30　阿瑞斯火箭异常中止飞行轨迹

5.8.3　测试航天器配置

每个飞行测试航天器都由乘员舱、发射异常中止系统、服务舱段和一个分离环组成。发射台异常中止不需要测试助推器，但上升异常中止时需要运载火箭，就需要对助推器进行测试。

最初的两个乘员舱模拟件由 NASA 的兰利研究中心负责制造。两个模拟件用来进行第 1 次发射台异常中止飞行和首次上升异常中止测试。在外型上这两个模拟件与最终的航天器非常相似，但并不代表最终的设计。其他所有测试的乘员舱都由主承包商洛克希德·马丁公司负责提供。

实际的飞船仍在研制中，最终的飞船质量性能以及相应的测试计划都尚未确定。PA - 1 的限制和意外情况会随着飞船系列和计划的改变而改变，但临近第 1 次 PA 测试时仍然收集了大量的数据。

PA - 1 的质量性能选择遵循"能合理反映未来实际飞船质量性能"的原则。PA - 1 平衡了第 1 代回收伞质量限制和未来实际运行乘员舱的质心要求。因此，PA - 1 的减速伞质量为 7 787 kg。受从订货到交货的制造时间影响，第 1 次测试的发射异常中止系统比实际设计的质量大，第 1 个乘员舱的质心远远不能满足实际运行飞船的要求，在测试期间不能很好地保持飞船稳定。未来测试中，实际约束与降落伞设计的发展和动压限制相结合，对整个 PA - 2 的质量性能以及 4 次 AA 飞行测试有很大影响。

乘员探测器/乘员运载火箭综合体异常中止系统的计算机飞行仿真由 NASA 约翰逊航天中心负责进行。此次 6 自由度非线性仿真项目称为 ANTARES，该项目对异常中止计划进行修改以支持正常分离轨道，为计划项目提供数据模型，仿真全程高度及距离轨迹。PA - 1 仿真进行了一次正常飞行尝试，火箭攻角达到 15°，高度为 3 050 m，射程为 2 100 m，马赫数为 0.7 并且动压为 600 psf。计算机仿真的高度和射程将在 PA - 1 的实际飞行测试中实现。其他仿真再现了 PA - 2 测试计划，对超声速异常中止飞行进行了仿真。ANTARES 计划中仿真飞船异常中止指令设置的马赫数为 0.99，最大承受动压值为 610 psf。仿真中，最高高度达到 11 094 m 时的射程距离为 4 267 m。

5.8.4　发射异常中止系统

猎户座发射异常中止系统的研制由位于弗吉尼亚州杜勒斯市的轨道科学公司负责。飞船的制造采用特定的轻质材料，但由于受到轻质材料从订货到供货时间的推迟和测试飞船交付时间限制的影响，前两个飞行测试的飞船采用的材料较重。

最新的发射异常中止系统设计有 3 个发动机。异常中止发动机有 4 个斜喷管（与纵轴方向夹角为 25°），燃料在 4 s 内用完，为发射台或故障运载火箭的乘员提供一个 15 g 的重力加速度。异常中止发动机稳定飞行轨迹的同时姿态控制发动机点火。8 个喷管围绕外壳呈 45°夹角分布，尾部朝向火箭顶部的整流罩。俯仰和偏航轴方向的发动机通过喷管燃烧 20 s，利用推力直接实现姿态控制。异常中止发动机燃尽时飞船依靠逃逸塔上的两个翼面进行稳定，通过与姿态控制发动机结合，对乘员舱的定向和发射异常中止系统的再入和着陆提供保障。乘员舱底部的热防护结构冲向飞行方向和气流方向。当飞船已经做好着陆定向时，抛射发动机点火提供将发射异常中止系统从乘员舱上分离的推力。最后的发动机由 4 个与纵轴方向呈 35°倾斜的斜喷管构成。1.5 s 时间内，产生一个 1 860 kg/0.3 m 的推力将逃逸塔和助推器防护罩从下降的乘员舱上分离，从而执行一个正常的降落伞回收。助推器防护罩采用玻璃纤维，覆盖整个乘员舱以防护早期上升或异常中止过程中的损坏。阿波罗发射逃逸系统也采用了相似的装置。

　　当前，测试飞行序列中的第 1 次测试为发射台异常中止测试-1，计划从白沙发射场 32 号发射台附近的发射台进行发射，轨迹方向为发射台偏北方向。首个重要测试设定了一系列测试和若干分系统的目标。PA-1 的主要目标就是"验证地面异常中止系统，即验证发射异常中止系统能将乘员舱从运载火箭推到安全距离范围的能力"。

　　分系统的评估目标包括上升期间对稳定性的验证和发射异常中止系统控制，获取发射异常中止系统和乘员舱接口上的结构载荷数据。在验证将发射异常中止系统从乘员舱抛射时，对异常中止和发射异常中止系统的姿态控制发动机性能也进行了测试。在进行分离事件测试时，除了对发射异常中止系统乘员舱的分离机制以及前舱盖的抛射进行测试外，还对异常中止的顺序进行了评估。影响硬件位置的额外地面数据对未来的操作和程序规划有辅助作用。

　　额外目标包括降落伞回收系统研制和着陆系统结果。还需要进行的环境研究包括推力器防护罩分离前的外部噪声以及乘员舱通过推进保护盖发送的信号质量。测试期间还需要对地面保障网络进行评估。指令控制监测系统的功能性能包含一系列运输装置、特殊工具和测试中使用的测试仪器的性能等。

5.8.5　试验支架准备

　　2008 年 6 月，NASA 宣布，本夏季末一种试射全尺寸猎户座发

图 5 - 31　阿瑞斯运载火箭的逃逸火箭测试

射异常中止系统的静止试验支架将投入使用。支撑结构必须足够大才能支持高 5.2 m 和直径 0.9 m 的异常中止发动机，该发动机主要

图 5 - 32　阿瑞斯火箭异常中止测试舱

用于故障高度达到 91 440 m 时将猎户座飞船乘员从阿瑞斯火箭带离。

　　推进剂里没有氧化剂的全尺寸惰性发动机被倒置安装在静止试验支架上，4 个喷管冲向天空。该支架位于犹他州海角的 ATK 设备中心，在首次点火前的夏天进行了一系列试验台测试和检验。点火组件也规划了一系列测试。点火发动机是位于异常中止发动机内部的组件，为推进剂的点火提供资源。一旦点火，推进剂燃烧很快，在 5 s 内推力可达到 2 200 000 N。多数高比冲推进剂的燃烧时间仅为 3 s，所谓的"临界时间框架"就是确保能够尽快将乘员拉离危险。该系统采用倒流设计，从 4 个方向的喷管喷出的热气能够快速产生推力将乘员舱拉离危险区域。有 4 个羽流的热气设计装置安装在结构的顶端，每个羽流的长度是发动机长度的 3 倍，从而能够在操作期间让乘员舱远离危险。

5.8.6　AA－1 及以远

第 1 次发射台异常中止系统定于 2008 年第 4 季度进行测试。一旦完成第 1 次测试，剩余的飞行测试将能进行更加精确的规划。最新的"多项目综合里程碑"（NASA，2008）描述的计划如下：

AA－1，2009 年第 3 季度；

PA－2，2010 年第 2 季度；

AA－2，2010 年第 3 季度；

AA－3，2011 年第 1 季度；

AA－4，尚未确定。

虽然航天飞机计划即将结束，但其他的计划仍然值得我们期待，例如旨在实现 2019/2020 年人类重返月球的空间探测里程碑愿景的星座计划，也是第 1 次阿波罗月球着陆的 50 周年纪念等。虽然整个时间范围框架可能会改变，但阿瑞斯火箭/猎户座飞船系统首次载人飞行的异常中止系统测试将会令目标更加接近现实。

5.9　小结

从 20 世纪 50 年代后期开始，一套载人飞船的紧急逃逸塔系统才开始投入实际的长期服役。最初是水星计划（直到 1963 年），然后是双子星座计划，直到 1975 年阿波罗计划的再入服务，最后回归到星座计划中的猎户座计划。苏联从联盟计划开始引入逃逸塔系统，从 1967 年（一些是从 40 年后开始）开始支持其载人操作（及其演变）。中国在其载人飞船神舟系列上也采用了逃逸塔设计，从 2003 年开始用于载人飞行。虽然每个国家都采用了不同的设计来满足不同的要求和能力，但他们的目标都保持一致：乘员舱能够从发射台运载火箭故障中实现快速分离，并达到一个能够进行降落伞回收的安全高度。

在实际操作运行的 50 年中，该系统仅在 1983 年按照设计目的使用了一次。虽然从记录上看，看似并不需要逃逸系统，但它同时又是必不可少的，它能在第一时间拯救人的生命。研究人员已经对其他系统进行了评估，但在设计出一套能够有效将多个乘员从爆炸火箭中营救出来的方法仍需时日，该系统必须具备高效费比、简单设计以及高效率。逃逸过程是每个人都不愿意经历的一个过程，但如果没有选择，你必须经历你不愿意经历的情况下，逃逸系统将是最终的选择，联盟 T-10A 的乘员可以证明这一点。

参 考 文 献

[1] John Catchpole. Project Mercury. Springer/Praxis，Chichester，U. K. 2001.

[2] Chen Lan. Inside Shenzhou Spacecraft. Available at Go Taikonauts（2004）！
Webside http：//www. geocities. com/capecanaveral/launchpad/1921/sto-
ry - 8. htm? 200830（last accessed 30 June 2008. ）

[3] Rex Hall and David Shayler. Soyuz ： A Universal Spacecraft. Springer/
Praxis，Chichester，U. K. 2003.

[4] Brian Harvey. Soviet and Russian Lunar Exploration. Springer/Praxis，
Chichester，U. K. 2007.

[5] NAA. Apollo Spacraft News：Launch Escape. North American Aviation，
CA. 1968.

[6] NASA. Mercury Project Summary，NASA - SP - 45，October. NASA，
Washington，D. C. 1963a.

[7] NASA. Project Mercury：A Chronology，NASA - SP - 4001. NASA，
Washington，D. C. 1963b.

[8] NASA. This New Ocean，NASA - SP - 4201. NASA，Washington，D.
C. 1966a.

[9] NASA. Manual Control of High Altitude Apollo Launch Abort，NASA -
TN D - 3433. NASA，Washington，D. C. 1966b.

[10] NASA. Apollo Program Summary Report：Section 10 Launch Site Facili-
ties，Equipment and Prelaunch Operations - 10. 1 White Sands Missile
Range，NASA - JSC - 09423. NASA，Washington，D. C. 1975.

[11] NASA. Multi - Program Integrated Milestones，Document JHJMPIM，
REV - FY2008 - Q3，revised 29 April 2008. Available at NASA Human
Spaceflight website http：//www. nasa. gov/mission _ pages/shuttle/nes/
index. html（last accessed 10 June 2008.

[12] David Shayler. Disasters and Accidents in Manned Spaceflight. Springer/

Praxis, Chichester, U. K. 2000.

[13] Asif Siddiqi. Challenge to Apollo, NASA - SP - 2000 - 4408. NASA, Washington, D. C. 2000.

[14] Peggy S. Williams - Hayes, Aerospace Engineer, Control and Dynamics Branch, NASA DFRC (2008). Crew Exploration Vehicle Launch Abort System Flight Test Overview. NASA Dryden Flight Research Center, Edwards, CA. 2000.

[15] Anatoly Zak. Emergency Escape System of the Soyuz Spacecraft. Available at Russian Space website http: //www. russianspaceweb. com/soyuz _ sas. html (last accessed 30 June 2008.

第 6 章　发射逃逸 2：弹射座椅

苏联东方号载人飞船和美国双子星座飞船，这两个太空舱项目在上升段均采用逃逸安全模式。另外，火箭研究、航空器和带翼航天器的弹射座椅的研制经验已用于航天飞机设计中。在美国航天飞机项目中，仅支持迫近与降落测试以及轨道飞行测试项目，首次发射的航天飞机（STS-5）就安装了不活动的弹射座椅，飞行结束后一起进行了移除。它们从未重新安装在其他轨道飞行上。苏联暴风雪号航天飞机和欧洲赫尔姆斯带翼航天器曾计划使用弹射座椅，但这些座椅没有进行改进，无法在轨使用。另外，独特的发射中止模式系列已进行了改进，能在弹射座椅和逃逸系统不可用时支持航天飞机运行。

6.1　弹射座椅历史

20 世纪 30 年代，军用飞机技术有所发展，飞机能飞得更高、更快和更远，因而除打开座舱罩启用跳伞设备（或降落设备）以启动降落伞外，还需要为飞行员提供快速逃逸装置。解决方案就是安装更快速的出口，且该方案就是弹射座椅和可分离座舱罩。

1939 年，德国 Junkers 飞机工厂的卡尔·阿诺德（Karl Arnold）、奥斯卡·尼森（Oscar Nissen）、莱茵霍德·普罗伊申（Rheinhold Preuschen）和奥托·施瓦茨（Otto Schwarz）获得了首个飞机弹射座椅专利证书。另外一个许可证授予了 Erich Dietz，用于为座椅增加功率盒。同年，在 Heinkel 280 和 219 产品线开始安装弹射座椅后，Heinkel 176 正样收到首个工作弹射系统订单。在 1943 年 1 月 13 日执行首个现场紧急弹射的荣耀授予了正在飞行 Heinkel 280 的 Herr Schenke。

　　第二次世界大战期间和战后，在现代喷气式飞机中研发弹射座椅的工作一直在进行。战争中记录了一些使用的弹射方法，其中Luftwaffe记录了约60种紧急弹射方法，尽管幸存下来的飞行员数量并不清楚。1945年1月，贝尔纳德·林奇（Bernard Lynch）进行了首次现场静态弹射测试。研制工作一直持续到世界大战结束后。1955年，首次现场跑道级弹射由英国皇家空军（RAF）飞行员执行。在彼德·霍华德（Peter Howard）进行首次飞行火箭助推弹射座椅测试后的第二年，即1961年，多迪·海（Doddy Hay）完成了首次现场静态火箭助推弹射。英国马丁·贝克公司（Martin Baker）是弹射座椅研制的先驱者，自20世纪40年代开始，目前已成为世界上历史最悠久的弹射座椅制造商，该公司还生产救生设备、测距装置和恢复技术。如空间项目利用相关和后续计划的经验和技能可增加此类系统的可靠性和可信度，确保挽救更多的生命，弹射座椅技术已挽救无数生命。全球领先飞机公司和其承包商已为火箭飞机和航天器研制了可靠的系统和硬件。尽管美国和苏联选择承包商有很大不同，但他们的航空设计经验，包括在载人航天计划中使用的弹射座椅技术基本相同。

6.2　火箭飞机

　　20世纪40年代和50年代，军用飞机中开拓性地使用了弹射座椅技术，军方和NACA（NASA前身）共同主导的前沿性飞机开发项目也复制了这一技术。当时的前沿技术包括：突破音障、超声速飞行、新型发电技术、飞机设计、后掠翼和升力体技术，这些前沿技术是现在垂直和短距离起飞与着陆、隐身技术的前身。若干年后，航天飞机和国际空间站乘员逃逸系统也在此基础上发展起来。苏联类似的研究导致了暴风雪号航天飞机的出现。导弹技术、无人飞船、遥感、小型化、微创手术、通信和导航等技术与载人飞行密切相关，从而提高了飞行员测试技术的性能。新型军事技术的研发也推动了早期技术的稳步进步，其中一些技术也应用到空间项目中，其他一些技术还和我们的日常生活密切相关。火箭研究交叉技术就是其代表之一（Miller，2001）。

6.2.1　X-1，突破音障后用降落伞着陆（1946—1958）

人们曾对 X-1 上的弹射座椅进行研究，1947 年 10 月 14 日飞行员查克·耶格尔（Chuck Yeager）利用该飞机冲破了音障。显然，额外的伞重量可能会造成严重后果，在这么高的速度下，座椅可能并不起作用，这些都需要研究，但人们对此却知之甚少。因此，在紧急情况下，飞行员必须通过解除安全销来脱离控制，在他尽力解除右手门板时摆脱铰链连接，随后使用背包式降落伞轻松着陆。最终，弹射座椅安装在第二代 X-1s（X-1A，X-1B 和 X-1E）上，对马赫数大于 1 的区域进行了探索。只有在该系列完成了部分飞行研究任务后才可进行安装。X-1E 上安装的弹射座椅是第二架 X-4 飞机上剩余的。该系列飞机研究动态稳定性、空气负载调查、机身建筑材料中的热传研究与改进以及马赫数高达 2.5 的动力技术。座椅地面测试包括用样件证明飞行员的骨骼不会接触到任何固定装置或设备，提前弹射、打开的座舱盖也不会接触到飞行员，这也是飞行员希望的安全因素之一，关键时刻能保护他们的生命，而不是夺走他们的生命。

6.2.2　"天空闪光"和"天空火箭"（1947—1956）

这些飞机与 X-1 一起都进行了跨声速研究，马赫数逼近 1。它们具有零对零逃逸能力，这意味着在跑道（零速度、零高度）末期，按下按钮进行弹射时，仍能弹射。也可以选择抛弃机头部分，然后通过启动第二手柄，座椅靠背脱落，使得飞行员离开座舱，使用降落伞着陆（Hunley，1999，pp.39）。

6.2.3　X-2，不同的方法（1952—1956）

X-2 计划的设计目标是在 X-1 系列的基础上将速度和高度的

上限尽可能地提高；另外，研究后掠翼技术也是一个重要目标，就如同飞行实验室研究气动加热一样。X-2 设计最重要的一点是飞行员的安全性，即努力提高飞行员在高速和高空中的生存机会。它还帮助研究乘员逃逸的可选类型，这可能将应用在未来军用飞机上。因此，贝尔（Bell）的设计人员设计了可弹射乘员隔间与机头部分。在该设计中，四个爆炸性驱动气体活塞位于舱壁背面四周（包括飞行员座椅），相互相差 90°。弹射发生时，气体驱动活塞理论上会将机头和加压舱与后段分离。分离之后，直径 2.4 m 的带式降落伞在后方舱壁中心自动展开，速度为 150 m/h 并接近较低高度时稳定座舱，方便飞行员进行个人逃生。当达到 4 600 m 的正确高度时，音频警报装置会响起。当飞行员的供养需求研究显示跳伞高度更加合适时，6 000 m 的初始高度会降低。

图 6-1　贝尔 X-1

　　然后飞行员须手动打开舱口盖，使用座包式降落伞离开乘员座椅。若飞行员为半昏迷状态或受伤，有声气压报警装置就会发出响声，显示低空弹射限高。当然，这表面上看起来很好，但在 1948 年

8 月进行的测试时却出现了很多可疑问题。

411 kg 的 X-2 机头横型安装了数据采集设备，该飞机搭载在二次世界大战中 V2 火箭的顶部，从白沙导弹基地发射升空，代码为 Blossom III。当飞机抵达 4 600 m 高度时，正是发射后 101 s，垂直速度为 61 m/s，整流罩分离后，机头部分按计划降落。实验硬件上记录的应力在分离时为 15.84 g。尽管如此，但飞行高度比实际 X-2 设想的要高得多（飞行上限为 38 100 m）。回收伞在展开过程中性能减弱，其他数据也不确定。该系统再未进行其他试验。1957 年 9 月 27 日，飞行员梅尔·阿普特（Mel Apt）在 X-2 最终飞行时使用了一次该系统。飞行过程中，在动力飞行结束时，阿普特驾驶飞机失控，途中滚动速率增加，根据机载记录，产生的重力 g 和攻角变化将阿普特抛入机舱。阿普特恢复了控制后，在 12 200 m 高度处弹射出机舱，但因为某些原因，阿普特未能解开座圈带，最终没能或没有时间跳出快速下降的座舱。在座舱接触地面时阿普特死亡，他的身体部分弹射出座舱，此时座舱完好无损但受到了严重挤压。碰撞速率估计为 190 km/h（±8 km/h），而飞行员座椅的减速力为 90 g（±40 g）。

6.2.4　X-3，"短剑"（1952—1956）

X-3 飞机设计目标是研究马赫数为 2 长达 30 min 的高速飞行，它也是第一架依靠自身动力起飞和着陆的机型，而不依靠空中发射。该飞机上的弹射座椅为尾翼稳定，飞机指向下方，而不是上方。这也是用来在正常飞行时进入和离开座舱的方法。在轨道上滑行时，座椅部分要低于地面，随后与飞行员捆在一起，机械地吊起背对机身，并固定在位置上。系统测试包括大范围的模型和测试结构，用于研究非常新的飞行员高速弹射方案。随着技术的飞速发展，这很快就过时了，但却是今天的技术原型。

6.2.5　X-4，无尾研究（1948—1953）

X-4 为涡轮喷气式飞机，设计目标是研究半尾或无尾结构下跨声速（$Ma=0.85$）飞行。X-4 也是第一架设计和安装整体弹射座椅的 X 系列飞机。

6.2.6 X-5，后掠翼和可变后掠翼研究（1951—1955）

X-5 的弹射座椅装有无烟火药筒，由轨道系统引导，直至它完全离开乘员舱区域。

6.2.7 X-13，垂直起飞和着陆研究（1955—1959）

X-Plane 是美国垂直起飞和着陆（VTOL）技术的先驱者，它采用专门制造的输送、发射和回收拖车，与传统的起飞和着陆后的飞机不同的是，它垂直起降，将航空器自己吊到其尾翼上。具有讽刺意义的是，在吊到尾翼上后，象征飞行员的座椅将与发射台接触，弹射时只能向侧上方弹射，而不是像标称航空器弹射座椅一样直接向上弹射。为确保安全，弹射座椅可进行旋转（只可在俯仰轴旋转 $45°$）。由于具有零-零性能，它最初只有一个执行机构，后来两边各有一个，制造商为美国科罗拉多州科泉市的斯坦利航空公司（Stanley Aviation）。

6.2.8 X-14，垂直起飞和着陆技术的发展（1957—1981）

该项目研制时间很长，航空器更新了两次，但受质量限制，并不适合安装弹射座椅。因此试验条件限制在 $3.5 \sim 4.5$ m（或更低高度）或 760 m 的高度，这样才能确保单引擎故障恢复或飞行员利用降落伞降落的安全。

6.2.9 X-15，挑战大气层边缘极限（1959—1968）

X-15 在 X-plane 系列中非常著名，仅次于珍贵的 X-1 和提议中的 X-20 戴纳索尔（Dyna Soar）。3 架 X-15 在 10 年内共进行了 199 次自由飞行，先后创造了 $Ma=6$ 和 76 km 以上的世界纪录，达到大气层边缘并返回。在这样的速度和高度下，改进型弹射座椅必不可少。早期研究的特征是带有空间舱或弹射座椅，X-15 首次有意义的飞行由北美航空公司的试飞员史考特·克劳斯菲尔德（Scott Crossfield）完成。最终，X-15 的弹射座椅可以在 $Ma=4$ 以下和36.6 km 以下使用。为保持座椅稳定性，X-12 机翼上安装了一对伸缩杆。该型座椅携带了两个氧气瓶，供飞行员全身加压服在正常飞行和弹射情况下使用（NASA，2008）。

X-15 飞行中遭遇了一系列事件。座椅为火箭推进式，设计目标是在 167 km/h 的速度下进行安全弹射。若不充分保护好，疾风冲击会使飞行员致命，因此座椅设计的同时考虑了保护和安全。通过将脚向后蹬打开脚链，并推动鞋尖前方的导向板，飞行员能打开约束脚踝的座椅脚蹬。随着弹射手柄的升高，腿部束缚装置被打开，肘部束缚装置向内旋转朝向身体方向。同时拉动紧急供氧安全栓，可启动系统。

图 6-2　贝尔 X-2

当弹射手柄拉到 15°角的全行程位置时，则自动启动舱盖弹射。在抛弃座舱盖时，座椅弹射发动机启动并沿导轨弹出。在此期间启动计时器，以确定座椅分离和降落伞展开时间，火箭发动机点火，增加飞行器垂直尾翼上方的分隔距离（在所有情况下，允许飞行范围内）。座椅离开航空器时，伸缩杆和侧翼也展开保持其稳定性。在达到 4 570 m 高度时，机载传感器将通过抛弃头枕、解开安全带和快速断开所有连接（座椅左边），进行飞行员/座椅分离。人员救援降落中，降落伞将跟随。在自动分离系统故障时，应使用手动分离（Godwin，2000）。

　　由于开启弹射手柄会在不经意间触发系统，并在启动位置锁住系统——尽管只有在与座舱盖连接时才禁止启动——但在每次试验飞行之前，地面工作人员须通过窗口检查手柄是否处在安全位置。驾驶舱右侧的外部手柄可用于切断弹射启动连接，避免发生意外启动点火。另一个安全装置是为耐压服提供表面热电池，用于防止面板出现冰聚积，并帮助飞行员在不能识别自身正确的高度位置时对是否分离座椅进行估算。飞行期间出现了许多紧急但不需要使用弹射座椅系统的情况。1967 年 11 月 15 日在飞行至某一高度时就出现了致命情况，X-15 在下降时开始出现旋转或动力学解体，飞行员迈克尔·亚当斯（Michael Adams）在极度尾旋过程中可能迷失了方向或出现眩晕，因而未能从中弹射出来导致遇难。此时 X-15 的加速度增至 $\pm 15\,g$，远高于 $+7.33\,g$ 和 $-3\,g$ 的设计极限。

　　在早期阶段曾考虑从 X-15 逃逸的最好方法。整个弹射座舱更加复杂、更加沉重，但弹射座椅和救生伞系统应更轻更快，并使用现有技术。1955 年提出了弹射座椅的初步建议，但还需要进行更多工作来完善该建议。在一个接一个会议上，针对座椅提出了正面和反面意见，并进行了后续试验。1956 年 11 月，麻省理工学院完成了风洞试验，并取得了可喜的成果。X-2 试验机曾以弹射座舱为特征，但在飞行中没有挽救飞行员梅尔·阿普特的生命，因而支持弹射座椅方案的声音越来越多。1958 年至 1959 年期间，X-15 弹射系统在加州的爱德华空军基地进行了一系列火箭滑车试验，尽管早期遭遇了一些挫折，但还是取得了不错的进展。跳伞测试并不是其发展计划的必要环节（Houston，1959，pp.139-157）。

6.2.10　X-20，戴纳—索尔（从未超越的飞行阶段）

　　X-20 的目标是验证试验型载人机动飞行装置，包括超空间和轨道飞行设备，以确定载人飞船的未来军事用途。该计划由美国空

军几个载人飞船早期提案发展而来。X - 20 具有完全受控的传统军
用跑道，可垂直发射升空，和卫星一样进入运行轨道，最后在传统
跑道着陆。可以说，X - 20 是 NASA 20 年后发展的航天飞机的雏
形。所研究的飞行员弹射系统包括从完全没有逃逸能力到全封闭式
乘员舱。最终确定，仅在亚声速飞行时，每个乘员可能会拥有一个
传统火箭推进式弹射座椅。进入发射台可通过顶部舱口，但穿上耐
压服后行动会非常受限，更谈不上在紧急情况下使用了。显然，选
择弹射舱设计更加可行，能对计划进行改进以适合飞行状态。1963
年 12 月戴纳—索尔被取消。

图 6 - 3　利用载人滑车试验收集重要高重力载荷信息

图 6 - 4　弹射座椅升力体试验

6.2.11　升力体技术,"飞行的浴缸"(1963—1975)

1963 年至 1965 年期间研制了一系列升力体飞船,以开发钝体飞船低速运行和控制技术。M - 2、HL - 10 和 X - 24 均用于上述研究。早期的升力体(如 M2 - F1)不具备紧急情况弹射功能,但后来安装了轻量型韦伯火箭推进式零—零座椅。M2 - F2 安装了来自 F - 106 三角标枪截击机的模块化零—零弹射座椅。在标准飞行包线内,X - 24 系列(包括 X - 24A 和 X - 24B)采用火箭推进式零—零弹射座椅进行紧急情况下的飞行员安全弹射。

6.2.12　从音障到航天飞机及以远

近 30 年来,加州爱德华空军基地的飞行研究计划一直支持高速度、高海拔和新技术的发展,不仅包括军事航空技术,还包含有翼飞行器进入空间、飞行器安全和商业改进等理论,这些不但可用于

军事，还可用于民用航天技术与设计。这些研究一直支持着 NASA
航天飞机的发展。随着 2010 年计划中航天飞机的退役，NASA 又开
始计划类似于阿波罗的空间舱结构。尽管如此，维珍银河公司仍计
划实现个人太空旅行。根据太空船 1 号和"白衣骑士"先期飞行的
演变（"白衣骑士"曾在 2004 年获得 X - prize 大奖），太空船 1 号的
乘员逃逸并不是通过弹射座椅。但人们觉得这些都太过沉重和昂贵。
相反，一旦前舱口被打开和脱落，乘员就会跳伞。幸运的是，它们
不需要在飞行中进行试验。无疑，良好的乘员逃生系统须不断进行
改进，以支持乘坐太空船 2 号的个人太空旅行。

6.3　东方号飞船、单座椅弹射

根据历史记录，苏联航天员尤里·加加林于 1961 年 4 月 2 日乘
坐东方号载人飞船环绕地球一周，在太空停留 108 min 后安全返回，
成为了人类第一位登上太空的航天员。他向人们证明了人类确实可
以进入太空，执行有效的观测任务，但同时需要经历艰难的再进入
大气层和着陆阶段。苏联人利用弹射座椅的方法执行发射中止和着
陆逃逸，确保了尤里·加加林在发射和着陆阶段的安全。

6.3.1　系统研制

可以说，载人飞行的理论是由俄罗斯学者康斯坦丁·齐奥尔科夫
斯基（Konstantin Tsiokolvsky）和载人航天先驱者们（如谢尔盖·科
罗廖夫，苏联航天器和火箭主要设计者之一）先后完善的。苏联早
期载人飞船计划东方号载人飞船的发展已在本书所属的系列书籍中
介绍过，并在其他书籍中进行了完善（Hall and Shayler，2001；
Siddiqi，2000；Abramov and Skoog，2003），下面再深入研究。

20 世纪 40 年代末，在米哈伊尔·吉洪拉沃夫（Mikhail Tik-
honravov）率先对亚轨道飞行两人舱进行了研究后，1955 年，苏联
OKB-1 设计局谢尔盖·科罗廖夫率领大家考虑了 5 种以上不同型号

垂直（亚轨道）飞行的飞船。利用小型 R-5 火箭进行载人亚轨道飞行的研究已被放弃，取而代之的是利用较大的 R-7 ICBM 火箭搭载载人飞船进行发射。各种飞船的设计包括有翼航天器和圆鼻型运载器，采用能在进入阶段减少火箭应力的球形设计（称为 OD-2），而不是圆形头和球形底座设计，前者设计更加简单，能帮助克服障碍。由于在进入大气层后航天员会从舱内弹射出来，进行跳伞着陆，因此空间舱的回收并不是优先考虑的部分。

　　所谓的 Object 3K 载人飞船是 4 种衍生型号之一，用于探索载人和自动化科学的研究与开发以及自动化军事侦察。下降舱（称为 SA）内包括固定在弹射座椅装置上的航天员，其中弹射座椅装置可用于发射中止和任务末期回收。经过研究后可以发现，为下降舱内的乘员提供合适的软着陆系统进行着陆回收，对于首次飞行而言太过复杂和耗时。根据计划，可以选择搭载在更加先进的飞船上，后来称为联盟号飞船。下降舱的尺寸由 R-7 运载火箭的发射容量和大小决定。因此，东方号飞船下降舱的质量约为 2 400 kg，直径大于 2.3 m。弹射座椅和航天员的总质量约占整个飞船的 7%。

　　这些研究均支持提供逃逸塔，类似于美国水星号飞船，但东方号飞船使用弹射座椅系统取代了逃逸塔。在科罗廖夫的施压下，莫斯科 OKB-81 设计局的首席设计师伊万·卡图科夫（Ivan I. Kartukov）开始研制 Object K 载人飞船。卡图科夫主要负责当时苏联导弹固体火箭加速器。他提交的设计对于 R-7 火箭上的飞船发射质量而言太过沉重。卡图科夫担心减轻系统质量会对系统造成附加的应力，从而增加失败的可能性，以及乘员不幸需承受它的风险。因此，尽管卡图科夫恳求继续减轻质量，但东方号飞船的逃逸塔仍被弹射座椅系统（飞行 40 s 左右被释放出来）所取代。如果出现问题，那么将发出地面指令炸掉外部舱口，并启动座椅上航天员弹射和跳伞程序。OKB-81 设计局继续参与了逃逸系统的设计，支持复杂外部舱口系统的研制，前提是弹射座椅须在不对航天员造成伤害的情况下进行分离（Siddiqi，2000，pp. 196）。

6.3.2　系统运行

由于东方号飞船未装备发射逃逸塔，因此航天员在飞向轨道的整个阶段均固定在弹射座椅上。如果出现问题，在动力飞行前 40 s 内有希望进行标准降落伞着陆，东方号飞船的 6 项载人任务都是采用这种方式着陆的。

由于航天员是捆绑在座椅上的，因此应在舱口密封间对航天服和系统进行最终检查。在东方号飞船内部，航天员躺在半倾斜与水平方向呈 65°位置。这种设计可同时确保弹射出来和离开运载火箭（可能会发生爆炸）时的正确姿态，以及使抵达轨道期间的加速度力最小化。在偏离预定飞行轨迹事件中，下降舱的外部舱口将会采用爆炸分离手段从而导致一系列事件的发生。随后航天员拉下弹射手柄，座椅下方的两个固体燃料动力弹射火箭将启动弹射。座椅和航天员将穿过气动保护罩侧面（可在长达 180 s 内保护飞船，直至进入正常飞行状态）的开口，沿着轨迹弹射出去。在抵达足够的高度后，航天员将从座椅分离，利用个人降落伞进行着陆。

在系统试验中，座椅从飞船弹射的角度会从横向调节为稍微向前，以避开火箭上升的气流，增加安全分离距离。座椅上还安装了一把特殊的"枪"，它的"弹药筒"是一根连接在座椅回收降落伞顶部的绳索，可以用来增加降落伞的膨胀性，在较低高度进行稳定和减速。

东方号压力服是逃逸系统的一部分，其中 SK - 1 供男性航天员使用，SK - 2 供女性航天员［瓦伦蒂娜·捷列什科娃（Valentina Tereshkova)］使用。压力服可以在弹射高达 8 km 处为航天员提供保护，在降落伞着陆前 10 km 高度内提供氧气。

首次载人飞行之前完成了各种地面和机载试验。这些弹射系统试验均为无人试验，采用逃逸塔试验轨迹，从高空飞行器的背部弹出。项目评估阶段曾对人体模型、动物和试飞员进行试验，以确定座椅和回收系统的弹射轨迹。20 世纪 50 年代，人们从高空探测火箭或亚轨道研究飞行器弹射较小的非承压或受压容器试验中获得了不少宝贵经验。这些经验对东方号飞船研制类似速度和高度的弹射座椅系统非常有用。

东方号飞船弹射座椅和耐压服由 Plant 918 公司研制，首席设计师为居住在 Tomilino 的西姆仁·阿列克谢耶夫（Semyon Aleksaeyev）。该公司于 1952 年创建，任务是研制军事飞行员穿的高空压力服。该工厂后来演变为研制用于空间飞行和乘员救援的压力服也非常合理。该公司通常也称为红星（Zvezda）公司。

6.3.3　不携带逃逸系统的东方号飞船

东方号飞船的 6 项载人任务均未启动发射逃逸系统，尽管如此，每项任务在着陆阶段的标准飞行条件下都使用了该系统。经过改进（在研制可在地面软着陆的联盟号飞船之前），东方号飞船可以搭载多名乘员，出现了首位航天员（东方 1 号飞船，1964 年 10 月）和首次太空行走（东方 2 号飞船，1965 年 3 月）。东方号飞船可以容纳 2～3 名航天员，舱内不再为乘员配备弹射座椅，此外，由于在设计的最后阶段时间太紧，1）东方号飞船无法安装发射逃逸塔；2）东方号飞船需要赶在美国更先进的双子星座飞船之前发射，因而时间紧促。双子星座采用弹射座椅系统，搭载两名乘员。东方号飞船是首个也是迄今为止唯一不提供乘员逃逸或发射紧急事件或运载火箭故障补救措施的载人飞船。尽管还规划了其他任务，两名东方号飞船的乘员在进入轨道时都很幸运，运载火箭顺利发射，将他们安全送达地球轨道。

6.4　双子星座飞船：双人弹射

如早期所讨论搭载 2 名乘员的双子星座飞船（原名为水星标志 2 号），初始设计中，不安装逃逸塔，而是采用两个弹射座椅，在发射中止事件中使用。水星号飞船则在顶部安装了一个质量较大的逃逸塔（成功发射的飞船上并不需要，和载人飞船本身的运行基本无关），有助于双子星座飞船重点关注其逃逸系统。此外，弹射座椅内部也相应安装了新型模块化系统。

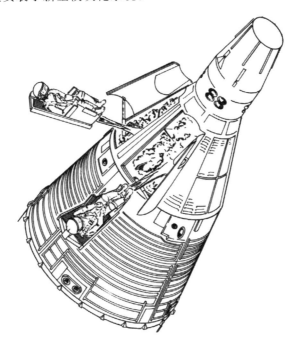

图 6-5 双子星座飞船弹射座椅逃逸

6.4.1 载人的大力神运载火箭

利用阿特拉斯（Atlas）运载火箭发射水星号飞船时，在火箭分离阶段，其携带的燃料（液氧和碳氢化合物，称为 RP-1）是一种高爆炸性混合物，这个问题很严重。水星号飞船上的自动系统和逃逸塔需要从潜在的火球中快速分离出来。弹射座椅无法为及时弹射出航天员提供足够的功率。美国空军使用的新型大力神 2 号（Titan II）运载火箭，也可用于空间项目。该火箭功率更大，能轻松发射水星号飞船。大力神运载火箭的燃料为自燃型，因而不太猛烈，且不需要点火系统——它一旦接触便可燃烧。因此其内部不需要太多继电器，可以和冗余系统一起改进火箭的安全性和适人性。迄今人们也无法判断大力神和阿特拉斯谁的爆炸力更强，但在大众的呼声下，研制人员和管理人员开始执行新型水星标志 2 号计划，即后来的双子星座飞船。双子星座飞船和水星号飞船一样，具有灵活的翼回收系统，但不携带降落伞系统，其舱门也不是靠铰链转动打开进行舱外活动的。

为了提高运载火箭的可靠性，乘员被赋予了决定中止权，这样系统设计更加简单，通过包含一个冗余指导双重控制系统，火箭的可靠性得以增加。大力神 2 号运载火箭最可能出现故障的部分在第 1 级。信号过强导致制导与控制系统故障，发动机喷嘴会偏向一侧，推力线会发生偏转，最终运载火箭会偏离预定飞行轨迹——转向侧面，甚至发生翻转导致气动毁坏。自动中止发送系统能对上述情况进行识别，并及时启动中止系统，但航天员可以吗？因此为第 1 级火箭增加了另一套制导与控制系统，以提供冗余和几乎消除对自动中止系统的需求。显然，大力神 2 号运载火箭试验计划并不是可靠的，但这些问题可以解决。在飞行中，该载人飞船运载火箭的可靠性得到了证明（Shayler，2001，pp. 168 - 174）。

6.4.2　双子星座飞船逃逸系统

双子星座飞船逃逸系统的目标是在零速度 30 m 高度至 12 190 m以上高度和 305 m/s 的速率范围内，进行发射台中止逃逸。这个距离从几乎静止状态开始至高马赫数，对系统设计人员提出了挑战，如水星号任务有效试验计划向适人性系统的演进。水星号飞船弹射座椅系统的设计规格为 30 m 高度和零速度（大力神运载火箭顶部，发射台上）至 4 510 m 和 $Ma = 0.75$ 的速度。在主要回收系统中，逃逸座椅系统作为发射阶段应急逃生的备用设备。经过仔细考虑发射质量限制、大力神 2 号的能力以及在下降和再进入阶段为两名乘员提供足够可靠地逃逸选择（主要与备用）后，双子星座飞船最终选择采用弹射座椅。

6.4.3　系统介绍

发射逃逸座椅可为双子星座飞船提供双重保障，包括为从发射台发射入轨、在轨飞行和标准进入与着陆等这些标准动力飞行阶段为航天员提供保护，在发射和着陆阶段帮助乘员逃逸。每个座椅系统由大量安装在分系统中、可连续运行的元器件组成。双子星座飞船的弹射座椅的主要分系统介绍如下。

（1）舱口驱动系统

用于打开乘员座舱舱口。该系统可通过拉动任意乘员两腿之间的手柄来启动，这样就可以启动一系列与执行机构相连的温和爆炸燃料，使燃料棒朝上开启舱口，并在外将其锁住。该系统的目标运行高度是21 340 m，保持该高度处、设计速率下打开舱口的气动力。

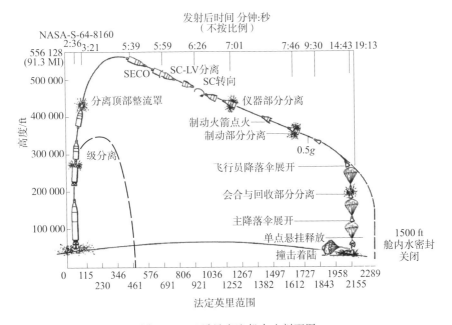

图 6 - 6　双子星座飞船中止剖面图

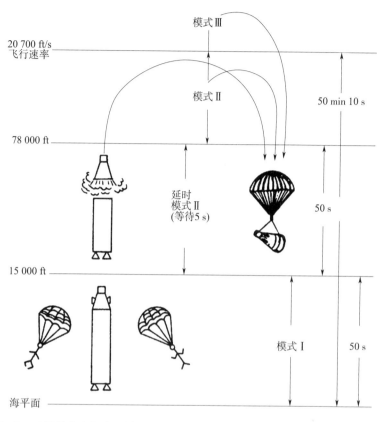

图6-7　双子星座飞船中止详细过程：模式Ⅰ，系统关闭后弹射；模式Ⅱ，系统
　　　关闭后制动火箭齐射；模式Ⅲ，系统关闭后，分离、转向和点火

（2）座椅安装系统

对于军用飞行器类型的设计，座椅材料大部分为强度质量比较高的钛和铝。座椅区域的背部装在火箭弹射器结构附近，航天员的重心位置，也是距离火箭发动机推力矢量最小距离处。侧面板也可提供完整结构，以支持手臂部分、座板和座椅背部。该系统通过座椅背面的6块钛板，由扭矩滑轨装置与飞船连接，可在运行期间支持不同的重力载荷。

为提供弹射人和座椅系统所需的推力，飞船设计了火箭弹射器

（ROCAT）。设计极限根据运载火箭发射故障来定义——最临界的逃逸轨迹。对运载火箭爆炸和其他数据进行半规模试验，根据火球预计的最大半径来计算，通过计算结果和热流研究，确定 ROCAT 的标准。

为保护座椅上航天员的安全，飞船须提供足够的约束系统，以便在动力飞行、零重力限制和弹射模式下使用。对航天员进行适当约束后，即可确定标称重心。尽管如此，但弹射过程中的外力（如爆炸或无意识的头部运行）会对此造成影响，须在 ROCAT 推力矢量中对此进行弥补。约束系统包括玻璃纤维、脚蹬、护肘、腿带、腰带和肩带。V 形头枕也有助于控制航天员头部的侧向运动。

为固定各种支持设备，座椅设计中还包含一块背板。背板上安装了降落伞、球伞、救生背包和烟火设备。肩带惯性系统也安装在背板上。肩带位于背板顶部，顺着惯性卷带移至底部。通过使用控制按钮，可在手控或自动模式下运行。手控模式意味着能固定乘员，但无法扩展他们的活动范围。自动模式下，速度提高到 2～3 g 之间时，肩带可自动锁住。卷带长度可拉伸至 48 cm。

座椅系统中还包括出口设备，安装在座椅底板上，可在高空中止弹射期间为航天员提供氧气和增压。当氧气压力增至 124 bar 时，依靠 0.016 kg/min 的稳压器和航天服节流阀，便可将气流压力减至 3 bar。脱掉航天服时，气流会穿过节流阀和减压阀，将氧气排出飞船外部，在 10 670 m 高空上方弹射时，保持航天服压力为 0.25 bar。通过在弹射时座椅运动拉动绳索可实现。

（3）降落伞系统

座椅与航天员在 2 290 m 高空分离时，使用气球形状的"气球伞"保持降落乘员的稳定性。该系统采用尼龙涂覆织物制成，4 个芦苇形状的通风管通过充气系统对其充气。由于最小直径为 1.2 m，因而可避免座椅分离时引起的翻滚运动，并抑制未来可能出现的翻滚。它还可提供降落伞标称展开所需的脚向下姿势。下降速度减小至 9 m/s 时，它还可限制水平螺旋速度低于 45 r/min。双子星座飞船的个人降落伞为 8.5 m 标准直径的扁圆形，军用 C - 9 座舱盖。副伞可在主伞展开时提供帮助，涤纶安全带打成双八字绳环用于固定航天员。这些均为个人设备，可利用胸带调整至舒服和合适状态。另外，它还具有快速断开功能，减轻和加速设备卸载。

（4）逃生设备

逃生设备保存在两个容器中，一个装置在左前方的背板上，另一个在后方。

6.4.4　弹射顺序

在决定中止发射后，其中一位航天员至少用 117.6 N 的力拉动两腿之间的弹射控制手柄，拉动 12 mm 处激活点火装置，释放双撞针引爆传爆装药和舱口驱动器，点燃推进剂后的热气，将气体推入活塞中，强行打开舱口，并在开门位置将其锁住。拉动弹射手柄并打开舱口的全过程历时 0.3 s。

座椅弹射初期气压为 35 bar，气体通过舱口驱动器的弹道管进入舱内。通过继电器充电激活后，座椅点火装置会启动火箭发动机，这样座椅就会穿过弹射器的保护，弹出舱外。火箭上安装的双元点火器可提供冗余。火箭烧毁后 108 s，航天员仍捆绑在座椅上。若发生高重力弹射，则可以进行动态压力衰减。随后弹药筒将点燃杆状机械联动装置，并将航天员从座椅上弹射出去。

之后，气球伞通过无液控制装置打开，负责保持航天员的稳定性。在 2 290 m 上空会出现 5 s 的弹射延迟来进行动态压力衰减，由此可减少附加的开伞动载。在 2 290 m 以下高度间，释放出来的撞针无法点燃，这时切割器将切断伞绳打开降落伞。在 2～3 s 的延迟后 1 740 m 高空处，主引爆炸药会产生气压，推动乘员扔掉相当于 10 盎司（1 盎司＝28.350 克）的"弹头"，此时乘员与减速伞顶部相连，在伞舱外拉出主伞的 1/3。引导伞充气后拉出剩余的主伞。延迟 5 s 后，开启引导伞产生的高压气体也可用来启动设备抛弃程序。执行切割约束带、断开安全带和释放喷射液氧三个指令后，氧气管和电缆将从出口装置分离出来。随后，座椅背板和出口装置脱落，仍然连接的只有救生装备系绳。此时，救生工具和系绳位于正在降落航天员的下方，其余的设备则在向地球作自由落体运动。此时距离航天员拉动弹射手柄、离开座椅的时间正好为 1.5 s，弹射时高度为 1 740 m，距离航天员自由抛弃设备少于 7 s。若在 1 740 m 上空，则该时间为 5 s，该时间根据高度不同而变化。

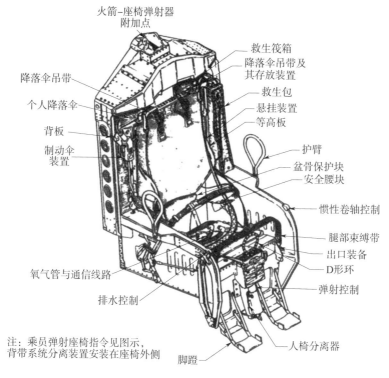

图 6-8　双子星座飞船弹射座椅细节图

6.4.5　试验计划

双子星座飞船逃逸系统对其适人性进行了大量试验和评估，包括风洞试验、静态试验、空投与人体降落试验、模拟发射台弹射试验、运载轨迹试验以及大量质量检查测试（包括火箭滑车试验、模拟发射台弹射、回收与救生系统飞行降落试验、地面检查测试以及高空弹射试验）（Ray and Burns，1967）。下面分别对上述试验进行详细介绍。

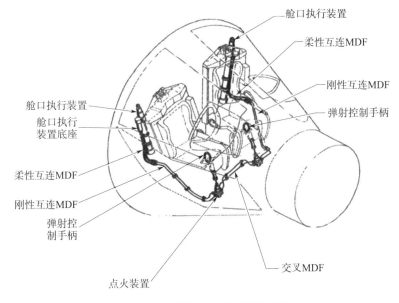

图 6-9　双子星座飞船座舱细节图

（1）风洞试验

试验条件是人椅系统马赫数在 0.5～0.8 之间。试验目标是获取组合系统在不同高度进行弹射时的空气动力特征。试验数据可用来确定轨迹计算结果和飞行特征，以及在此类极限高度和马赫数下类似结构的有效信息。通过该试验可获得更加明确的数据。试验采用相同模型完成三个系列的试验：20％的模型进行自由气流试验，10％的模型进行火箭喷射与临近效果试验。

在试验中，系列Ⅰ使用 20％的模型来确定各种俯仰角，系列Ⅱ则确定各种偏航角。这两个系列都可获得侧滑 90°时的附加数据。在系列Ⅱ中使用了 10％的模型来确定火箭喷射时以及接近舱口打开时的效果。这几种风洞试验包括座椅从轨道、舱口座椅弹射点以及这两个位置的中间分离。系列Ⅲ的试验目标是确定完成初始试验后需要进行哪些改进。此处的改进也纳入设计中，包括缩短座椅的垂直高度和提升航天员的脚部位置，推测出最佳扶手角度和降低扶手高度，以及增加更大的靠枕。系列Ⅱ中的试验马赫数均在 0.5～3.5 之间进行。

气球伞风洞试验可确定伞的张开特征和阻力效果。对人伞的稳定性参数也进行了研究。低速试验使用 1/4 大小的模型和 1/6 大小的模型，首次超声速试验采用 1/4 大小的模型，第 2 次超声速试验同时使用 1/4 大小和 1/6 大小的模型。两次超声速试验也采用全尺寸模型完成。为扩大数据的范围，也需要进行一系列低速试验。

（2）静态试验

在进行一系列静态试验之前，需要广泛计划台架试验和单个组件的试验，以验证设计演化过程中弹射顺序中的一项或多项事件。

分离试验主要用于确保系统的所有改进均不会妨碍航天员从座椅的完全分离，并对研制和试验阶段使用的人体模型进行验证。试验包括将人体模型放置在座椅上，随后启动分离系统。该试验也能确保根据设计进行实际分离的顺序。

一系列的火箭弹射器试验主要用于探索双子星座飞船设计之外的能力与范围。因此需要完成一组静态火箭试验，以研究飞行时数（为未来计划提供数据）的限制，因此，若双子星座飞船弹射座椅系统适合这些新计划，则可在补充试验中节省时间和成本。在早期试验中，座椅下方会出现推力瓦区域结构损坏，因而需要对设计进行修改。为测试这些变化，需要将人体模型安装在座椅上，位于轨迹之间的混凝土基座上。弹射器利用反作用力启动，并推动火箭滑车沿轨迹运行。火箭发动机随后点火，确定新设计的推力矢量。其他静态试验均在高空模拟室完成，以确定各种不同高度处的性能。

图 6-10　双子星座航天员弹射顺序

此外，1963 年还完成了 3 次飞行试验。首次飞行试验于 4 月 19 日进行，同时获取最优轨迹和对下一步的设计改进进行评估。该装置沿试验轨迹降落了 217 m，距离中心线右侧 15 m。第 2 次和第 3 次试验于 9 月 17 日和 18 日进行，目标是获得座椅轨迹的详细数据，并对最大偏心率进行预测。因此，第 2 次试验沿试验轨迹降落了 149 m，距离中心线左侧 5 m，第 3 次试验沿试验轨迹降落了 168 m，距离中心线左侧 70 m。

（3）背带试验

最初该试验使用人体模型对结构负载和人员救援降落伞背带的舒适性进行评估。首先，随着试验继续进行，随后移至高塔，可为静态拉动和动态降落试验均可提供驱动力。早期试验结果显示，海军伞盖的释放无法阻止过早开启，因此试验对象改为空军装置，它可提供更多的弹性加速度和负载，因此该装置集成到了双子星座飞船计划上。动态降落试验共进行了 9 次，试验中 136 kg 的人体模型从高塔降落。下降范围为 3.5 m 至 4.8 m，峰值作用力在 0～567 kgf 之间。

舒适性试验也考虑了乘员跳动的情况，而不是人体模型，但是用的高塔和预计的名义负载一样。这证实了负载下背带的性能，若在双子星座飞船计划上使用该系统，则不会出现意外情况。在此阶段共完成 7 次试验，从 1.6 m 的下降距离和 394 kgf 的峰值动力到 2.1 m 的下降距离和 789 kgf 的峰值动力。

（4）空降试验

空降试验采用研制计划的全过程，不仅验证系统、程序和设备的功能，还包括随着研制的进行，验证设计中融入的各种改进措施。这些试验的结构随着评估设备项的要求而变化。该试验为小型试验，仅与重力一起使用，尽管大部分情况仍使用人体模型。为试验气球伞，需要采用真人对系统进行评估。

1962 年 6 月和 7 月完成了首次降落伞下降试验，并试验了降落伞与其质量的关系，在 108 km/h，162 km/h 和 216 km/h 三种速度下，同时对两个系统进行试验。系统 A 采用标准 C-9 伞盖，106 cm 的引导伞，弹簧引导伞烟火装置，自动开启装置和矩形菊花链（装在 B5 型引导伞襟翼中）。系统 B 和 A 类似，不同的是它的菊花链被钢针锁住与制动伞装置连接。106 cm 的引导伞使用叶片取代了弹簧设计。结果显示，系统 A 可随高度而变化，但系统 B 是不变的；结合系统 A 早期的高塔试验，可决定是否继续对系统 B 进行试验。空降试验共进行了 19 次，高度从 305 m 至 396 m，其中 13 次为系统 A，6 次为系统 B。

1863 年 3 月和 5 月完成了第 2 批的 14 次空降试验。这些试验再次验证了使用人体模型时的结构。直升飞机和双引擎飞机进行了 5 次降落试验。在直升飞机降落试验中，人体模型悬挂在下方 61 m 处的绳索上防止气流下洗。在双引擎飞机降落试验中，系索从试验装置中放出来，同时打开制动伞装置开始进行试验。其他 9 次试验分别验证了装置上的不同气动负载。1963 年 3 月完成 3 次直升飞机试验和 2 次双引擎飞机试验，试验高度为 305 m。1963 年 4 月和 5 月使用 B-66，H-21 和 C-130 飞机完成了高度在 914～3 764 m 之间的 9 次降落试验。

图 6 - 11　高空降落伞试验

图 6 - 12　火箭滑车弹射试验装备

其中 8 次试验的目的是研究个人降落伞上排气囊的内部结构。这些试验可自动疏水并对降落在海面的降落伞放气。在发射中止期间，没有时间来确定这些排气囊是否会影响降落伞展开时间。通过使用直升飞机降落伞（具有或不具有排气囊）上悬挂的人体模型，试验结果显示了越来越多的排气囊被打开，随后它们被拆掉，并另外需要 0.75 s 的时间充满气，以进行发射中止弹射。

1962 年 8 月进行的试验中，飞机在高度 305 m，时速 162 km/h 时对全座椅系统上的人体模型进行了空投。这次试验在模拟发射后弹射（SOPE）6 号试验之前，对人椅分离和降落伞系统进行了评估。所有系统功能均按设计运行。

利用大型气球伞保持航天员的稳定性（早期风轮试验的后续计划）需要使用 91 cm 的气球伞和 45 cm 的单提升管，它们能为航天员的稳定性提供相互矛盾的结果。在一次新型真人试验中，使用了 91 cm 的气球伞，另外还包括一些特殊设备和 10.5 m 的 HALO 降落伞。试验特意为跳伞员模拟了混乱和迷失方向的环境。91 cm 的气球伞和 45 cm 的单提升管、以及 91 cm 的气球伞和 1.5 m 的系带均完成了数次试验。试验完成了 24 次跳伞，其中 4 次为单体模型，其余均为使用真人。低转速条件已经比较成熟了，但仍需要继续进行 1.5 m 的双系带试验，以减少装载变化问题和影响。

（5）人体降落试验

共完成 40 次试验（真人 17 次，人体模型 13 次）。使用人体模型的目的是与真人试验的效果进行比较。通过拍摄照片，可记录真人身体上特殊位置的加速力。通过安装在高塔上的双子星座飞船座椅（垂直方向 20°、水平方向 34°位置），制动系统可防止座椅沿着高塔结构向上移动。现场降落试验完成时间处在 1963 年 5 月至 8 月之间。

（6）模拟发射台弹射试验

共完成 12 次弹射试验和 45 次高塔试验，其中弹射试验采用整套座椅系统，模拟发射台中止情况。单弹射和双弹射试验共进行 8 次，模拟两名双子星座飞船乘员从发射台上的大力神运载火箭进行逃逸。遥测系统和图像资料均对结果进行了记录。这些试验完成时间在 1962 年 7 月 2 日至 1963 年 7 月 16 日之间。前 6 次为单弹射试验，第 7 次试验是首次双弹射试验，于 1962 年 9 月 26 日完成。这些试验结果均不同，并对其进行了合并。在首次试验中，由于分离器系统故障，人体模型未能分离。在第 2 次试验中，降落伞包裹住了人体模型。在第 3 次试验中，人体模型未能从座椅分离。第 4 次试验中，降落伞未能展开。第 5 次试验又出现了降落伞未能展开的情况，因而按要求增加了冗余制动伞开启装置。第 6 次试验是首次正常运行的试验。第 7 次试验，即首次双座椅弹射也成功完成。第 8 次试验只展开了一个降落伞。第 9 次试验原计划为双座椅试验，但更改为两次单座椅试验，两次均成功完成。第 10 次试验和第 11 次试验均为双座椅弹射试验，作为早期试验的结果，验证系统的变化。这两次试验均成功完成。

（7）履带车试验

共完成 4 次履带车试验（运行 6 次）。水星号飞船计划中使用了该履带车，双子星座飞船对其进行了改进，安装了飞船样机。试验中舱口为固定打开的，通过轨旁提供电源启动座椅。滑车推进为固体推进火箭发动机，发动机数量根据试验而变化。弹射后通过水槽（water brake trough）制动器可实现制动。人体模型试验目标是利用仪器记录加速级别、等级和事件，并结合滑车的遥测记录和高速记实图像，对事件顺序提供明确的记录。

1962 年 11 月 9 日进行首次试验时，安装了双座椅。试验目的是研究拖曳速度性能与结构完整性——未计划进行弹射时。推进式发动机第 3 级故障，导致发动机刺穿飞船样机，严重破坏了飞船，尽管如此，飞船仍在轨运行，随后进行了修补。获得数据后，设计和研制出新型推进式飞行器。1963 年 6 月 20 日，试验 2 原计划测试最大动态压力。尽管弹射速率比目标要慢，但仍获得了成功，两个人体模型均安全着陆。

试验 3 的目标是试验 15°偏航角条件下的座椅弹射，由于检测到试验速率超出规定，该试验被迫中止。1963 年 8 月 9 日进行了改进型试验 3A，所有任务均顺利完成。试验 4 的目标是在再入后的下降过程中模拟弹射过程，该试验非常成功。由于在试验 2 中弹射速率较慢，试验 5 是试验 2 的重复。人体模型使用降落伞着陆。鉴于质量鉴定程序中的时间限制，该试验没有继续进行下去。

（8）合格性试验

1964 年 6 月 4 日至 12 月 11 日期间，共完成 4 次滑车试验。该试验对高动态压力和模拟再入条件下的系统质量进行了鉴定。试验 6 和试验 7 非常成功。试验 8 中，左边的人体模型（首席飞行员）正常弹射，但右边的人体模型未与座椅分离，原因是左扶手/侧板未能与座椅分离，导致人椅分离器故障。经过校正，试验 9 顺利完成。

1965 年 1 月 16 日至 1965 年 3 月 6 日期间，完成了 SOPE 试验 12、13 和 14，以鉴定发射段应急脱离区域。试验 12 中，左边的首席飞行员成功弹射和着陆，但右边的人体模型未能成功弹射。这次故障原因是 ROCAT 提前点火，随后对试验 13 和 14 重新进行了设计，顺利完成了试验。

1965 年 1 月 11 日至 3 月 13 日，完成了回收与救援系统空降试验，以鉴定系统和弹射顺序，以及人椅分离后动态条件下其性能与完整性；其中包括 20 次人体模型试验和 18 次真人试验。人体模型试验高度在 1 740～13 650 m 之间，真人试验在 1 740～9 450 m 之间。尽管出现了一些问题和故障，所有的试验均顺利完成，满足计划目标要求。

地面合格性试验用于证明系统在最严格条件和负载下的性能，此外还包括附件和底板组件上的降落伞试验、个人降落伞回收系统试验以及飞行中止到再入期间的弹射试验。所有试验目标均已达到。

F-106B 战斗机用于高空弹射试验。共进行了 3 次：1964 年 10 月 15 日的静态地面弹射，证明了与双子星座飞船弹射座椅的兼容性；1965 年 1 月 12 日在高度 4 785 m、$Ma=0.65$ 时进行了亚声速弹射；同一天在高度 12 192 m、$Ma=1.72$ 时进行了超声速弹射。

6.4.6 双子星座飞船的飞行

逃逸系统鉴定计划的最后一次试验于 1965 年 3 月 13 日进行，比首艘载人双子星座 3 号飞船发射（3 月 23 日）提前了 10 天。从这一天至 1966 年 11 月 11 日，共进行了 10 次载人飞行，均未使用逃逸系统。1965 年 12 月 12 日，双子星座 6 号飞船在发射时出现中止弹射，这时（随后发现）大力神-II 运载火箭尾部的电插头过早断电，小型防尘罩阻碍了氧化剂流入气体发生器中。在起飞前 1.2 s，发动机停止工作，指挥员/飞行员对形势进行了评估，确定继续留在飞船中是安全的。做出这个决定主要基于接收的数据和他对形势的认识，3 天后再次进行了发射，满足双子星座 7 号飞船的要求（Shayler，2001）。

通过逃逸系统的研发和试验可以看到，过去三年是个漫长的付出过程，仅研制了一个逃逸系统，却没有进行实际应用。这无疑也表明了设计、研制和鉴定飞船救援系统需要付出太多的时间和做很多基础工作，而且这些付出和工作的成果是人们永远不希望使用的，但若其需要使用，则要求其安全性达到一定级别，而这种级别应由试验数据证实，其在救援系统设计范围内，能实现高出平均值的存活机率——当然，充足的工作时间是必不可少的。

6.5　双子星座飞船和载人轨道实验室

在研制双子星座飞船的同时，美国空军于 1963 年获得批准研制载人轨道实验室，计划使用大力神 2M（原著为大力神 3M，应为大力神 2M，此处 M 表示载人——译者注）运载火箭发射，搭乘改进型双子星座飞船军事飞行员。美国空军一直热衷于使用双子星座飞船，随后的载人轨道实验室计划是其巅峰之作。在乘员安全方面，最初计划使用逃逸塔，但基于 NASA 系统使用的双人弹射座椅，决定使用更加简单和低成本的方案，以节省时间和发射质量——这就是 NASA 首选弹射座椅，而不是逃逸塔的原因。

在大力神 2M 运载火箭开展的乘员安全研究，为上升段的载人轨道实验室乘员逃逸系统奠定了基础（MOL and Gemini B Office, various dates）。

在上升段，1 000 次飞行中遇难的乘员不超过 3 名。上升段发生故障的概率低于 32 000×10^{-6}，大力神 2M 运载火箭发生故障的概率低于 30 000×10^{-6}。不能对中止条件有任何违规操作，在任何时间点都应能提供中止发射的推力。

6.5.1　大力神 2M 运载火箭故障检测系统

大力神 2M 运载火箭的故障检测系统可自动中止固体火箭发动机工作，其工作的前提条件是：当角速度可能导致飞船失控、固体火箭发动机压力损失、管内压力出现异常或不恰当的 SRM 的分离时等。飞船还安装了冗余制导系统，在飞船失灵时进行自动切换。

也可以依据双子星座飞船控制面板上显示的信息手动启动中止

程序，这和 NASA 双子星座飞船一样。双子星座 B 飞船的逃逸系统包括：6 枚制动火箭的齐射或连射点火，手动分离飞船和逃逸操作，手动座椅弹射，手动中止，0 级、1 级或 2 级火箭推力，乘员监测推力性能、手动切换低故障模式等。

美国空军任务控制中心可对范登堡空军基地 6 号发射台的发射过程，以及出现缓慢漂移故障时的轨迹进行监控。他们会尽可能避免出现发射中止制约，通过制导系统分析预测飞船上升段可能的撞击点，对基本分系统性能进行监控。

6.5.2　双子星座 B 飞船逃逸模式

双子星座 B 飞船/载人轨道实验室发射时定义了 4 种逃逸模式。模式 A 为从发射台开始至发射后 30 s 内，此阶段的主要操作为用水冲击、终止运载火箭工作、6 艘制动火箭和弹射座椅同时启动并脱离飞船。模式 B 为发射后 30 s 至速率达到 7 315 m/s 时。随着推力的消失，2 枚、4 枚或 6 枚制动火箭同时启动"安全渡期"（ride - out），回收系统再入大气层并展开后投弃飞船结合部分。模式 C 为从速率 7 315 m/s 至发射后 488 s（历时约 20 s），这期间飞船将分离，火箭级间分离后需要一定的助推力实现预期的安全着陆，随后重返大气层、进入大气层和着陆。模式 D 用于中止轨道（至少两条）飞船，乘员通过手动控制，飞船与大力神 2M 运载火箭分离，通过乘员手动操作，飞船星载系统可提供附加加速度再次获取在轨速度，如有可能，可在正常进入和着陆后降低任务等级（备选或紧急情况下）。

在大力神 2M 运载火箭发射出现偏差时对乘员的生存概率也进行了评估。根据已知数据和收集的运载火箭故障模型及其资料，能确定导致这些故障的原因。通过模拟这些故障，确定相应的提醒时间。这可能会在上升段的任何时间导致发射中止。通过评估大力神 2M 运载火箭，可确定双子星座 B 飞船逃逸系统应对此类故障的能力。若需要中止发射，则数据会显示逃逸的可能性。随后，通过确定双子星座 B 飞船逃逸系统的设备可靠性（根据 NASA 双子星座飞船逃逸系统鉴定证明），以及 NASA 飞行性能参数，可以确定逃逸系统能否按设计要求运行（假设需要中止发射）。

某些评估的目的是通过进行适当的试验和故障分析，改进防爆系统，尤其针对载人轨道实验室上的一些低温材料。大力神 2M 运载火箭爆炸时，双子星座飞船乘员的逃逸会毁坏实验舱。

6.5.3　双子星座 B 飞船上用逃逸塔

载人轨道实验室的安全性研究也针对当前弹射座椅系统重新评估逃逸塔的使用。类似水星号飞船的设计采用高 386 cm 的塔式结构，可支持推力 29 484 kg、燃烧时间 1 375 s 和总冲力 40 540 kg/s 下的逃逸火箭。火箭设计还包括气动销钉，使用多节锁紧圈固定在返回舱上。

研究显示，只有 0 级火箭使用的逃逸塔能改进发射台中止模式和安全过渡模式逃逸，I 级和 II 级则需要增加防爆装置，因为该阶段使用制动火箭进行逃逸。尽管如此，在进度（已严重延期的计划）和成本（已开始逐渐增加）方面均存在高风险。因此需要进行广泛的试验，尤其是 NASA 双子星座飞船系列未试验的部分。双子星座 B 飞船、大力神 2M 运载火箭和载人轨道实验室计划均受到了很大的影响。等效载荷损耗和防爆装置的总质量增加已达 118 kg，预计成本较预算增加了 5 200 万美元。更重要的是，据估计，该系统中乘员的死亡率为 1.6 名/1 000 次。

6.5.4　备选方案

根据这些研究发现，防爆系统非常关键，能将乘员死亡率从 1 000 次任务 10.7 人降为 3 人。鉴于研制进度延期和成本超支等高风险，逃逸塔和防爆装置都应被淘汰。剩下的备选方案中，可对基础弹射系统进行改进，增加推力矢量控制、防爆屏蔽和"气枪"功能，在制动火箭运行时增加接合器部分的压力，在乘员舱分离后中止发射时提高火箭速度。

　　由此可得出结论，仅安装防爆装置是不可行的，因为它不具有发射台逃逸能力。若安装整套防爆屏蔽设备则太昂贵，质量太大。带有防爆功能的推力矢量控制系统则是一种很好的折衷办法，可在发射台中止时提供最高的生存可能性。模式 B 中的生存可能性，以及增加的总成本与质量较为适中。在"气枪"方案中，实验室部分总是发生故障，但乘员都得以幸存下来。尽管如此，若能提高技术水平，确保实验室不是一直发生故障，就更加好了。"气枪"方案主要用于最高的 Q 区域，对于发射台逃逸来说作用不大。因此，推力矢量控制系统是双子星座飞船启动实验室低温贮箱防爆系统的基础，可改进压力壳体结构和实验室前端圆头的爆炸极限。

　　在 1969 年 6 月取消双子星座 B 飞船/载人轨道实验室事件中，只进行了一次无人发射试验。那时阿波罗号飞船和苏联的联盟号飞船已在轨运行，这两艘飞船均采用逃逸火箭技术，而不是弹射座椅。尽管如此，其设计仍为新一代载人飞船，可携带多名乘员和更大质量的有效载荷，采用可重复使用的天地往返运输系统。乘员安全和救援系统方面，正在研究逃逸塔、多弹射座椅、乘员返回舱和发射原则等。航天飞机时代的来临为乘员救援（发射台、在轨和着陆阶段）带来了新的挑战。

6.6　航天飞机进入空间

　　NASA 航天飞机系统从 20 世纪 60 年代的早期研究开始，逐渐演化为可重复使用的空间运输系统。该系统的研制包括多年的空间规划与设计，可完全重复使用的航天"飞机"的概念的确可追溯到 20 世纪早期。NASA 航天飞机经历了复杂和漫长的蕴育过程，丹尼斯·詹金斯（Dennis Jenkins）在其关于国家 STS 计划发展历史的著作（Jenkins，2001）中很好地记录了这个过程，回顾这一历史也能激励读者，欣赏航天飞机设计中的一些改进及其安全系统和救援程序。

6.7　NASA 航天飞机发射情况

位于佛罗里达州的 NASA 肯尼迪航天中心和位于加利福尼亚州的美国范登堡空军基地（服务于美国国防部的极轨任务）均制定了航天飞机发射计划。1986 年挑战者号航天飞机失事后，美国取消了从加利福尼亚州发射航天飞机的计划，所有发射均在肯尼迪航天中心的 LC 39（发射台 A 和 B）进行，在阿波罗土星号运载火箭基础上进行改进，使得与航天飞机兼容。目前卡拉维拉尔角的发射设施也正在进行类似改进，从发射航天飞机转向星座计划。

在发射结构中，航天飞机和两个固体火箭推力器与外挂燃料箱连接，与发射台垂直（航天飞机上升方向）。发射救援设施在第 4 章中进行了介绍。发射时，3 个主发动机点火，航天飞机外储箱负责提供液氢（燃料）和液氧（氧化剂）。在确定了发动机推力无误后，两个固体火箭推力器点火，航天飞机即刻离开发射台。若发动机在固体火箭推力器点火前发生故障，则冗余设置发射程序装置将关闭航天飞机主发动机并中止发射。从发射至入轨期间，航天飞机均为低动力飞行，该阶段的中止受航天飞机结构、距离发射台的高度和距离以及速度的影响。

在标称上升阶段，航天飞机抛掉逃逸塔后，转为头朝下的姿态，以减少承受的大气压力。在地面计时时间 60 s 时达到最大动态压力；1 min 后（飞行 2 min 时），两个固体火箭发动机利用自身推进剂，实现降落伞分离和海面回收。3 个主发动机利用外贮箱的燃料确保航天飞机一直处于动力上升阶段。发射后 8 min 左右，外贮箱燃料耗尽，航天飞机主发动机停止工作。随后外贮箱被丢弃，重新进入大气层烧毁。航天飞机的两个轨道机动发动机点火，点火次数根据任务剖面而定，以完成入轨和点火次数。

目前在轨飞行长达 14～18 天，然后在低地球轨道进行制动点火，再入大气层，最终在跑道着陆。轨道安全要素和进入与着

陆条款见最后两章。此处我们主要关注发射阶段的安全运行与
救援。

6.7.1　早期发展

　　X - Plane 和升力体研究计划为可重复使用航天器的高速、高空
飞行与着陆作出了贡献，也为航天飞机的演进奠定了基础。在航天
飞机计划之前，阿波罗飞船之后，可重复使用航天器（包括载人与
不载人）研究已持续了数十年。对于乘员逃逸和救援系统，一些设
计将乘员舱、甚至整个机头部分都当做弹射部分被投弃后在地面安
全着陆。一些设计也利用吸气式发动机在运载火箭主发动机发生故
障时安排回收操作。上述两种设计中都包含回程飞行器，作为载人
飞行助推器和"轨道飞行器"。阶段 A 的研究考察了从 20 世纪 60 年
代末到 1972 年 7 月 26 日，最终授予北美罗克韦尔公司（North A-
merican Rockwell）合同期间的一系列先进概念航天器。前 4 年进行
了很多研究，设计和提案主要关注飞船总体设计与飞行剖面。Jen-
kins（2001）对 NASA 航天飞机的复杂性起源进行了详细介绍，这
里我们主要对发展历程进行介绍。

　　阶段 B 项目定义于 1970 年开始，一些竞标获得正式合同的航空
航天公司必须考虑结构安全性、设计与集成系统回收，尤其是在发
射阶段的乘员逃逸安全。随着多乘员飞船的提出，开始不再使用水
星号飞船和阿波罗号飞船使用的逃逸塔，研究的方向转向三大逃逸
领域：密封性弹射座椅，类似于北美试验性轰炸机 XB - 70 中使用
的；完全分离的乘员舱，美国通用动力公司的 F - 111 超声速战斗轰
炸机和美国罗克韦尔（Rockwell）公司早期研制的 B - 1A 超声速战
略轰炸机就使用了该概念；弹射座椅和压力服，美国洛克希德公司
研制的 A - 12/SR -71 高空高速无人机选择使用。唯一能救援 2 名或
2 名以上乘员的设计是分离乘员舱，人们发现这项设计不仅需要增加
研制成本和系统质量，而且还需要进行更多的研究和有效的先进的
预警系统。

1971 年 4 月，对需求文件进行了修订，在规划的试验飞行阶段增加了"快速紧急出口"的需求。试验飞行范围不断扩大，包括大气飞行试验——最初是通过机载吸气式飞机来驱动，后来安装在改装型波音 747 飞机背部——早期进行的 6 次轨道飞行试验。最终，OV－101 企业号航天飞机飞行试验和 OV－102 哥伦比亚号在轨飞行试验中均决定使用改进型 SR－71 弹射座椅，其目的是为两名试验飞行员进一步提供保护。尽管如此，在潜在的灾难逃逸中，这种保护作用仍很有限。在完成大部分试验飞行时（若未全部完成），未知的问题也许已经解决，则可类似于"作战飞机"那样，不需要为每个人安装弹射座椅、逃逸模块或降落伞，来决定轨道器的类型。

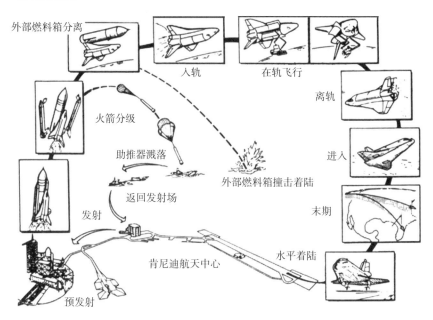

图 6－13　航天飞机任务顺序

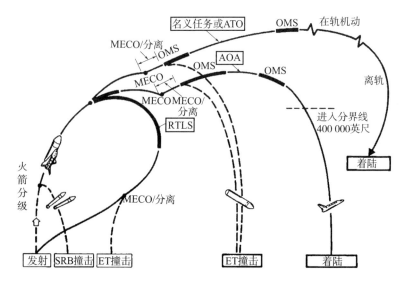

图 6 - 14　　航天飞机发射中止备选方案

MECO—主发动机中断；OMS—轨道机动系统

6.7.2　弹射座椅安装

　　企业号航天飞机在 1977 年所完成的进场及着陆测试项目，演示了航天飞机在跑道上执行无动力进场及着陆的能力，这也是航天飞机任务的最后阶段。两位飞行员都装备了改良后的 A - 12/SR71 洛克希德零-零型弹射座椅。1981 年 4 月到 1982 年 6 月期间，对哥伦比亚号进行的轨道飞行试验计划中的前 4 次飞行任务（STS - 1～STS - 4）也安装了这种座椅。从这 4 次任务中不难发现，当飞行员在发射台上坐在椅子靠后的位置时，弹射座椅能够前倾从而使飞行员能让自己更靠近仪器操作面板。最后一次飞行之后，这些弹射座椅在 STS - 5 任务中被禁用了，并于 1983 年哥伦比亚号执行 STS - 9 任务中被彻底拆除。

　　如果火箭失控、航天飞机着火或者航天飞机在水面或其他偏离预定轨道的陆地表面着陆，指挥员和飞行员都能够启动航天飞机

图 6-15　在轨飞行试验中乘员穿着的逃逸服

上的弹射操作。从发现异常到操作人员启动弹射程序再到离开火箭总共需要 15 s 的时间。正常状态下，弹射座椅在发射过程的第一阶段和低于 30 480 m 高度的滑翔飞行中都可使用。然而，在随后的研究中发现，尽管在低于 30 480 m 时还有着陆逃生的可能性，但在上升阶段，弹射出的机组乘员有可能暴露在由固体火箭助推器及航天飞机主发动机产生的烟雾中。除了已定义的发射中止方案，STS - 5～STS - 51L 任务都没有给机组乘员提供其他关于发射逃生的保障。

　　下面详细列举了在任务期间回收火箭和乘员组最可行的方案。发射台上的发射中止程序启动发生在固体火箭助推器弹射之前，这可以通过发射台应急出舱程序解决。在上升过程的初期阶段，根据火箭速度、高度以及故障位置等时机因素，从理论上讲是可以让飞行器返回发射场并降落在跑道上，这也就是所谓的"返回发射场"中止。当航天飞机飞越大西洋（或者从范登堡空军基地发射飞越太平洋）时，如果在返回发射场和能够爬升入轨以外的范围发生问题，则有可能要按弹道轨迹着陆。从肯尼迪航天中心发射的火箭在欧洲或非洲着陆，从加利福尼亚州发射的火箭在太平洋岛屿上着陆。这被称为"跨洋中止着陆"能力。如果问题发生时飞行器已经成功进入轨道，但是飞行器在轨道没有停留太久时间并且在地球自转一周后着陆，这时就得设计"亚轨道故障返回"模式。最后，还有可能出现一种情况，即航天飞机将被送入一个安全的但是较低的临时轨道。从这个轨道上，航天飞机可以提高轨道高度、执行修正任务或者早些返回地球。这是一种应急入轨情况，允许控制者和机组乘员用更多的时间来评估形势。

　　1986 年挑战者号航天飞机的失事引起了人们对发射期间乘员逃生这一难题的关注。人们评估了大量的有关弹射座椅、逃逸舱或逃生垫以及滑杆等方案。在不需要主体再设计和过高的开发成本的前提下，逃逸杆概念最终被选定为最合适的系统并合并到火箭上，避免了航天飞机编队完全搁置。这个逃生系统将在第 8 章中展开介绍。2003 年哥伦比亚号航天飞机失事后，对弹射座椅和逃逸杆的需求再次出现。哥伦比亚号事故之后，为指挥员和驾驶员重新安装两个弹射座椅，以及为其他机组乘员安装一个带有独立逃逸发动机和回收系统的救援舱的建议被提出来了。救援舱位于载荷舱内，有可能在不打开载荷舱门的情况下，要求剩余的机组人员（至多 5 名）从飞行舱和中间舱穿过气闸盖进入救援舱内，然后密封并分离救援舱。在火箭解体前留出了时间去启动救援系统，或者因太靠近地面而无法启动回收系统。重新设计航天飞机的前端部分以便于分离并降落是不切实际的想法，而且人们认为从一开始就在设计中融合上述设计会更容易些。最后人们决定在国际空间站完成之后退役航天飞机，开发一种新的运载工具重返月球并借此支撑美国国际空间站的运行。新的运载工具有着类似于阿波罗计划中发射逃逸塔的综合救援能力。对于剩余的航天飞机飞行任务，中止选项、逃逸杆、附加图片文件、在轨监测以及空间站为第 2 次营救提供的安全港仍然是唯一的选择。从 STS-51L 事故就可以确定，实际上没有任何一种乘员组救援或者逃逸系统能够应对 1986 年 1 月 28 日所呈现的那种突发事件。从 STS-5 到 STS-51L，机组乘员在所谓的"只穿衬衣的环境"中进行操作，他们只穿着飞行工作服而没有防护服。机组乘员会戴上蚌壳式头盔，用于在上升或者重返大气层（低于 15 240 m）期间舱压下降时的附加氧气供应。

　　轨道飞行器内部有一种被称为个人外出空气袋（PEAPs）的便携式氧气供应系统，它与早期的发射和进入头盔一起都可以被飞行中的舱外活动人员使用，用于在循环系统舱外活动除氮之前呼吸。个人外出空气袋安装在每个操作人员的座位上，由空气再生系统提供氧气。氧气通过可快速拆卸的柔软胶管供应，并可在脱离主氧气供给系统后为每个组员提供长达 6 min 的独立活动能力。轨道飞行器上安装有 10 个氧气系统定位件：其中 4 个位于驾驶舱尾部的中心控制台，4 个位于中间舱舱顶，另外 2 个在气闸内（*Space Shuttle*…，1984，pp. 302 - 303）。当挑战者号乘员舱最终从大西洋打捞上来时，人们发现在发射后第 73 s，随着火箭的爆炸，一些个人外出空气袋已经在挑战者号飞行舱内被激活了。

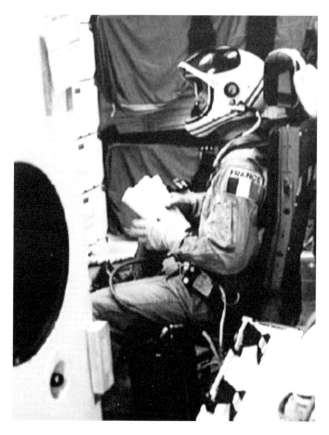

图 6 - 16　1985 年的发射保护：蚌壳式头盔和飞行服

在前 4 次轨道任务中，双人乘员组穿的是大卫·克拉克公司型号为 S1030A 的弹射逃生服，这种逃生服能为机组乘员提供保护。这是一种可用于在最高 24 384 m、$Ma = 2.7$ 情况下弹射的全压力防护服。为 NASA 航天员进行的改进型融合了抗重力飞行服。美国空军最初的 S1030 型飞行员防护服由 SR - 71 飞行员穿着工作。这些服装的合同于 1978 年签署，其中包括了降落伞及漂浮支撑设备。早期第 1 批 6 名航天飞机乘员的照片显示，他们穿着弹射服进行了宣传拍照，但由于最初的 6 次轨道飞行试验缩减为 4 次任务，这样就只

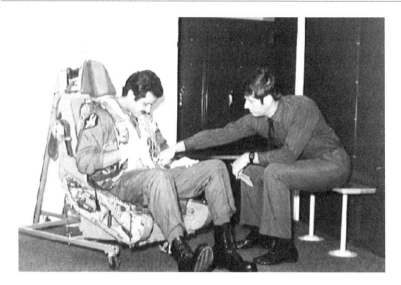

图 6 - 17 航天飞机载荷专家接受 T - 38n 航天器弹射座椅指导

图 6 - 18 在约翰逊航天中心一个与原飞行器大小等同的飞行练习器内进行入轨/离轨训练。（前面）欧洲空间局航天员莱伯特·埃伊哈特斯，（中间）NASA 航天员斯坦雷·勒夫和（后面）欧洲空间局航天员汉斯·斯莱格尔。三人都穿着（2007）训练版的航天飞机发射和入场服

图 6-19 航天飞机发射逃逸服 (1988)

图 6-20 穿着在轨逃逸服直到入场

有 4 名乘员身着这种服装展开了操作工作。有趣的是，虽然任务专家艾伦、勒努瓦、马斯格雷夫及彼得森（Thomas and McMann，2006）身着这些服装拍了照片，但是在 STS-5（哥伦比亚号，OV-102）和 STS-6（挑战者号，OV-099）上并没有为他们提供这种弹射服装。

值得回忆的是，在进场和着陆试验计划中，航天飞机运载器上的工作人员（改装型波音 747）也有一种逃逸方法。这个标志性的 4.87 min 长应急离机滑梯，将飞行甲板与带有一个出气孔的前端货物舱连接。在发生紧急状况且需要尽快逃离航天器时，操作人员可以启动自动驾驶操纵台任意一侧的把手，这样会爆裂 30 个小窗口，从而使得航天器快速减压，随后紧急逃逸舱门快速分离，完全离开飞机。为了使乘员能够清理发动机、机翼和起落架，一个阻流板将会自动展开。此后 4 人乘员组（2 名飞行员和 2 名飞行工程师）会滑下斜槽，跳出敞开的舱口并乘人员回收降落伞下降。每位乘员需要约 11 s 来完成上述操作，这意味着启动逃逸选项后 1 min 以内所有机组乘员都有可能全部逃出来。

为了评估航天飞机弹射座椅的实际应用状况，研究人员制造了一个完整的上部前倾机身，并于 1978 年 10 月 26 日在新墨西哥州霍洛曼空军基地进行了火箭滑车试验。该测试项目开始于 1976 年的 11 月 18 日，随后进行了一系列速度从 0～450 mile/h 变化的无人弹射。这一系列的测试从 1977 年 1 月 11 日持续到 5 月 5 日，进场和着陆试验表明，该系统具备了可应用于企业号航天飞机的资格。此外，还要进行另一个轨道飞行测试项目，确保该系统也能用于轨道飞行阶段，该计划于 1980 年 4 月完成。

6.8　NASA 航天飞机中止模式

如果组件失效威胁到运载火箭或机组乘员的安全，航天飞机乘员在上升期间可以采取许多中止措施。

轨道飞行器的 2 层甲板包含 4 个上层座椅和多达 4 个的下层座

椅布局，这一设计特性妨碍了每个乘员使用弹射座椅的可能。另外，关于逃逸塔或分离船舱的方案在设计初期研究中就被否决了。当启动中止操作时，应考虑到主推进系统失效、火箭结构完整性和大气条件等因素。

升空后，中止场景分为 3 种类型。

（1）性能

损失一个或者多个航天飞机主发动机情况下，在上升过程中，发动机（或多个发动机）失效时间是决定接下来将要发生什么事件的关键点。假如火箭失效发生的时间足够早，并且运载火箭仍然载有大量的燃料，如果只有一个发动机降低性能或彻底失效，火箭还是能够入轨的。这不会导致速度损耗。地面指挥中心通过中止距离测定仪收到的遥测信号表明火箭低速度是否可预测，这种情况将导致主发动机关机。通过这些数据，即可立即决定是继续还是中止飞行，同时决定哪种中止模式是最合适的。

（2）系统

一个或者多个主要子系统失效会导致这种类型的中止模式启用。地面指挥中心的控制者们根据接收到的数据向乘员传达问题细节和解决方案。此外，如果需要，对这些数据和预测的分析还可以得出合适的行动方案。

（3）发射场安全

尽管在航天飞机上升段设计了多种故障模式并进行了各种演练，但还是要考虑航天飞机在远离发射场后不可控地飞向居民区的可能性。此外，还应为如何处理这种潜在的灾难性事件做好计划。这就是归入到发射场安全类型的飞行区域中止模式。航天飞机上升阶段的发射场安全被划分在第一阶段，此时美国空军有责任引爆所有固体火箭助推器内部的燃料。在来自发射场安全的最新数据的基础上，随着将信息传递给乘员组并让乘员组按照这些信息行事，这种职责在上升的第二阶段会转移到空间地面指挥中心。启动发射场安全中止模式是根据人口高密度区域周围的虚拟边界来启动的。在计划航

图 6 - 21　航天飞机发射台中止（STS - 41D），1984

天飞机发射时，发射场安全规则由居民区周围设置的撞击区制定。这些区域内画有自毁线。在这些规则下，一次失败发射可能出现的致命的硬件物体将不会降落到撞击区以内。由于运载火箭或相关碎片速度的原因，任务中止必须更早进行，以确保碎片不会冲撞到居民区。因此，只有硬件落入自毁线内才算是合格的自毁。

　　历史数据表明，火箭能充分顺着发射方向飞行而不会使危险情况出现在陆地上，研究人员就从 STS - 80 任务上把外贮箱中的发射场安全系统删除了。固体火箭助推器发射场安全系统被保留了下来。自毁信号由编码指令启动，通过一定数量的追踪站来支持该系统，然后由第 2 个信号点燃炸药。预备信号也显示在了飞行舱控制面板上，为指挥员和飞行员提供信息。不过，只有在飞行乘组已经尝试从多级火箭剩余部分分离轨道飞行器并尝试执行应急型中止之后，才能制定火箭自毁指令。这是任务规则。

在某些情况下，在第 1 阶段中止模式飞行期间，任何轨迹偏差都将因发射场安全考虑而启动毁灭装置。但是，航天飞机仍然在机组乘员的控制下，因此，航天飞机能够返回到正常轨道或完成一个安全的中止飞行。在这些情况下，任务控制中心的飞行指挥员和飞行力学专业人员就要与位于东部试验场的飞控人员（先前被称为发射场安全人员）进行语言沟通。飞控人员会将检测到的任何干扰转告给休斯顿的任务指挥中心、飞行指挥员以及飞行力学专业人员。此时由飞行指挥员评估火箭是可控的还是不可控的。如果飞行指挥员判定运载火箭是可控的，仅仅因为轨道偏离了飞行计划，那么飞行控制人员就不需要采取任何措施去中止飞行。所有这一切的限制因素，当然是要有足够的时间，用于评估、决策、采取措施和尽可能安全地去回收火箭。

航天飞机中止模式有 2 种类型：为轨道飞行器安全返回到预定着陆点而设计的"无损模式"和"紧急情况"。在"紧急情况"下，当交互中止不可能执行时，幸存的机组乘员必定会遇到更严重故障，需要丢弃轨道飞行器甚至有可能失去运载火箭，但是要营救飞行员。

无损模式中止的 4 种类型是：返回发射场，跨大西洋着陆，应急入轨和亚轨道故障返回。

6.8.1　中止定义

在上升过程中，选择合适的中止飞行模式是有一定顺序的。

1）返回发射场中止模式。返回发射场中止模式是指机组乘员驾驶轨道飞行器沿着发射方向飞行，耗尽燃料后，在有动力作用下转向并返回着陆点（尽可能地接近发射场），着陆点最好是范登堡空军基地和 LC39 附近的航天飞机着陆设施。

2）跨大西洋着陆中止模式。跨大西洋着陆中止模式本质上是指允许在欧洲西部和非洲大陆的几个着陆点之一紧急降落的发射轨迹。此时，不需要起动轨道机动系统发动机。

3）应急入轨模式。应急入轨模式允许航天飞机进入临时轨道，但由于推进系统性能下降，该轨道低于预定的轨道。需要有时间设计应急任务操作或者设计更合适的离轨机动以便尽早着陆。应急入轨模式于 1985 年 7 月在 STS－51F 任务（任务 19）中采用。

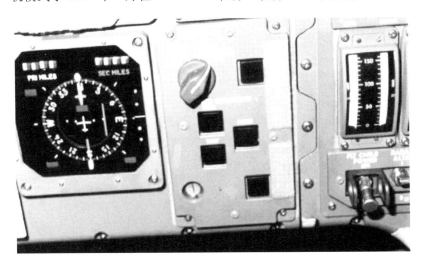

图 6－22　航天飞机中止控制面板（设定为 ATO 模式），1985 年 STS－51F 任务

4）亚轨道故障返回中止模式。亚轨道故障返回中止模式允许轨道飞行器在发射后 90 min 内绕地球一周，正常入场并着陆。通常包含 2 次轨道机动起动，其中第 2 次是离轨机动。如果无法降落在佛罗里达州，那么通常优先选择在美国西海岸地区（爱德华空军基地，新墨西哥州白沙导弹试验基地）入场及着陆。

故障类型及故障发生时间决定了所使用的中止模式。例如，如果性能降低是引起中止的唯一因素，为了保证任务安全并尽可能地完成正常任务，那么首选的中止模式顺序是应急入轨、亚轨道故障返回、跨大西洋着陆和返回发射场。如果为了保护飞行员的生命或运载火箭的结构完整性，需要尽快结束一次中止飞行任务，那么跨大西洋着陆或返回发射场方案可能比应急入轨或亚轨道故障返回更合适。一个任务原则就是，如果无损中止模式是可能且有效的，那么将永不会选择应急中止模式。

　　基于接收到的遥测和视觉信息，位于休斯顿的任务指挥中心是飞行中止的主要负责者。在火箭离开发射塔后，所有任务控制均由该中心接管。地面飞行控制团队通过下行数据获取轨道飞行器上各系统的直接信息。他们收到的信息量要远远大于控制运载火箭的飞行机组乘员的信息量。当运载火箭上升时航天员也随之升高，此时在休斯敦任务控制中心值班的指令舱通信员提出下一个可用的飞行中止模式或者该模式何时无效，例如"按 ATO 按钮"就意味着下一上升阶段转到"在轨中止模式"。在早期的轨道飞行测试项目中（从STS-1 到 STS-4），哥伦比亚号上的两名航天员携带有弹射座椅，一旦达到使用弹射座椅的上限条件，中止请求就会变成"被动座椅"，这意味着如果发生问题，机组乘员将不得不进行一次无损中止模式。

　　如果与地面的通信停止或变得不清晰，那么机组乘员在航天飞机上将有其他方法帮助决定将要采取的中止模式。这些方法包括显示信息，以及提供一系列提示卡、故障数据文件和工艺书籍。在上升期间，坐在指挥官和飞行员之间靠后位置的 MS2 飞行工程师的职责是，按照需求对所有的特定飞行中止模式的选项和事件顺序进行监控。

　　在 1985 年 7 月的 STS-51 发射中止飞行事件中，航天任务专家斯托里·马斯格雷夫一直在思考，一旦启动跨大西洋中止模式，航天飞机将朝着什么方向前进，以致于暂时没有听他身边人的对话。他完全清楚他的责任以及当航天员需要信息时将正确信息迅速传递给航天员的迫切心情。在飞行舱中紧挨着斯托里·马斯格雷夫坐在 4 号座位的是航天任务专家卡尔·海因兹。当卡尔·海因兹不经意地问起他们的目的地时，他的本意是希望在等待了 18 年后，斯托里·马斯格雷夫能够最终将火箭第一次送入太空。马斯格雷夫却自信地说道"西班牙……"。顿时指挥官戈尔登·福勒顿和飞行员罗伊·布里奇斯都转头怒视着马斯格雷夫，而意识到自己错误的马斯格雷夫则向他们挥手示意。在地面控制人员和机组乘员都做出一些调整和应急措施后，他们把火箭送入了太空并使这次任务被记录为一次十分成功的任务。

决定选用哪种中止模式，所考虑的本质因素是动力上升段中止请求或中止实施的时间。很明显，机组乘员的安全是最重要的。但是，也要考虑到能为主要及（或）次要目标实现全部或部分任务成功的最好选项。

要是航天飞机主发动机中的一个或多个发生问题（就如 STS‑51F 和 STS‑93 一样），机组乘员和任务指挥中心联合团队将决定要遵循的最佳选项，当然该选项也许并不是最快的模式。然而，如果该故障能够威胁到运载火箭安全的系统故障，则会选择最快的模式以便能够在最早的时机将火箭返回地面。

最快的航天飞机中止模式是返回发射场和跨大西洋着陆（持续约 35 min），而亚轨道故障返回需要一次完整的地球轨道，持续至少 90 min。应急入轨情况需要在轨道上延长时间来评估状况并寻找可用的最优方案以提供最安全的方法来延续任务，评估任何任务系统的范围及其持续时间。有 3 个好的主发动机时，采取哪种策略可中止飞行可在中止执行时评估。

在飞行软件中选择中止模式，要把中止模式开关转向适当的模式，并按下中止飞行按钮以启动更新。尽管航天飞机飞行控制和显示技术随着全屏控制舱技术而发展，但是中止选择开关和启动按钮仍然保持原样。通过选择并输入模式来选择和启动中止模式是指挥官的任务。

6.8.2　无损中止模式

（1）返回发射场

这一模式适用于从起飞到任务过程中的第 260 s，此时火箭上有足够的推进剂使轨道飞行器、载荷和机组人员返回肯尼迪航天中心。返回发射场过程包含 3 个独立阶段：动力推动阶段、分离阶段和下滑阶段。动力推动阶段包括持续的主发动机推进，分离阶段包括外贮箱脱离，下滑阶段是指接近卡纳维拉尔角的航天飞机着陆。

　　机组乘员选择返回发射场方案的确切时间主要取决于最初选择轨道类型的因素。由于在升空时抛离了一个发动机的原因，做出返回发射场决定的最早时间是在第 140 s 抛离固体火箭助推器之后。因为固体火箭助推器无法在燃尽前关闭或脱离，进一步的考虑就关系到固体火箭助推器必须燃尽的事实。轨道飞行器必须获得一定的冲量和距离才能进行分离和转向，从而能够在操控下有足够的推力飞回卡纳维拉尔角。当选用 3 个发动机返回发射场时，返回发射场模式可选的最晚时间是飞行后第 214 s。

　　在模式选定后，火箭将沿着发射方向继续消耗多余的推进剂。这么做的目的是在火箭上剩下刚刚够用的推进剂以实现航天飞机转向，将火箭瞄准肯尼迪航天中心，关闭航天飞机主发动机，从外贮箱脱离并下滑到卡纳维拉尔角的航天飞机着陆场。最复杂的机动是俯仰机动，该机动部分依赖于升空后一个或多个航天飞机主发动机失效的确切时间。由于航天飞机顺着发射方向继续飞行，俯仰机动把轨道飞行器和外贮箱调整为平视姿态，把轨道飞行器的头部指向肯尼迪航天中心，即做了 180° 的转向。尽管火箭指向卡纳维拉尔角，实际上仍沿着发射方向飞行，剩余的航天飞机主发动机提供制动以抵消沿着发射方向的速度。为了提升轨道飞行器的质心和重心以利于下滑和着陆，可以通过持续燃烧来倾倒双轨道机动系统和反作用力控制系统中的推进剂。这样做加快了火箭的减速。

　　当外贮箱中的推进剂高度低于 2% 时，就达到了航天飞机主发动机关闭的期望点。在航天飞机主发动机关闭前 20 s，开始做有动力向下俯冲机动，该机动将火箭瞄准降落地，着手与外贮箱分离，把油箱指向正确的姿态和倾角，从而使油箱在穿越大气层的剧烈下降段远离航天飞机。3 个主发动机关闭后，空的外贮箱会被释放。此时机组乘员会启动反作用力控制系统平移轨道点火，够保证轨道飞行器不再接触油箱，并将航天飞机定位到正确的俯仰姿态，开始返回发射场中止模式的下滑阶段。从这里开始，下滑到着陆点的过程与常规的入场及着陆方式相似。

（2）跨海洋应急着陆

该中止模式涵盖了从返回发射场阶段的最后时刻上升到仅用两个发动机便能达到应急入轨位置的范围。在轨道飞行器因太迟无法返回发射场，但又因太危险无法进入轨道的情况下，该方案也可用于轨道飞行器的主系统故障，例如重大压力损失或制冷子系统故障等。因此，在最早机会时就将航天飞机和机组乘员送回到地面变得极为重要，在这种情况下意味着要把轨道飞行器降落在大西洋的另外一边。

航天飞机沿着横穿大西洋的弹道轨迹到达预定的着陆场。这些地点应当尽可能靠近标准地面跑道，最大化地利用机载外贮箱中的推进剂。其他条件准则还包括跑道长度（理想长度 36 576 m）、当地气象条件以及该地点是否拥有美国政府的批准文件（官僚主义和政治也是计划的一部分）。着陆一般会在发射后约 45 min 时发生。

最初，这种方式被称为跨大西洋着陆。但当加利福尼亚州范登堡空军基地发射的火箭无法中止时，跨越大西洋模式在计划中很快就被修改了。如果有火箭从范登堡空军基地发射，跨大西洋着陆模式将改在南太平洋的赫阿岛和复活岛，这些地方的支撑设施建设已经在范登堡空军基地航天飞机发射任务取消前完工了。

必须在主发动机关闭之前选择跨大西洋着陆模式。如果在航天飞机主发动机关闭后开始跨大西洋着陆模式，计算机会自动选择应急入轨模式。从开启中止模式开始，由计算机指令控制火箭飞向选定的着陆平面，调转组合体为平视姿态（如果需要的话），并通过双轨道机动系统消耗燃料和反作用力控制系统喷嘴开始倾倒推进剂。这样做降低了火箭质量，反过来也提高了火箭性能，同时也为修正火箭控制重新定义了正确的重心，并减小了轨道飞行器着陆质量。

此时外贮箱分离，着陆正常完成。飞行器会放在航天飞机运输飞机（一架波音 747 飞机）的顶部返回到美国。

由于航天飞机在跨大西洋着陆的机会很少，在某些情况下，这些着陆点几乎没有设备。早期的跨大西洋着陆点选在莫龙（西班牙南部）、班珠尔（冈比亚，西非），以及本格里（摩洛哥，非洲西北部）。达喀尔（塞内加尔，东非）也是早期的一个着陆点，但美国政府已经不再授权在那里着陆。萨拉戈萨空军基地（西班牙东部）的另一处地方也是跨大西洋着陆点的一个选择。一般情况下，在航天飞机发射操作期间，新航天员在这些地点履行航天飞机任务支持职责，并在火箭安全进入轨道后返回美国。

（3）东海岸应急着陆

在轨道飞行器沿着美国东海岸以较高倾角发射的情况下，东海岸应急着陆是跨大西洋选项中的一个变种。在加利福尼亚州范登堡空军基地以外的航天飞机任务停止后，该方式于 20 世纪 90 年代初被设计出来。由于仅适用于小部分任务剖面和爬升入轨后的一小段时间，本模式并不被认为是一种独立的中止模式。该选项取代了某些救助选项，并为轨道飞行器返回地球提供机会，而不是放任其水平飞行，从而降低了轨道飞行器撞入居民区的可能。

东海岸应急着陆点包括（从卡纳维拉尔角向北）南卡罗来纳州美特尔海滩，特拉华州樱桃点陆战队飞机场，马萨诸塞州法尔茅斯，新罕布什尔州朴茨茅斯，加拿大新斯科舍哈利法克斯，加拿大纽芬兰省斯蒂芬维尔，加拿大纽芬兰省古斯贝，加拿大纽芬兰省甘德，加拿大纽芬兰省圣约翰。

（4）轨道故障返回

轨道故障返回模式的选择发生在当火箭性能降低到如下程度时：正常入轨无法实现，或者轨道机动系统没有足够的推进剂将火箭送入安全轨道并完成轨道脱离机动，或者主系统故障急需地面着陆。一旦选定轨道故障返回模式，在航天飞机主发动机关闭时用于调整轨道的轨道机动系统将会停止初始推力机动。这使得另一个轨道机动系统推力序列能够在火箭发射约 90～105 min 后将卫星脱离轨道，并以较少的能量在美国大陆的三个主要轨道故障返回场之一实现正常入场和着陆。这些地点包括新墨西哥州白沙导弹试验基地、加利福尼亚州爱德华空军基地和佛罗里达州肯尼迪航天中心。

（5）应急入轨

当航天器失去全部性能且到达预定轨道已经不可能时，则选择应急入轨模式，通过利用剩余发动机的额外推力和轨道机动系统的附加升力，将火箭送入安全轨道。把轨道飞行器送入安全轨道后，有两个任务可供选择完成：根据现有推力将火箭爬升到设定轨道，或者在评估总体形势、现状和火箭消耗品限制后，选择返回地球。根据当时的情形，这会是一次数以月计的或者最小任务（54 h）的持续飞行。再入大气层很少出现。只有 1985 年 7 月的 STS - 51F（任务 19）属于这种类型。

（6）应急中止

有这样一种中止模式，即在一个或多个主发动机失效或者其他系统严重故障的情况下，如果无法在合适的着陆点着陆，为了飞行中机组乘员逃生，就会导致维持轨道飞行器无损返回的决定。如果只有一个发动机失效，火箭和机组乘员或许能正常返回地面。如果不止一个发动机失效，安全着陆仍是有可能的，但取决于发动机失效时机。但是如果三个发动机全部失效，轨道飞行器则将不得不在水上紧急迫降，并且要求机组乘员飞行逃生应优先于水上迫降（见第 8 章）。

6.9 苏联暴风雪号航天飞机的发射逃逸设备

和美国航天飞机系统一样，苏联暴风雪号在设计和计划成为有翼的可重复使用的航天飞行器时，也有一个可追溯到飞行前几十年的长期孕育过程。虽然实际上只在 1988 年 11 月 15 日完成了一次无人飞行任务，但所做的基础设施和规划却是为了更多的任务而设定的，以把工作人员送到新的空间站。可悲的是为该项计划提供的资金、支援和基础设施减少了，从事这项工作的人们的希望与期望从未实现，与该项目有关的硬件由于各种情况被毁坏，文件被封存起来。这是一个直到近几年才披露的故事。2007年巴特·亨德里克斯和伯特·维斯在系列丛书中讲述了暴风雪号系统的辉煌历史。该丛书被强烈推荐给了想要回顾暴风雪号及其发射器能源号运载火箭的完整故事的读者（Hendrickx and Vis，2007）。和与其对应的美国飞船一样，暴风雪号上也有在发射中止情况下用于机组乘员救援和逃生的计划和规定。这些计划和规定将在下面进行归纳。

6.9.1　暴风雪号救援的起源

弗里德里希·赞德尔于20世纪20年代发起了对可重复使用有翼航天飞行器的研究，并在随后30年里继续研究了由火箭推进的航天器和导弹。有趣的是20世纪50年代的一个早期设计也被叫做暴风雪号，该设计是一个用于携带3.4 t当量氢弹的导弹（M-40）。这个导弹是由弗拉基米尔·米亚西舍夫领导下的OKB-23航空设计局设计出来的。OKB-23航空设计局还曾计划对该设计进行改进，甚至曾一度计划增加一个小的船员舱。在导弹撞向地面之前，单个飞行员就能够从这个船员舱中弹射出去。这是一个早期计划，用于研究火箭动力飞行的极限生理和心理压力。1957年11月在飞行计划实行前暴风雪号被取消了。

苏联早期对于大气层以外载人飞行的研究，不仅具有着陆技术多样性的特点，还具有独立降落伞回收操作的弹射座舱系统，这种弹射座舱系统被东方号载人飞船所采用。在20世纪60年代，飞行员弹射系统在几种"空天飞机"设计中起到了重要作用，比如VKA-23（OKB-23设计局设计的航空航天器）。当发射过程中发生紧急情况时，飞行员能够在高达11 km的高度弹射。如果在11 km高度以上发生问题，那么飞行器将不得不与运载火箭分离并在着陆前自动刹车，飞行员会单独弹射并以紧急着陆或正常着陆的方式着陆。

与美国空军的 X - 20 相似，阿尔乔姆·米高扬（因米格战斗机家族闻名）领导的 OKB - 155 设计局设计的螺旋号是一种主要用于军事用途的空中发射空天飞机。发生发射紧急情况时，飞行员能够将密封舱/乘员舱从航天飞机上分离并利用降落伞实施着陆。在这个设计中，也考虑了用于从轨道上逃生的设备，这个小型密封舱的特点是它有独立的防热罩和离轨发动机。如果需要偶然或紧急着陆时，在轨道上能够用这个发动机抛弃火箭的其余部分。

美国航天飞机的军事能力是推动苏联追求自己设计的促进因素。然而苏联暴风雪号和美国航天飞机的相似之处是很明显的，这在亨德里克和维斯的书（pp.82 - 85）中可以看出：

"虽然不清楚确切的威胁是什么，但是由于飞行任务相近，他们除了贴近美国的设计别无选择，他们还要保证能够应对美国航天飞机最终能完成的任何战略任务。暴风雪号不是因为苏联空间计划的基础需求而被制造出来的，它是一种对美国航天飞机的潜在军事或其他应用的回应。这也最终成为苏联在 20 世纪 90 年代初期解体的根本原因。"

作者也明确指出，虽然暴风雪号在结构上和美国航天飞机的设计非常相近，但是苏联设计者们不得不自己克服一些障碍以确保暴风雪号能够起飞。完成暴风雪号唯一的一次无人飞行是对他们克服这些困难时的技术、智慧以及奉献的一种肯定。虽然暴风雪号看起来与美国航天飞机相像，并且被设计用来完成相似的任务，但这是一个不同的飞行器。然而，暴风雪号的飞行剖面和任务与美国航天飞机相似，因此就如美国航天飞机系统所做的一样，暴风雪号上用于乘员组安全的设备也必须考虑同样独特的飞行剖面和硬件限制。

6.9.2　发射紧急情况

与美国航天飞机明显的不同是，暴风雪号使用了液体燃料助推器而不是固体运载火箭，这为苏联航天员提供了比美国航天员更好的救援选项。当然，液体燃料助推器也能把火箭带入轨道。1986 年挑战者号事故惨痛地证明，航天飞机发射的前 2 min 内，固体助推器失效几乎必然导致运载火箭的损失，并很有可能导致机组人员伤亡。如果载人暴风雪号发射时的 4 个捆绑式液体助推器中有一个发生故障，不一定会导致同样的灾难性结果。运载火箭在发射台上的逃逸已经在第 4 章中阐述过了，和美国航天飞机从发射台到进入轨道一样，操作人员还有一些其他的选择。

6.9.3　弹射选项

在计划中的暴风雪号载人飞行测试中，会有 2～4 名航天员进入乘员舱（和美国的轨道飞行测试相似）。测试时会为航天员提供弹射座椅，而且航天员会穿全压防护服。航天飞机研制期间，对弹射舱和乘员舱的研究都倾向于研发个人救援系统，至少对早期的载人测试飞行而言，这降低了成本，降低了将弹射乘员舱集成到运载火箭上的复杂性。这种集成同样会遭到严重的"质量惩罚"（mass penalty）。

在 4 人组测试时，必须改变中间舱的结构，使两个弹射座椅舱口能够安装在前端反作用力控制系统和前端飞行舱窗口的前面的中间，这就要把正常情况下应位于中间舱前部的设备重新安装到它的尾部。虽然飞行舱安装了 4 个弹射座椅，但实际上在测试飞行时有 2 名航天员会在飞行舱内工作，另 2 名航天员则会在入轨和离轨时在中间舱前面的区域工作。但是这 4 名操作人员在发射（或者着陆）应急情况下都有弹射选择。在 STS-5 之前的航天飞机上，这些都没有提供给飞行专家。

使用的弹射座椅是由星星机械制造设计局设计的改良型 K-36 座椅，这种座椅是苏联和俄罗斯大多数高性能军用飞机的标准配置。这种型号的座椅已经经过成千上万次生产和测试了，而且毫不夸张地讲，这些座椅已在实际的紧急弹射情况下解救了好几百名飞行员的生命。因此它们的表现记录是极好的。不同的是，在暴风雪号上，这些座椅主要用于发射过程，在着陆期间则使用不多。所以就必须考虑为航天员提供足够的速度，使其不仅能离开发射台设备，还要能够离开可能爆炸的发射火箭。为暴风雪号设计的改良座椅被命名为 K－36RB（或 K－36M11F35），该座椅利用安装在座椅装置上的固体助推火箭能够把航天员推到 300 m 高度，远离 145 m 高的旋转服务塔。发射台弹射能够在系统启动后约 10 s 时把飞行员降落在距离发射台 500 m 的地方。这种座椅还有另外一种好处（模块化设计），就是能够根据需要安装附件，或者在座椅设计应用的火箭上不需要时拆除一些机件。安装在座椅下面的是带有减速伞的稳定系统，该系统可用于 1 000 m 高度的弹射。带有稳定伞的双臂可以展开以稳定座椅和飞行员，并在达到座椅轨道的最高点时分离。

座椅的使用极限高度可达 30 km（Ma =3.0）和 35 km（Ma =3.5），在正常发射情况下，此时地面消逝时间已经是 100 s 了。这个极限是由航天员所穿着的压力服的使用极限决定的。这种座椅还可以在 Ma =3 到跑道上 0 速度范围内着陆。这些类型的座椅也被安装在了大气干扰测试飞行器上（生物遥测系统-001），该飞行器用于进行类似于美国企业号航天飞机在 1977 年所完成的进场和着陆试验。弹射系统可以由机组乘员、地面指挥人员或飞行器上自动控制系统启动。

座椅测试是通过各种方式实现的，例如使用暴风雪号乘务舱地面实体模型和穿着压力服的人体模型进行的地面测试等。这些都是静态的或由火箭滑橇驱动的测试，类似于美国航天飞机弹射座椅所进行的那些测试。带有人体模型的空中测试是在一个改型的两座米格 25RU 教练机后座舱中完成的。

高海拔测试是用一种新方式完成的，即把一个实验样品（K－36M－ESO）作为捎带载荷放置到 5 个为和平号空间站提供再供给任务的无人进步号航天飞机上（Hall and Shayler，2003）。这些进步号航天飞机是在 1988 年 9 月到 1990 年 5 月之间发射的，特点是座椅安装在载荷护罩顶上的弹射舱里，而不是在内部发射逃生发动机上。在进步号发射时使用了一个典型的联盟号发射护罩和逃生塔，但是逃逸发动机缺少动力补充，这是由于在无人发射时不需要逃逸操作。上升期间，在 35～40 km 高度之间且 $Ma = 3.2～4.1$ 时这些座椅会被弹射。

由于在 20 世纪 90 年代暴风雪号计划取消，这些座椅并没有用到该计划中，但是相关想法和设计被应用到了联盟号替代飞行器快船号的研究中。暴风雪号座椅在测试飞行中将乘员组弹射。尽管对计划执行的有多达 6 名乘员的商业飞行而言，将不会有从快船号弹射的选项，但这样就不得不发展其他的模式。同样地，正如暴风雪号 4 人乘员组测试飞行所表明的那样，当一个乘员组多于 4 人时，就必须拆除弹射座椅，这会节省发射质量。此时，将不得采取飞行中止模式或轨道救援模式提供逃生。

6.9.4　暴风雪号全压力救援服

暴风雪号第一位航天员使用的全压服在俄文中称为"雨燕"（strizh）。这种全压服提供的舒适感最大，穿着者在无压状态下仍然能够执行他们的职责，也能在紧急状况下向全压服内加压至440 kPa。这种服装能在失重条件下无人帮助时很容易地穿上脱下，并与弹射座椅有良好的兼容性，尤其是在与降落伞背带和约束降落伞带连接以及与头靠对准时。基于联盟号索科尔全压服的研究工作开始于 1977 年，在 1981 年这套服装有了正式名称。尽管基本上没有标准尺寸，但是得益于人们的适应能力使这套服装能满足不同体型的穿着者，因此降低了生产数量。

在它的研发过程中，主要工作集中于救援服的约束系统连接上以及如何将全压服与座椅结构融为一体，使穿着者在受限制和受到压力时仍能够工作。最初构造了 6 个功能性实体模型，并在 1981 年进一步制造了 4 套救援服。穿上全压服的最有效办法仍在继续研究

（人们发现这与有着正面开口的联盟号救援服相似）。实验室中继续进行的试验包括仿真降落伞约束效果、冬季气候下使用时的热力学测试、水复现测试、头盔透气性及眼罩雾化测试。还有一项延伸计划是关于防护服在有弹射座椅和没有弹射座椅时的风洞测试。实验室测试防护服计划正式开始于 1982 年。这包括重要的实验室和室内测试、独立测试以及与生命支持系统一起的集成测试。有标准装配及功能测试、灵活性测试和一个降落伞下降项目。这些测试中的一些是在极端低温条件下进行的，以验证在高海拔和极端气温时需要的保护条件。到 1989 年已完成了实验室测试，并开始在伊尔 - 96 飞机上进行飞行试验。防护服的研究于 1991 年完成。

对这些服装的要求是在弹射到 30 km 高空和 $Ma = 3$ 时保护穿着者。由于高气动载荷和温度条件，特殊的纤维织物被合成到防护服制作中，并且增加了温度防护板。弹射过程中当弹射产生极端压力时，航天员可以把自己的后颈抵在座椅的弹性头垫上。

在 1988 年 11 月的暴风雪号无人任务中，人体模型穿着两套防护服代替真人穿着者飞入了太空，以进一步确认防护服和便携式生命保障系统的实际使用性能。在备用模式下防护服能够在 270 kPa 下起作用，并能在带有通风气流的压力舱内穿着，这种通风气流可以支持两套防护服长达 24 h。在紧急状况和闭合配置下，能够维持 12 h 的连续使用。防护服总重为 198 kg，在生产时制作了 27 种测试和训练模式以及 4 种飞行模式（Abramov and Skoog，2003，pp. 211 - 221，352）。

6.9.5　暴风雪号发射中止选项

载人暴风雪号发射有 3 种发射中止模式可用（Hendrickx and Vis，2007，pp. 152 - 153）。

（1）紧急分离（俄语缩写为 EO）

这是在超出使用弹射座椅的高度限制时发生故障或者所有发动机需要关闭的情况下可用的一种选择。在这种情况下，理论上暴风雪号应该利用 4 个小型固体燃料发动机快速地从能源号上分离。然后机组乘员应尽可能快地稳定轨道飞行器以便于在合适的跑道上沿着发射方向实现紧急着陆。第 1 次倾倒多余的推进剂后，如果飞行器继续稳定或者合适的着落场不在有效范围内，弹射选项对机组乘员仍然有效。

　　这种中止发射模式还存在其他潜在问题：首先，如果该计划继续进行，已经证明提供合适的地面支持和跑道基础设施会耗费极高。同时也推断出暴风雪号有可能撞到芯级或者无法完成彻底分离，这是 NASA 在对航天飞机一个相似的中止剖面的研究中总结出来的。气动压力的形成和随后从连接点的分离在理论上会拉升飞行器并导致气动分离。

　　NASA 模型提出了一种"快速分离"选项，在固体火箭助推器失效后仅 3 s 就能使轨道飞行器从外贮箱上分离。然而，挑战者号事故表明使用固体火箭助推器时会有一些障碍，即使是 3 s 也不足以对即将到来的灾难做出反应。对使用液体助推器的暴风雪号而言，这种中止选项可能也不是一个合适的方案。

　　（2）回归机动飞行（MV）

　　这和 NASA 的航天飞机返回发射场中止模式相似。本模式用于 4 个捆绑式助推器中的一个或者核心阶段的单发动机故障。如果一个捆绑式发动机失效，那么相应的发动机也必须关闭以保持轨道平衡，随后是抛弃多余的燃料以减轻上升质量并且保证分离时的特性与正常状态下相近，不在已经面临的问题基础上增加新问题。为防止在空中发生爆炸，助推器上的燃油是不会被倾泻的。

　　回归剖面与美国航天飞机的返回发射场中止模式相似，暴风雪号将沿着发射方向飞行更远以消耗更多的燃料，然后进行 180°的俯仰角变换对准发射场，飞行器将在与核心火箭分离前定位到平视姿态。在正常进场和滑翔着陆时，轨道机动系统多余的推进剂将通过附加燃烧的方式用于附加速度或者制动，然后被倾倒，这样可以使重心前移以便于更安全地着陆。

如果故障发生在捆绑式助推器上，防止这种机动的"负回流"极限发生在飞行后 2 min 10 s。如果核心火箭发生故障，该极限发生在飞行后 3 min 10 s 时。

（3）单轨道轨迹（OT）

这是暴风雪号版本的应急入轨剖面。进入上升阶段 3 min 10 s 后，如果有一个核心发动机失效，暴风雪号仍然能够进入轨道。和美国航天飞机一样，这取决于故障发生时还剩余多少推进剂留给其他发动机燃烧。通过使用轨道机动发动机（俄语为 DOM）、剩下的核心发动机或者两者结合使用，能够使暴风雪号进入一个低的或者临时的轨道，再决定最好的选择是继续任务还是将乘务员带回地球。如果方案是用于短轨道，轨道机动发动机会把飞行器送入单轨道轨迹，然后将其推出轨道以便着陆，这和美国航天飞机的亚轨道故障返回选项非常一致。

6.10　欧洲的航天飞机——赫尔墨斯号

除了美国航天飞机和苏联暴风雪号航天飞机外，还有一种用于常规载人进入近地轨道空间工作的"航天飞机"，这就是由法国发起的赫尔墨斯号航天飞机。

赫尔墨斯号航天飞机是 20 世纪 70 年代中期，由法国国家航天中心（CNES）领导的早期设计研究结果。尽管欧洲国家在空间探索方面的参与和合作工作显著，但并没有一个机构来处理不同的国家间和国际计划，也没有一个公司对载人航天活动抱有热情。虽然有兴趣把一个名为太空实验室的加压实验室参与到美国航天飞机计划中，也与苏联讨论了把欧洲航天员送入到空间站任务中，但是多年以来，在欧洲，独立发射能力和载人飞船都不是其主要追求目标。

6.10.1　空天飞机起源

　　用于协调欧洲国家间航天业务的欧洲空间局于 1974 年成立，但是也保留了一些独立的国家计划。这些计划表明了整个欧洲对于载人太空计划的兴趣。1976 年法国国家航天研究中心开始了对载人运输系统的研究，并把这个计划称为赫尔墨斯。工程研究参照了法国航天公司和达索航空公司的成果。1985 年在罗马召开的欧洲空间局部长级会议上，法国宣布了其实施赫尔墨斯号航天飞机理念的意图。两年后的 1987 年，在海牙的一次部长级会议上就"欧洲化"赫尔墨斯号达成共识，并将其作为实现欧洲独立载人航天三个步骤中的一步。阿里安 5 号将会是能够支持近地轨道载人任务的高效能发射火箭。当赫尔墨斯号成为有空间对接能力和舱外活动能力的货物和人员运输飞行器时，哥伦布是一个能够支持无人极地轨道操作的多功能实验室，也是一个附属于当时美国领导的自由号空间站（后来的国际空间站）的永久性实验室，同时还是一个可自由飞行的有人照料的变体。这是一个仅有 18 m 长的小型空间实验室，带有 11 m 的翼展以及由两名航天员和多达四名"科学家"组成的乘员组。该实验室和空间站对接后，会在 400 km 高度进行 90 天的任务或者 30 天的独立飞行。爱尔兰作家布莱恩·哈维在他的关于欧洲太空计划发展的系列丛书中对赫尔墨斯号的发展和背景进行了详细介绍，我们推荐读者深入阅读这本书（Harvey，2003，pp. 294 - 304）。这里关注的是所提及的航天飞机的救援能力。

6.10.2　欧洲航天员逃生

　　与美国航天飞机和苏联暴风雪号一样，赫尔墨斯号在上升期间需要在火箭上为航天员提供一套救生系统或者在主系统失效时可用的回收模式。赫尔墨斯号由阿里安 5 号从法属圭亚那库鲁航天中心（南美洲）发射，以弹道轨迹穿过大西洋。

　　在早期的研究中，赫尔墨斯号的设计基于一系列假设条件，这些假设认为爆炸危险仅存在于中止剖面的助推段。如果发射失败，那么航天飞机就分离被认为是一种选择，因此它的结构完整性就必须足够充分以能够经得起紧急情况下施加到航天飞机上的气动力和热力负荷。

赫尔墨斯号在助推阶段的分离，是由能够提供长达 5 s 的时间和 8 g 加速度的 4 个助推器（2.1 t）实现的。经证实，这足够将赫尔墨斯号航天飞机推离阿里安运载火箭，但不能保证它在运载火箭爆炸的冲击波中幸存。当固体火箭烧尽后，助推器就会阶段性地被使用以补偿质量损失。对余下的助推阶段而言，人们认为关闭低温发动机是足够安全的，然后在有或没有自身推进系统的情况下将赫尔墨斯号安全分离并正常着陆，或者在极个别情况下通过空降到海面进行迫降。

对当时的轨道飞行而言，在发生事故时由赫尔墨斯号自行判定机组乘员或者重返大气层是否安全。安装轻量级人员逃逸系统（弹射座椅），是为了提供低级别逃生、有生命保障能力的降落伞回收以及优先的海洋回收或者陆地着陆。这个系统中的阻碍力量来源于对赫尔墨斯号的质疑，这些质疑包括：赫尔墨斯号安全分离的能力，能否为每个乘员提供足够的空间用于弹射座椅功能和安全高效的离开运载火箭？能否从这样的爆炸冲击波和碎片中逃生？能否应对减压力和气动压力？能否应对超温以及降落伞降落至荒野、北极地区和水中时的严寒？

到 1985 年才决定运载火箭上应该为每位机组乘员安装弹射座椅，同时决定可以在发射场或者法国南部靠近马赛的法国空军基地着陆。在滑翔返回地球期间有 2 500 km 的机动能力，这样就提供如下可能：以返回发射场类型的中止模式降落在法属圭亚那，以跨越大西洋着陆方式降落在伊斯特尔，或者以亚轨道故障返回至法属圭亚那。

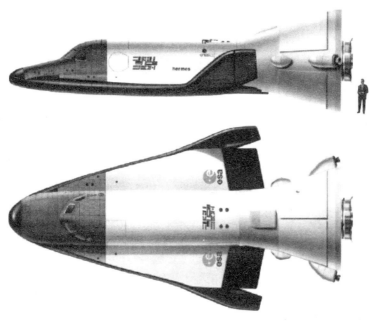

图 6 - 23　欧洲赫尔墨斯号航天飞机

·上升阶段成员弹射顺序
·乘员由舱内活动航天服保护
免受压力和热负荷
·赫尔墨斯号乘员逃逸系统设
计用于马赫数大于3的速度

图 6 - 24　赫尔墨斯号逃逸顺序（欧洲空间局提供）

　　1986 年挑战者号灾难之后，研究人员决定制造一个完全独立的乘员舱以便在发生类似灾难时拯救整个乘员组，这极大地增加了发射质量和设计复杂性。

　　研究人员对两种方式都进行了评估：第一种方式，赫尔墨斯号前端应可完全分离，前端接触到理想的大气层之前，以合适的升力体式形状和合适的浮力再入大气层，类似于海面着陆方式；另一种方式是制作阿波罗指挥舱类型的弹道舱，将该弹道舱安装在赫尔墨斯的有效载荷区域，可以在紧急情况时使用。第二种方式被证明是难以集成的。即使第一种方式在实施之中，两种方式在增加火箭总质量方面都是代价昂贵的，而且对于可预见的风险的一些考虑有可能是过度设计的 (Colrat et al.，1988，pp. 269 - 274)。

　　1987 年 3 月，研究人员认定，当前为乘员组安全所做的准备不足以承受阿里安 5 号火箭的爆炸风险。弹射舱被认为是前进之路，但这仅在极端情况时才会予以考虑。这些研究使得赫尔墨斯号闭合货舱设计演化为最终的设计形式。因此有必要改进可弹射机头部分以使其结构更简单，刚好包含乘员舱。研究是从可比较的弹射舱开始的，比如美国 B - 1 或者 F - 111 轰炸机弹射舱。最终，和军用飞机一样有较轻弹射舱（而不是整个机头头部部分）的第二种方案是更优的选择。这意味着大多数不需要的质量留在了主火箭上，而较轻结构中则保留了乘员组、控制装置以及相关的保障和回收子系统。

　　赫尔墨斯号乘员逃逸舱 (CEM) 设计成了质量为 3 365 kg 的加压舱，在任务的上升或者入场阶段，乘员组将安置在这里。由钛金属构成的地板是特殊设计的，用于承受冲击负荷。地板下面的阻尼装置以缓冲结构或者阻尼袋为特征。回收降落伞和稳定设施（翼梢小翼和空气制动襟翼）位于后方、前方及侧面的区域。在后方较低位置安装逃逸发动机，就是它利用所谓的香槟瓶塞效应将隔离舱推离运载火箭。

　　通过头顶的一个舱口可以在发射台上或者在紧急操作时进出乘

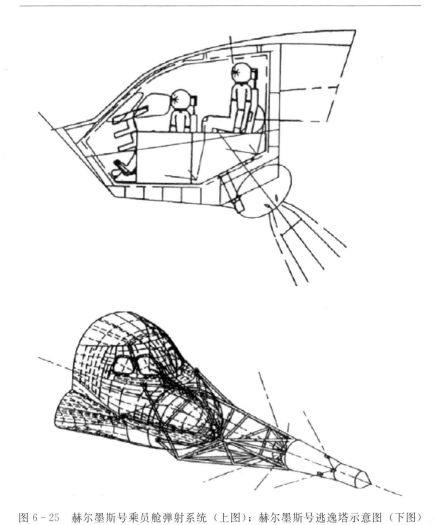

图 6-25　赫尔墨斯号乘员舱弹射系统（上图）；赫尔墨斯号逃逸塔示意图（下图）

员舱，但是通过该舱口不能进行舱外活动、对接以及传送操作。这些操作可以通过飞行器尾部的其他舱口实现。

　　发射台上的弹射是设计中最具挑战性的，要求隔离舱必须到达距发射台 600 m 的地方以防止和运载火箭相撞并确保乘员组的安全。救援模块弹射项目的正常顺序是：助推火箭点火、切断与主火箭相连的烟火剂和电脐带、机舱分离并以 45°斜角惯性速度弹射、助推阶

段结束时攻角约为 40°、机舱稳定以及减速伞减速、飞行员降落伞展
开、3 个主降落伞以 7 m/s 的速度展开、抑制着陆、降落伞弹射和乘
员组回收。

　　人们对乘员逃逸舱的不同中止高度进行了研究，这其中包括最
大动压、阿里安 5 号发动机燃尽时的 50 km 高度、应急入轨或直接
进入亚轨道以进行紧急回收等。尽管对模型进行了风洞试验，外形
设计还是转向了研究弹射装置的可行性，或者在赫尔墨斯号的头部
安装一个逃逸塔，以便乘员舱在运载火箭即将爆炸前离开危险区。
乘员逃逸舱的发展计划在 1988 年到 1990 年间进行，全面的测试项
目于 1991 年到 1995 年间展开，以能够争取在第一次载人飞行之前
证明这些测试合格。救援系统的乘员组训练在挪威特隆赫姆进行。

　　然而，到 1990 年时，赫尔墨斯号已变得太重且成本太高，主
体需要进行一次再设计，使一些部件不可重复使用，明显地降低
质量和成本。1990 年末，人们决定用个人弹射座椅代替复杂而沉
重的乘员弹射模块，并将乘员组由 5 名减少至 3 名（指挥官、飞行
员、任务专家）。这与 NASA 运行的核心轨道飞行器乘员组类似
（指挥官、飞行员、任务专家/飞行工程师），该乘员组在航天飞机
上执行上升与进入操作。这些弹射座椅是以暴风雪号计划使用的
座椅为基础的。

　　在接下来的两年中，这项计划处于摇摆不定之中，并一再延
期，将初次发射时间推迟到了 21 世纪。资金和技术问题困扰着这
项计划，而且有关这项计划未来的讨论继续困扰着它自身，这些
讨论一直在与俄罗斯合作到完全放弃该计划之间摇摆不定。或许
考虑到赫尔墨斯号是空间站救援船，1992 年，有人建议欧洲空间
局为美国自由号空间站研究一个确定的乘员返回舱，并更多的关
注空间站哥伦比亚科学实验室。然而赫尔墨斯号航天飞机计划已
悄然沦为欧洲空间局其他议案的背景，虽然确切的中止日期并不
清楚，但实质上，其在 20 世纪 90 年代中期就被放弃了。赫尔墨斯
号将不会起飞。至少在可预见的未来，欧洲将需要依赖美国和俄

罗斯提供的发射系统。赫尔墨斯号问世 10 年后，人们开始讨论有关欧洲合作生产联盟号火箭替代物，并提出设立一个新的公司来实现欧洲载人航天能力，但是这次他们着眼于研究一种部分可重复使用的弹道式空间舱，这显然不属于苏联空天飞机或美国航天飞机的概念范畴。

参 考 文 献

［1］ Isaak P，Abramov and A ê，Ingemar Skoog . Russian Spacesuits. Springer/
Praxis，Chichester，U. K. 2003.

［2］ J Colrat，H P Nguyen and H Hirsch . Hermes Escape System. Paper pres-
ented at the 1988 年 . Int. Symp. on Europe in Space；Manned Space Sys-
tems，Strasbourg，France，April 25 - 29，1988 年，ESA - SP - 277.
ESA，Noordwijk，The Netherlands.

［3］ Rob Godwin . X - 15 NASA Mission Reports. Apogee Books，Burlington，
Ontario. 2000.

［4］ Rex Hall and David Shayler . The Rocket Men. Springer/Praxis，Chiches-
ter，U. K. 2001.

［5］ Rex Hall and David Shayler . Soyuz：A Universal Spacecraft. Springer/
Praxis，Chichester，U. K. 2003.

［6］ Brian Harvey . Europe's Space Programme：To Ariane and Beyond.
Springer/Praxis，Chichester，U. K. 2003.

［7］ Bart Hendrickx and Bert Vis . Energiya - Buran：The Soviet Space
Shuttle. Springer/Praxis，Chichester，U. K. 2007.

［8］ Robert S，Houston . Pressurization and escape. Development of the X - 15
Research Aircraft 1954 - 1959，59WC - 2184. Wright Air Development
Center，Patterson AFB，OH. 1959.

［9］ J D Hunley. Toward Mach 2：The Douglas D - 55 * Program，NASA -
SP - 4222. NASA，Washington，D. C. 1999.

［10］ Dennis R，Jenkins. Space Shuttle：The History of the National Space
Transportation System，Third Edition，The First 100 Missions. Midland
Publishing，Hinckley，U. K. 2001.

［11］ Jay Miller . The X - Planes：X - 1 to X - 45. Midland Publishing，Hinck-
ley，U. K. 2001.

[12] MOL and Gemini B Office (various dates). Crew Safety Briefing Objectives. Manned Orbiting Laboratory and Gemini B Office, Los Angeles, CA.

[13] NASA. NASA Ejection Seats: The X-15. Available at The Ejection website http://www.ejectionsite.com/x15seat.htm (last accessed July 7, 2008).

[14] Hilary A, Ray Jr and Frederick T, Burns. Development and Qualification of Gemini Escape System, NASA-TN-D-4031, June 1967. NASA Manned Spacecraft Center, Houston, TX.

[15] David Shayler. Gemini: Steps to the Moon. Springer/Praxis, Chichester, U. K. 2001.

[16] Asif Siddiqi. Challenge to Apollo, NASA-SP-2000-4408. NASA, Washington, D. C. 2000.

[17] Space Shuttle Transportation System, Press Information, January. Rockwell International, Downey, CA.

[18] Kenneth S, Thomas and Harold J, McMann. US Space Suits. Springer/Praxis, Chichester, U. K. 2006.

第 7 章 飞离地球

漫长的训练计划结束了。经过了数小时的模拟训练，进行意外事故、紧急情况和发射逃逸程序前的准备工作已经成为航天员的第二本能。我们希望一切顺利，乘员最终成功进入地球轨道，向着他们的预定任务前进。经历发射台起飞、在 10 min 内快速而猛烈地进入太空的全过程，在所有的期待、兴奋和挑战之后，舷窗外的风景令人异常激动。90 min 环绕地球一周、每天 16 次，人们的付出获得了甜蜜的回报。但是，正如每位乘员都明白的那样，进入太空的旅程决不会一帆风顺。有时，在入轨过程中显现的问题意味着在太空停留的时间会非常短暂，且必须依照应急或紧急程序尽快降落。也许，在轨驻留会转变成一次意外，不得不缩短驻留时间，这样的太空之旅，其归途却充满挑战。

无论从哪个角度讲，任务中都可能出现很严重的问题，而乘员生命和航天器安全也会受到威胁。任务规划人员、航天器设计人员和飞行控制人员，以及飞行乘员自己，都必须尽最大努力关注这种始终存在的危险。训练和处置过程、设施及备选方案都必须假定在任务中的任何时刻可能使用。在这些情况下，保证安全返回地球的操作也许比开始离开地球的操作还要困难。有时真的很难为未知情况做准备。但这并不妨碍所备选的任务计划、应急程序或逃生方法行之有效，当然，乘员还得有充足的时间来实施。

7.1 阿波罗时代

载人航天初期，短期任务中都规划了危急情况下将乘员送回地球的应急程序，这依靠的是提供离轨能力冗余度、对关键系统进行持续跟踪和数据评估、在离轨点火失败时提供 10 天后自然衰减的轨道，就像东方号载人飞船的情况一样。在水星号和双子星座号任务进行的同时，关于继续进行还是终止任务的决定就一直在考虑中。自人类首次冲出大气层以来，这种"继续/终止"决策就是载人航天的一个特点。在标称情况下，继续进行下一步或下一阶段飞行的决定是由飞行乘员、地面控制人员和支持团队共同评估实时数据而做出的。

7.1.1　阿波罗备选任务

当美国人过渡到阿波罗计划时，预计的任务复杂程度和范围导致必须规划备选任务，以供在无法达成主要任务计划的情况下使用。这会使预定目标任务得到最大限度地完成，同时遵守地面规则、乘员安全和飞行轨迹条件等任务约束条件。这样，至少一部分地月轨道任务目标仍能完成且尽量保证乘员的安全及航天器的完整。当然，在危急情况下，应尽快终止任务并尝试让乘员返回地球。阿波罗 13 号飞船乘员就曾经历这种状况，服务舱内部的爆炸不仅断送了着陆月球的可能，还严重危及乘员返回地球的能力。

7.1.2　阿波罗地球轨道

阿波罗指令舱在地球轨道的初次飞行任务（Apollo 7，1968 年 10 月）就有若干项备选任务计划，以备在无法按计划完成为期 11 天的主要任务时进行替代。备选任务计划分为 1 天在轨、2 天在轨和 3 天在轨，取决于 S - IVB 第 3 级能否分离、航天器哪个系统受到了影响、服务推进系统的数量和工作能力，以及乘员的健康状况（NASA，2000a）。

（1）1 天在轨

1 天在轨包括 4 个备选方案：前两个方案 1a 和 1b 在仅绕地球 6 周后坠落于太平洋中部并进行回收；其他两个方案（1c 和 1d）在第 1 个飞行日结束前终止于大西洋中部。在这个场景中，服务推进系统只用于离轨推进。1b 和 1d 剖面应执行主要任务飞行计划中第 1 个飞行日的活动，除非要求服务推进系统把指令与指令服务舱送入地球轨道。

（2）2 天在轨

2 天在轨包括 3 个方案，也都无法达成全部试验目的。但可以进行 1 次交会和 2 次附加点火（1 次用于离轨），或不进行交会而进行 4 次机动点火（1 次用于离轨）。如果能保证 S-IVB 安全，则采用方案 2a，此时交会成为首要目的，在第 32 周回收于大西洋。方案 2b 试验稳定性控制系统执行应急轨道插入，在第 33 周回收于西大西洋。方案 2c 假定 S-IVB 不可用，一次应急轨道插入点火就足以检验稳定性控制系统，也在第 33 周完成在西大西洋的回收。

（3）3 天在轨

该类也包括 3 个方案，同样取决于 S-IVB 可用性及试验服务推进系统的可能性。首要目的是试验服务推进系统和稳定性控制系统。在第 46 或 47 周离轨，最终回收于西大西洋。

（4）备选交会计划

如果出现 1 天的延期，这是唯一会考虑的备选交会计划，其他延期则会影响飞行地面跟踪的充裕性或 S-IVB 所受阻力的不确定性。任务试验会按照计划进行。多于 3 天的备选任务会根据情况实时规划。随着阿波罗 7 号"101%"成功地完成了任务，阿波罗指令服务舱已经满足载人运行要求。

（5）阿波罗 9 号：在地球轨道试验载人登月舱

阿波罗 9 号（1969 年 3 月）在地球轨道试验载人登月舱时有多达 7 项备选任务。

1）备选任务 A。如果必需进行应急轨道插入（本质上就是地球轨道飞行异常中止）且必须执行一项仅指令服务舱可完成的任务，而此时登月舱无法与 S-IVB 分离或认为其下降级不安全，则首要目的会变成服务推进系统试验点火计划。

2）备选任务 B。如果服务推进系统发生故障或者故障影响到指令服务舱的寿命（如电气问题），从而使得乘员依赖于登月舱，则要对任务进行实时评估。乘员活动要相应地进行重新安排，根据当时情况尽可能多地实现任务目标。用服务舱上的反作用控制系统（RCS）完成主着陆区回收。

阿波罗7号备选任务详细试验目的实现情况

任务优先级	1	5	6	7	11	12	13	14	18	38	注解
详细试验目的序号	7.19	3.15	3.14	1.13	2.5	20.13	1.10	20.8	2.6	57.21	
备选任务	散热器试验	SPS性能	SPS最小脉冲	GNCS ΔV控制	SCS ΔV控制	CSM-主动交会	六分仪跟踪	换位与对接	GNCS/MTVC ΔV接管	SLA展开	
1A				◑	●						
1B				◑				●		●	
1C	○			◑							
1D	○			◑							
2A	●	●	◑	●	●			●		● ●	
2B	●	●	◑	●	●	●	○	●	●		如果COI=0，则满足S-IVB相关试验目标
2C	●			●	●		●	○	● ●		手动接管燃烧时长至少为35秒
3A	●	● ●	◑	● ●	●		●	●	● ●	●	
3B	●	●	●		●		●		○		手动接管燃烧时长至少为35秒
3C	●		●	●	●						
备选交会	●	●	●	●	●	●	●	●		●	

● 实现
◑ 部分实现
○ 可能实现

CSM: 指令与服务舱　　　　　SLA: 航天器登月舱适配器
SPS: 服务推进系统　　　　　GNCS: 制导、导航与控制系统
SCS: 稳定性控制系统　　　　MTVC: 人工推力矢量控制

图 7 - 1　阿波罗 7 号备选任务（地球轨道）

3）备选任务 C。这与登月舱下降级的完整性有关。如果登月舱仍以对接状态使用，任务规则应指示抛掉下降级。如果上升级安全、可用，则仍能完成预定舱外活动。

4）备选任务 D。指令服务舱寿命或登月舱电气故障可能会导致飞行计划发生变化，在此分类下的既定目标完成之后，要重新安排时间鉴定的任务目标，随机将任务目标定位至主回收区。在规划这类任务时，实时决策是最重要的因素。

5）备选任务 E、F 和 G。要考虑到航天器的各种系统故障，同时根据故障程度及发生的时间、位置规划备选任务。如果故障发生在未对接的登月舱上，则指令服务舱会成为"救援"登月舱及其乘员的主动航天器。按照计划，阿波罗 9 号的预定舱外活动是模拟内部转移通道无法使用的情况，通过舱外活动将登月舱上的 1 名乘员转移到指令舱。阿波罗 9 号部分实现了这一目标，并在理论上演示验证了舱外活动转移乘员的可能性。这在 1969 年 1 月苏联航天员从联盟 5 号转移到联盟 4 号的舱外活动中同样得以验证。

图 7-2　任务控制——地面全天候支持

7.1.3　月球距离

（1）阿波罗 8 号：最早飞向月球的人类

阿波罗 8 号（1968 年 12 月）有以下几项预定备选任务，这些方案的作用高度依赖于切换至备选计划的需求变得突出的确切时间。备选任务分别为（NASA，2000b）：

1）备选任务 1。S-IVB 提前关机导致不能插入标称地球轨道，从而要使用服务推进系统将阿波罗 8 号送入地球轨道。如果服务推进系统可用（取决于适用燃料），则会演变为多于 10 天的高远地点（7 200 km）地球轨道任务。

2）备选任务 2。S-IVB 到达地球轨道但没有完全点火，从而无法向月轨道插入提供足够的速度。同样，服务推进系统可用于实现远地点为 7 400 km 的轨道，指令服务舱绕地球运行两周或三周，然后使用服务推进系统降轨，完成 10 天任务的剩余部分。

图 7-3　阿波罗应急舱外活动

　　3）备选任务 3。如果 S - IVB 向月轨道射入提前熄火，则服务
推进系统可用于根据远地点高度完成与备选任务 2 相似的任务，并
完成计划地标观测。如果远地点高度在 1 853～46 250 km 之间，服
务推进系统就执行一次机动推后近地点，使其经过地面网络站，乘
员在那里执行一次下推点火，从而将远地点高度降低至约 740 km，
使任务能继续进行。备选方案 3c 用于产生的远地点高度在 46 250～
111 000 km 之间的情况。指令服务舱留在现有轨道上且随后直接再
入，服务舱上的燃料可能不足以将轨道降到 740 km，但足以离轨。
计划让阿波罗 8 号进入周期约 12 h 的半同步轨道，为太平洋和大西
洋上空的两次近地点离轨点火提供时机。标称燃烧持续时间本可以
实现从高远地点椭圆轨道直接再入，满足部分为月距计划的再入试
验目的。方案 3d 用于向月轨道射入提前熄火但产生的远地点高度超
过 111 000 km 的情况。从而可以用 SPS 提供所需的附加推力，以自
由返回轨迹进行绕月飞越（并不入轨），最终完成直接再入。

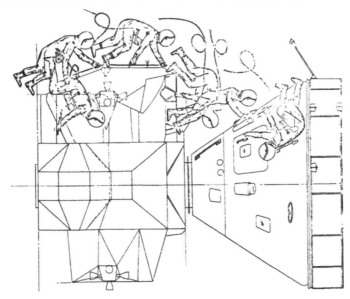

图 7 - 4　阿波罗舱外活动的步骤顺序

所幸阿波罗 8 号并不需要其中任何一个备选方案，而成了首个进入绕月轨道的载人航天器。1968 年圣诞节期间，博尔曼、洛弗尔和安德斯完成的历史性任务是载人空间探索的一个里程碑，并为三次飞行之后的成功登月奠定了基础。

（2）阿波罗 10 号：登月舱进入月球轨道

阿波罗 10 号（1969 年 5 月）是第 2 次载人探月任务，飞行计划中也有能在任务不同阶段使用的备选任务。控制人员和飞行乘员还要进行一系列"继续/终止"决策（NASA，2000c）。指令服务舱可能会单独在地球轨道或大偏心率、高远地点的深空轨迹上飞行。指令服务舱/登月舱组合体还能提供一系列地球轨道或半同步轨道上的备选任务。

仍有在自由返回轨迹上运行的可能性，包括指令服务舱/登月舱组合体在返航之前绕飞月球，或者使用下降级或上面级发动机或两者结合，完成一项仅指令服务舱可完成的月球轨道任务或月球绕飞及很多备选方案，这取决于故障程度、任务时序和乘员安全。还规划了一些在非标称情况下回收登月舱上升级的备选交会模式。

7.1.4　阿波罗：人类登月的开始

随着探月任务向前推进，人们对各种系统和程序的信心和经验也在增加，但对各种非标称情况的警觉性始终存在，对阿波罗着陆飞行备选任务的规划也一直在继续。

阿波罗 11 号（1969 年 7 月）是首次按照完整的阿波罗任务剖面飞行的飞船，也因此改写了历史，而且正是因为有很多预防措施用于应对意外事件，才使飞船实现任务目标（NASA，1999b）。以后的登月航天员也可以利用这些异常中止计划，修正具体的飞行剖面、目的和硬件。

在地球轨道上，可能会启动"返回地球异常中止模式"，以尽早将乘员送回地球。向月球轨道插入机动后，有几个时机可以中止点火并让乘员返回地球。在短暂的向月轨道射入点火期间，执行

"10 min中止模式"而立即返回地球的可能性极小。如果出现这种情况，向月球轨道射入机动会提前终止，乘员要执行一次由机载计算机算出的服务推进系统制动点火。这必须在 S-IVB 熄火后的10 min 内完成，以保证指令舱安全再入。理论上，从异常中止起到让乘员返回的时间选择，取决于向月轨道射入熄火前的燃烧时间长度，这可能从 20 min 到 5 h 不等。还要考虑使用服务推进系统进行航向修正以改善再入环境的因素。这是一种极端的紧急中止场景，其中，乘员幸存是最重要的考虑因素。出于速度的原因，可能会选定这种中止方式，但着陆点无法在中止时刻就确定，且由于诸多变数和实时情况占主导地位，导致无法精确确定着陆点位置。如果在主着陆区或次着陆区之外着陆，乘员则必须凭借一些应急和野外训练的经验。

乘员可用"90 min 中止模式"控制向月球轨道射入燃烧过程中的非标称情况。在这个时间段内，如果必须启动中止且乘员必需返回地球，则会在向月轨道射入熄火后约 90 min 时启动中止。但这时，大西洋、太平洋或印度洋中的预选着陆区可以瞄准一个称为回收线（recovery line）的区域。在一次服务推进系统制动点火和中途修正后，标称再入条件应该可以保证指令舱的标称再入剖面。

（1）向月惯性飞行

通常，地球与月球之间为期 3 天的航线称为向月惯性飞行。如果这段时间内必须执行异常中止，则任务剖面可能与前述的"90 min中止模式"相似。服务推进系统燃烧时间和航天器姿态信息被传送给乘员。任务期间执行异常中止燃烧的时机和由此得到的轨迹决定了着陆区的位置。地球自转使得每 24 h 只有一次机会着陆于太平洋中部的首选地点。为此，会考虑在大西洋或印度洋着陆，这样每 24 h 就有 3 次着陆机会。

随着航天器飞行并远离地球，向月惯性飞行结束时，航天器将到达月球处在其轨道上的位置，这对其返回地球的能力也发生了变化。当月球与地球的引力作用相当时，月球影响范围增大，这时采取"绕月中止模式"比直接返回地球中止模式更好。

（2）月球轨道插入

如果将航天器送入月球轨道时必须提前终止燃烧，则可以执行相应的异常中止程序，根据燃烧中止出现的时间又可分为3种模式。在每种模式中，指令服务器都返回太平洋中部的回收区。

1）模式I。如果服务推进系统发动机在点火时刻起到开始燃烧90 s之内熄火，则采用模式I。这种情况下，在熄火2 h后，登月舱下降级发动机开始下降推进系统（Descent Propulsion System，DPS）的航向推进燃烧，把航天器送入返回地球的轨道。

2）模式II。月球轨道插入点火持续90 s至3 min之间熄火时，采用模式II。这是1次2级燃烧。首先，DPS点火使月球轨道周期缩短，而航天器组合体不至于发生撞向月面的惨剧。第2次点火把航天器送入返回地球的轨道。

3）模式III：从第3 min到正常关机之间熄火时，则使用模式III。在正常关机之后，航天器会被插入标称月球轨道，在该轨道上再确定之后要采取的行动。如果在此期间调用了中止程序，将先在绕月轨道上运行几圈，再开始DPS航向推进燃烧，从而将航天器置于所要求的返回地球轨迹上。

（3）月球轨道方案

月球轨道上的异常中止操作，本质上就是提早执行向地球轨道射入点火。调用该异常中止模式的时间，取决于月球轨道飞行计划时序。如果登月舱必须在任务的下降、上升或在轨阶段异常中止，则着陆器可以执行所需的燃烧，从而与在轨运行的指令服务舱交会。如果登月舱无法完成交会，则指令服务舱可以机动救援被困在轨道上的登月舱。在这种情况下，任务结束时会标称着陆在太平洋中。

（4）登月舱提供动力的下降

在阿波罗登月舱上，基本制导与导航系统（Primary Guidance and Navigation System，PGNS）异常中止程序或者异常中止制导系统（Abort Guidance System，AGS）会在月面下降过程中控制所有的异常中止操作。在这一阶段，DPS 和 PGNS 的状况是最重要的。如果两者都能正常工作，则乘员可以通过按下登月舱显示控制台上的"异常中止"按钮来启动异常中止操作。"DPS 异常中止"在 PGNS 的控制下继续进行，直到航天器轨道插入，DPS 故障导致下降发动机未得利用，或可用推进剂耗尽方式补救。如果下降发动机熄火时获得的速度增量小于 9 m/s，则下降级和上升级由手动指令分离，反作用推进系统用于实现轨道插入。如果获得的速度增量大于 9 m/s，则按下"Abort Stage"按钮，通过爆炸力分离下降级和上升级，并点火上升发动机，由此进入规定轨道。如果 DPS 无法执行异常中止，则通过按下"Abort Stage"按钮启动上升推进系统。

如果 PGNS 发生故障，则由 AGS 控制异常中止。借助正常工作的 DPS，推力水平由手动控制转向由 AGS 控制。如果 DPS 不能正常工作或所得速度增量大于 9 m/s，则乘员手动分离两级，并使用反作用控制系统完成登月舱的轨道插入。如果 PGNS 和 AGS 都发生故障，则乘员会利用以视界角为参照的手动异常中止技术。

（5）月面停留期间

一旦登月舱着陆月面且下降发动机确认关机，航天员最想知道的答案、且他们接受的训练也规定他们必须问的问题是：他们能否停留一段时间。地面控制人员要评估形势，如果形势允许，则确认停留并继续进行着陆后的操作。如果形势不允许，则有 2 个首选的起飞窗口，这实际上开始于动力降落点火时刻（在月球轨道上点火下降级发动机）。第 1 个窗口是从动力降落点火到着陆后的 15 min 时段，包括 3 min 的着陆时间。第 2 个窗口是在着陆后持续约 9.5 min（动力下降后约 21.5 min）。采用其中任何一种方案都要点火上升级，将自身与 2 名航天员送入 16.6 km×55.5 km 的轨道，这对于主动登月舱与指令舱交会是可以接受的。如果是在着陆后 33 min 阶段执行的，则利用一条附加轨道和所谓的"指令服务舱驻留轨道"来改善交会条件。如果采用第 2 种着陆后 9.5 min 中止的方案，则 2 条轨道都将增加交会对接操作。

方案要根据指令服务舱轨道的任何变化进行实时调整，且随着月面停留时间的增长，中止停留的时间点也在发生变化。最佳时间点是在指令服务舱每运行一周（约每 2 h）经过着陆地点上空一次后不久。当然，压缩月面活动也取决于乘员在月面上的时间和地点，留在登月舱内执行中止模式比在月面执行舱外活动时执行中止模式要容易一些。

只要满足一定的时间约束和性能指标，登月舱随时都能马上起飞。但这种紧急情况发生的可能性极小。虽然如此，由于在某些时段内交会相位相当低，所以可能不得不考虑这种情况。这种中止任务出现的概率太低了，因此不必制定非常详细的计划。如果 PGNS 可以正常工作，则由 PGNS 控制且由 AGS 备份控制异常中止，同时，还研制了手动制导系统在两者都发生故障时使用。这种模式使用飞行指引仪姿态指示器或月球地平线作为姿态基准。

（6）登月舱提供动力的上升

如果在动力上升的短时间内出现问题，有 3 个异常中止方案可供选择。PGNS 故障时，由 AGS 控制上升。如果 AGS 在上升时发生故障，则由反作用控制系统（RCS）完成轨道插入，只要当时还有足够的推进剂。如果 PGNS 和 AGS 都发生故障，则乘员使用 RCS 手动启动异常中止模式。

（7）向地球轨道射入

如果服务推进系统提前熄火，有若干备选方案可供乘员选择，很多备选方案都是从月球轨道插入的异常中止程序演变而来的，唯一区别是首要目的转变为尝试重新点火服务推进系统。如果熄火发生在向地轨道射入最初的 1.5 min 内，则采用月球轨道插入异常中止程序中的模式 III；如果在 1.5～2 min 之间，则采用模式 II；如果关机出现在 2 min 到标称燃烧结束之间，则采用模式 I，并取消 2 h 的惯性飞行段。

（8）向地惯性飞行

在返回地球途中，唯一实际的异常中止方案是使用服务推进系统或 RCS 来提升或降低轨迹，并改变着陆地点的经度。一旦到了再入前 24 h 的时间点，就不会再有用于改变着陆地点的点火。这使指令舱可以保持最优飞行速度和航迹角，从而保证再入过程尽可能安全。

（9）再入

如果制导、导航与控制系统（GNCS）在再入过程中发生故障，则制导再入无法在任务结束时到达期望定位点。如果某次任务中发生了这种情况，指令舱乘员可使用再入监视系统（Entry Monitor System，EMS）辅助着陆制导。虽然这会使飞船略偏离预定目标着陆区，但仍会落在大洋中。如果 GNCS 和 EMS 同时发生故障，则仍有可能以"定常"减速再入，但会使着陆地点远远偏离原来期望的目标区域。

与早期任务相似，阿波罗 11 号也有很多可用的备选方案，如果在任务过程中出现问题，备选方案无法即时阻止故障情况，但确实能预防其发展到任务中的下个关键点。例如，如果土星火箭第 3 级无法正常工作，则备选方案有 3 个，包括指令舱单独在近地轨道或半同步轨道上执行为期 10 天的任务。3 个备选任务分别为：在近地轨道上指令舱和登月舱组合运行；在半同步轨道上指令舱与登月舱非对接运行；或者作为一个组合体运行。目的是积累关于深空活动和让指令舱和登月舱共同或单独飞行后果的经验。

乘员到达月球时，如果无法进入月球轨道，则可执行绕飞并进入自由返回轨迹，并对未来的着陆点进行拍照。指令舱可单独在月球轨道上运行，同样进行地标摄影和跟踪活动，用于以后的任务规划。还有一些备选方案，包括在登月舱无法接收到"同意着陆"指令的情况下，让其单独在月球轨道飞行的安排，并在通信故障时作为指令舱的额外备份。上升级可继续用作通信中继，可能直到接近地球时，各舱需要分离而使指令舱再入。这取决于故障程度。

随着着陆月球目的的实现，阿波罗的能力就可以进一步扩展，研究人员可以制定一些更深入的月球距离空间科学和工程目标计划，但仍要为备选任务保留方案，以防在飞行过程中的某个重要时刻出现硬件故障或程序错误。当然，乘员安全始终都是最重要的，在出现各种事故时都有一系列异常中止或应急方案可用，以尽量提供冗余度和附加安全性。这在 1970 年 4 月的阿波罗 13 号任务中得到了清晰演示。

如果阿波罗 12 号（1969 年 11 月）无法执行向月球轨道射入点火，则射出登月舱并在 24 h 内完成拍照任务（NASA，1999c）。在第 2 飞行日，登月舱离轨且指令舱进入椭圆轨道，以在第 3 到第 5 飞行日完成拍照任务。如果可以在地面经过时间（GET）100 h 内实现，则航天器能在第 5 飞行日被回收。

如果乘员无法使登月舱与 S‑IVB 分离，则会在返回地球前继续前往月球轨道，进行为期 3 天的地标跟踪和立体、高分辨率拍照任务。如果登月舱的下降推进系统无法支持安全着陆，则指令长和登月舱驾驶员会返回指令舱，并在投弃上升级之前转移必要设备且修改指令舱计划。在乘员返航前，备选的拍照与观测任务聚焦于 8 个未来阿波罗可能的着陆区。如果对接前登月舱上出现问题，则 DPS（如果可用）会用于改变轨道计划、节省服务舱燃料，然后被抛弃。随后，乘员继续进行着陆地点地标与特征拍照。指令舱计划进一步修改，使拍照范围继续向西扩展。共计可定位 10 个可能的着陆地点。

在阿波罗 13 号（1970 年 4 月）的地球轨道备选任务中，乘员与登月舱对接并转移摄影器材（NASA，2000d）。登月舱随后离轨并落入太平洋，指令舱改变计划实现 40°的轨道倾角，允许日间每次飞越美国本土时对其拍照。

如果标称的月球轨道备选任务已经完成，则指令舱/登月舱组合体会聚焦照相机镜头，目标为肯索理努斯（Censorious）、笛卡尔环形山（Descartes）和戴维月谷（Davey Rille）。为避免遮挡某个指令舱窗口，会在开始拍照活动之前抛弃登月舱。如果决定指令舱单独进入月球轨道，则取消混合型变轨，而指令舱会重新进入自由返回轨迹。在这种情况下，两次月球轨道插入点火会把航天器送入高度 111 km 的圆形轨道，从而能对肯索理努斯和姆斯汀 C（Mosting C）环形山拍照。

众所周知，阿波罗 13 号在飞往月球的过程中经历了一次氧气罐爆炸事件，任何备选任务也不如让乘员最快速地返回地球运动。而阿波罗 14 号（1971 年 1 月/2 月）的着陆地点就是阿波罗 13 号原先的预定着陆点（弗拉·毛罗环形山，Fra Mauro），其备选任务和异常中止的月球任务在实质上是相同的（NASA，2000e）。

最后 3 次阿波罗任务属于"J"系列，具有附加硬件、消耗品、扩充的科学仪器和能力，称为"超级科学"阿波罗任务。因此，对备选任务也进行了修改，以体现标称任务之外的附加能力。

如果阿波罗 15 号（1972 年 7 月～8 月）无法脱离地球轨道，则一次 6.3 天的任务会成为拟议中的备选方案（NASA，2001）。登月舱射出并在太平洋上空离轨，而在指令舱进入 1 299 km×213 km 的高远地点轨道后，子卫星也从科学仪器舱（SIM）货舱中射出，以最大限度延长小卫星的寿命。此后，目标是使用卫星的伽马射线光谱仪获得地球磁气层数据。指令舱随后会回到 444 km×211 km 的轨道，其远地点位于美国本土上空。这使阿波罗 15 号乘员可以使用 SIM 货舱相机完成一系列拍照任务。在备选任务的最后一天，指令舱驾驶员阿尔·沃登进行一次舱外活动，取回相机底片盒。此外，乘员要评估阿尔法粒子光谱仪、质谱仪和激光高度计的使用情况，以验证它们的实用价值。还计划使用 X 射线荧光设备进行宇宙局部测绘并获得宇宙背景数据。

如果任务进展使得包含着陆的向月轨迹被认为不可能，若月球轨道插入未被执行但允许启用"返回地球"方案时，（与连接的登月舱一起）轨迹将被维持在下降推进系统的能力范围之内。从在月球轨道上点火返航开始，服务推进系统始终发挥主要作用，并以登月舱下降级发动机作为备份。在绕月期间（与连接的登月舱一起），乘员会在 111 km 的高倾角轨道上进行为期 4 天的轨道科学与拍照任务。

如果登月舱不可用，则指令舱继续前往向月轨迹，以服务舱反作用控制系统能力为可接受的"返回地球"方案。如果 SIM 货舱门没有投弃，则不能执行月球轨道插入。如果轨道已经实现，则同样在 111 km 高度的高倾角轨道上完成为期 4~6 天的轨道科学与拍照任务。不论着陆异常中止发生在动力下降起始之前还是之后，都在约 6 天内进行一项仅指令舱可完成的月球轨道科学任务。在这种情况下，登月舱会在被抛弃之前进行交会、对接和转移乘员，以继续进行备选任务。

阿波罗 16 号是倒数第二次阿波罗探月任务，于 1972 年 4 月实施（NASA，2002a）。如果任务仍在地球轨道上进行，则开展为期 6.3 天的任务，且在投弃并离轨登月舱之前要将必要的设备转移到指令舱。SIM 货舱操作主要在美国上空，X 射线荧光光谱仪用于获得更多的银河系 X 射线源。地球伽马射线反射率数据由伽马射线光谱仪收集，也可用于伽马射线天文学目的。子卫星被释放到高远地点轨道，以提高其轨道寿命并通过粒子探测器收集数据。另外，还在互不干涉的基础上进行另一项 SIM 货舱试验，为未来应用进一步收集工程数据。指令舱驾驶员肯·马丁利（Ken Mattingly）会在任务快结束时完成一次舱外活动，取回 SIM 货舱中的胶卷底片盒。

月球轨道备选任务包括一个 DPS 无法工作时的方案，与阿波罗 15 号可用的方案类似。其中，要在 6 天内完成一项轨道科学任务。如果 DPS 在月球轨道插入机动之前就被认定无法工作，则登月舱在重新对接且乘员转移之后被投弃，服务舱用于使轨道圆化，以同样在 6 天内完成科学和摄影工作。与阿波罗 15 号相同，如果阿波罗 16 号的登月舱无法下降到轨道并返回指令舱，则进行 6 天的科学任务。

阿波罗计划的最后一次月球任务是 1972 年 12 月的阿波罗 17 号任务，它为这一具有历史意义且高度成功的任务系列画上了句号。这次飞行的备选任务包括常规地球轨道或月球轨道方案，以备标称任务无法完成时选用（NASA，2002b）。

地球轨道备选任务约持续 6.5 天，其间，在投弃和离轨登月舱

之前将有用的设备转移到指令舱。一次服务推进系统点火可将轨道
倾角调整为 45°，这为科学效益最大化创造了最佳条件。反作用控制
系统随时准备提供备份离轨能力。为了科学目的，SIM 货舱中的月
球探测仪、远紫外光谱仪和红外扫描辐射仪会用于收集地球大气和
地形及天文观测数据。乘员利用绘图和全景照相机，对选定的地面
目标进行拍照，在任务接近尾声时，试验得到的底片由指令舱驾驶
员罗恩・埃文斯（Ron Evans）取回。

　　月球轨道上的操作也取决于登月舱上可用的 DPS、发生故障的
系统、指令舱在下降轨道插入之前是单独运行还是跟随登月舱运行，
以及任一中止的下降轨道插入机动。同样，在这些情况下轨道科学
与摄影会成为重点，但是将来也不会再有飞行任务在其可能的着陆
地点收集信息。"J"系列任务从轨道和照片文件中收集尽可能多的
信息，以扩充我们对于月球表面的认知。

7.1.5　地面与空间保障

　　除阿波罗 13 号以外，所有的登月任务都实现各自目标并安全返
回地球。即使在阿波罗 13 号中，因爆炸而导致登月目标异常中止之
后，经过令人痛心的几天，乘员也安全返回了。这些任务的成功依
赖于很多因素，如增加的硬件和飞行剖面的冗余度及备选任务与异
常中止任务方案的可用性。

7.1.6　月球着陆地点

　　经过两年的紧张讨论与争辩，选定了位于月球可见面的最初着
陆地点。从最早的 30 个地点，每次任务的选择范围不断缩小，首先
满足平滑、接近、推进剂要求和接近目标航迹和着陆区域的期望地
形坡度，从而保证登月舱上升级安全发射。此外，如果土星 5 号发
射推迟，则这些着陆地点应能重复利用，为可能的延期预留余地。
每个地点都应允许采用自由返回轨迹绕飞月球，在出现重大问题时
能提前返回地球。随着任务数量不断增加，完成的任务的信心也在

增强，早期的规则和计划得以扩展，因此，研究人员列入了条件与早期相反的着陆地点。新地点的环形山和圆形巨石较多，还要飞越山丘，要探索的地形也更为崎岖，需要更多的推进剂。为了到达这些地点，需要在前往月球途中从自由返回轨迹向混合轨迹过渡。

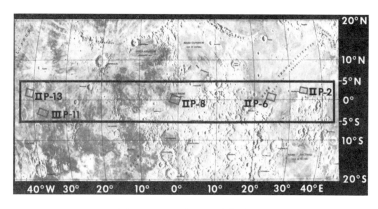

图 7 - 5　阿波罗月球着陆区

7.1.7　自由返回还是混合返回

早在约翰·F·肯尼迪总统决定实施阿波罗计划（在 1969 年底前把美国航天员送上月球）之前，美国人就已充分了解了最安全的操作方式。这种方式称为"自由返回"，即利用月球引力有效操纵航天器而非仅使用火箭燃料，后者会增加火箭质量，可能会妨碍航天器从地面起飞，从而导致地球轨道上航天器的部组件更加复杂，延长了掌握操作技能的时间，最终增加了多部件同时在轨发生故障的风险。

航天器沿"8"字形的轨迹飞行，离开地球轨道并朝向 3 天后月球在其自身绕地球的轨道上运行时可能所处的位置附近。利用自身和月球的速度以及月球引力作用，航天器可以绕飞到月球后方然后继续朝向地球飞行，无需进入轨道；如果主推进系统发生某种故障，可以由稍小的反作用控制系统对轨迹进行细微修正。苏联的探测器号无人航天器飞行过该方式的一种变种，如果苏联的计划和硬件进展能像美国阿波罗系统一样顺利的话，本会在 1968 年 12 月、美国阿波罗 8 号任务之前实现首次载人绕月飞行。当然，这一切都还需要考虑太阳及太阳系大行星的引力作用。明确规定飞行计划如何进行才能着陆月球也同样重要。随着飞行继续且对于系统和硬件的信心不断增强，基础轨迹也在不断改进，以探索更具科学意义而有趣的着陆地点。

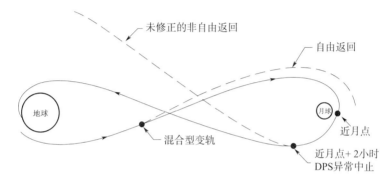

图 7 - 6　飞往月球的阿波罗月球任务航线

　　阿波罗 8 号、10 号和 11 号任务都是依照自由返回轨迹飞行的。对于首次登月后的"H"系列任务（阿波罗 12 号、13 号和 14 号），在确认轨迹安全之后，飞船用机载发动机的一次短暂点火修正了航线。通过飞船发动机的一次短暂点火，服务舱上的服务推进系统发动机或登月舱上稍大的下降发动机（或稍小的上升发动机），都可以使航线重回自由返回轨迹。这种方法称为混合型轨迹，就返回地球而言，它不如自由返回方案"安全"。对于"J"系列任务，从前往月球的轨迹一开始就采用混合方案，且仅能使用飞船的主发动机系统回到自由返回轨迹上。还好，这些任务并不需要这样做。但对阿波罗 13 号来说，在第 3 飞行日服务舱上的服务推进系统损毁之后，不是服务舱而是与之保持对接的登月舱使乘员可以操纵飞船并提供所需的修正点火，将他们送回地球的。

　　在整个任务中，规划稍后的矢量修正及其所需的发动机点火，都由任务控制中心确定，并上传给乘员。初始信息包括主数据集和首选数据集，以后的信息还包括异常中止或失去联系时的备份或应急措施。这在阿波罗 13 号任务期间自然引起了公众的关注，不断变化的数据频繁地上传给乘员，由他们手写记录下来，然后才能继续非标称操作。这些都在 1995 年由阿波罗 13 号事件改编成的剧情片中得以展现。这些上行数据的另外一个"安全性"要素被称为"预通告数据"，是指在与地面失去联系的情况下能让乘员返回地球所需的信息。任务控制中心持续不断地为太空中的乘员提供保障，同时监控超出乘员能力范围的各种飞行问题。

W·戴维·伍兹在本丛书的其中一本里，很好地阐述了阿波罗技术如何取得预期效果，以及飞行中的每个障碍如何得到迫近和克服（Woods，2008）。本书作者在丛书的前一本里已经详述了阿波罗 13 号任务细节（Shayler，2000，pp. 277 - 307）。

7.1.8　无备选方案

月面安全问题则是另一个关注点。硬件、程序、备选方案、备件和技术的好坏，实际上与那些设计和发展理论、进行真实试验和支撑操作的人是正相关的。阿波罗任务中的失败从来都离成功不远。幸运的是，在整个计划范围内，成功要比失败多得多。当然，也有些事物不能简单地用备份或冗余系统完成。登月舱的上升发动机必须正常工作，因为较小的反作用控制系统不具备这样的能力。如果单独留在指令舱上的航天员不能下来营救他的两位同事，他只能独自踏上回家的路，就像阿波罗 11 号航天员迈克·柯林斯 1974 年在其自传（Collins，1974）中生动的表述一样，他回忆了等待鹰号登月舱发动机点火确认时的想法，鹰号把他的同事阿姆斯特朗和奥尔德林送回轨道。

柯林斯写道，他感觉自己像一个紧张的新娘，而他 17 年飞行的所有经历，包括在双子星座 10 号前三年的第一次太空飞行，都没有像等待登月舱从月球上发射一样出那么多汗。从被指派执行任务起，他的心底就一直潜藏着忧虑，害怕不得不留下他的同事而独自回家。而这个决定性的时刻最终到来时，他知道如果他们已经失事或无法离开月面，他不能自杀而是要下定决心独自返回。"我将一辈子成为众矢之的，这我深知……还不如别无选择……一个小纰漏，他们就必死无疑了"（Collins，1974，pp. 412）。

当鹰号上升级带着阿姆斯特朗和奥尔德林起飞进入轨道时，他发现屏住呼吸好像真的有用。实际上，在阿波罗的每次载人飞行中，技术、程序与航天员和控制人员的技能都发挥了作用，甚至阿波罗 13 号被认为是一次"成功的失败"，因为乘员安全返回了地球，虽然登月的首要任务目标并没有完成。要说有什么区别的话，那就是阿波罗 13 号证明了多年以来对于意外事件的预定程序和部署是正确的，其中一些已在前一年的阿波罗 9 号地球轨道任务中被验证过了，例如使用登月舱下降发动机"操纵"对接的指令舱。在阿波罗 13 号任务期间，必须重写旧规则手册的事实则更具戏剧性，也更激动人心，并帮助树立了 NASA 的"能人"形象，这个形象在之后的航天飞机时代仍一直伴随着 NASA。

7.1.9　阿波罗的伙伴系统

每位航天员的便携式生命保障系统顶部是氧气净化系统，如果月面舱外活动期间出现问题，两个气罐可以提供 45 min 的应急氧气供给，让基本生命保障系统的紧急备用电源能开始工作，并为迅速返回登月舱、与登月舱系统连接提供了时机。

随着月面行走的复杂程度增大，更需要提供完备的方法，在生命保障系统出故障时保证航天员能在登月舱之外的月面上存活。该系统设计始于阿波罗 14 号，被称为伙伴系统。

伙伴辅助生命保障系统是一根联结软管，能让一名航天员在其生命保障系统发生故障时与另一名航天员的生命保障系统共享冷却水，从而尽快返回登月舱。这会减轻氧气净化系统的负担。如果生命保障系统完全失效，则伙伴辅助生命保障系统可从氧气净

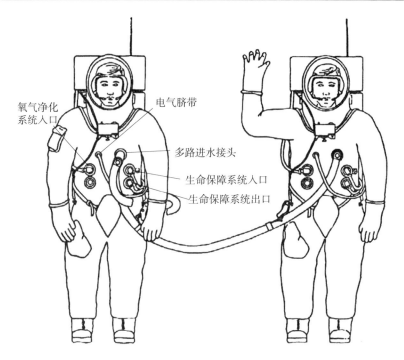

氧气净化
系统入口

电气脐带

多路进水接头

生命保障系统入口

生命保障系统出口

图 7 - 7　阿波罗伙伴系统

化系统中分流出供呼吸和加压用的氧气，同时，液冷服中的循环水能带走代谢热量。伙伴辅助生命保障系统存放在模块化设备运输装置上，该装置是一个两轮"人力车"，用于在第 2 次舱外活动中搬运工具和设备。第 2 次舱外活动离开登月舱越过的距离要比阿波罗 11 号和 12 号完成的总距离，或比阿波罗 14 号任务的第 1 次舱外活动都远得多。从阿波罗 15 号任务起，该系统被存放在月球车上。

当我们重返月球时，扩展型月面探索就必须要有适合的救援与应急程序和系统，就像阿波罗伙伴系统一样，从而在远离着陆器或基地的舱外活动中，能为航天服出现问题的乘员提供冗余系统。

7. 1. 10　应急月球行走

乘员永远都不会真正知道，他们在月球上的停留是否会完全
按照计划进行，还是会因无法预见的问题而终止，因此在任务规
划时会期望，尽早在第 1 次舱外活动时就采集到月面物质样品，
以保证月面舱外活动提前终止时，至少还有一小份样品能被带回
地球。

一旦仅有一套舱外机动装置可供使用，则就地采取应急舱外活
动措施，以保证在第 2 位航天员无法离开登月舱时，至少能进行单
人、短时间的舱外活动，并通过一条脐带与登月舱环境控制系统保
持连接。同样，如果登月舱上某个需要持续监视的系统发生故障，
则仍可执行已修订的应急单人舱外活动，但其内容和距离都会受到
限制，这取决于当时遇到的问题。

任务规则指出，单人舱外活动有可能完整执行或以最短时间执
行，同时根据需要修订月面任务项。进行舱外活动的航天员应尽量
保持在登月舱内另一名航天员的视线范围之内。这种舱外活动构造
意味着，每位航天员都要确定任务和角色的优先顺序，这样在需要
进行应急舱外活动时就可将最重要的任务安排给一名航天员，而将
辅助性任务安排给另一名航天员。指令长很可能会执行应急舱外活
动，最大程度保证完成已修订的主要目标；同时，指令长或登月舱
驾驶员都可能会执行第 2 次、乃至第 3 次应急舱外活动（Shayler，
2002，pp. 294 - 295 and 299 - 300）。

7.2　宏伟计划与设计研究

多年来，已有很多从太空中营救航天员的想法和提议，它们不只
被写进科幻小说，也被空间活动的正式设计研究和建议书采纳（Bur-
gaust，1974；Wade，未注明出版日期）。其中很多始终没有脱离图纸，
也有一些被纳入或建议纳入到未来或当前的计划中。尽管如此，一些

正式提议并规划的想法，却由于预算限额或原本可以支持的硬件损失，而导致从未投入使用。下面总结了 20 世纪 60 年代至 70 年代一些主要的"太空救援"设计方案（Greensite，1970）。

（1）太空救生船

美国布卢姆 & 奎利恩公司提出的单人或 3 人救生船，覆盖整个 1960 年代的多人航天器范围，为可与主航天器分离、但没有再入能力的短期太空舱。根据假设，可由第 2 艘救生船收回。该太空舱备有应急食品、氧气、水、独立太阳电池阵和电池组电源、舱内照明和信号设备，长期设计中还有废物收集分系统。

单人设计方案寿命为 14 天，长约 2.1 m，最大直径 1.05 m，质量 260 kg。还提出了该设计的长期衍生型，用于未来的火星或金星探测。这种版本的寿命定为 365 天，但有人指出，乘员在实质上是"太空棺材"的空间中经过这么长时间，其心智会出现问题。3 人设计方案长 5.2 m，直径 1.6 m，质量 716 kg。长期设计的长度增加到 32 m，具有污染空气再生能力、姿态控制及推进与导航设备，提供一些机动能力。

另一家公司，即 ASD 公司提出了一种 5 人救生船，能够分离但不能再入，它寿命较短，质量为 1 422 kg。

（2）乘员避难舱

ASD 还提出了一种 10 人应急避难舱的设计，不能与主航天器分离，也因此无法再入。相反，乘员要自主与"空间站"的其余部分隔离，用的是避难舱内置的专用对接和转移设施，然后再等待其他飞行器的救援。该设计长 3.3 m，直径 4.5 m，质量 3 012 kg。营救该避难舱上的乘员必须在其 14 天的寿命之内完成。格拉曼公司（Grumman）的一些登月舱设计具有乘员"避难舱"，用于扩展的月球探测目的，称为"阿波罗应用（月球）计划"。它们最多能支持月面上的乘员停留 14 天，也能保护一名被困月面、等待其他登月舱救援的乘员。

（3）紧急救援再入系统

最具独特性和挑战性的提议是关于个人再入系统，其中，1 名乘员将穿着（或乘坐）1 套个人再入系统，该系统可以穿越地球大气层，而后使用降落伞或滑翔伞安全降落。单独 1 位航天员穿过再入火球的画面并不新鲜——水星号和东方号的所有乘员都这样做过，联盟号飞船和神舟号飞船乘员也在这样做。单独再入并不是问题所在，而是你将乘坐的东西强加给你对技术的信赖与信任，远远超出"常规"航天器再入技术。

　　所谓的"卫星救生船"提出了与海上救生筏类似的概念。海上救生筏缺少动力和控制，只能漂流，希望能够漂向岸边，但往往要受定期洋流的支配。在太空中，"救生船"能在该装置冲向地球时为乘员提供阻隔作用，有时不用凭借自身动力，但永远受重力影响。

　　太空救生船原本计划放置在大型航天器的外壁上，其防护罩在太空真空中向外凸出，入舱口面对起居区或工作区开启，由空气密封装置牢牢地夹紧到主航天器上。一旦弃船信号发出，航天员要尽可能迅速地向救生船飘浮移动、密封舱门并启动紧急弹射控制装置，或凭借受控爆炸从主航天器上分离已密封的救生船。单独一名乘员利用压缩空气启动系统，通过机载推进系统（压缩空气定位系统为备份）定位并使该装置离轨，然后在再入之前确定救生船方位。再入过程中，太空救生船会受到保护（很可能是靠烧蚀涂层），此后采用适当的缓冲装置完成陆地或水上降落伞着陆，在等待救援的过程中，航天员可依靠救生包存活一段时间。额外的应答器和信号设备可帮助搜救小组定位已经着陆的航天员，其中一些设备在与航天器分离时就已经启动。按照需要，救生船可容纳 3 名或多名乘员。据推测，一些救生船可放置在大型航天器或空间站周围的重要位置。如今的联盟号飞船就以大致相同的方式为国际空间站乘员提供了应急逃生途径。

　　这类救援系统的衍生型介绍如下。

　　1）加劲肋可膨胀逃生系统。北美航空公司提出了一种铰接式肋结构，能从贮存密闭容器中展开成具有气动外形的力学刚性外壳，内部加压，为最多 3 名乘员提供无需航天服的环境。该系统长为

3 m，直径 4 m，质量 660 kg，设计用于空间站。

2）紧急地球轨道逃生装置。由洛克希德公司设计，为可容纳 3 名航天员的太空舱，以美国空军发现者号无人可回收卫星太空舱方案为基础进行设计，该方案曾用于支持 20 世纪 60 年代早期的军事太空计划。该装置长为 3.70 m，最大直径 2.90 m，质量 1 240 kg，使用固体推进剂火箭执行离轨，据称其"新技术"防热罩材料能使这个 3 人飞行器比 1961—1963 年的水星号单人飞船还轻。

3）球形防热罩。这是罗克韦尔公司提出的方案，能在加压环境下将 2 名航天员从空间站送回地球，其长为 1.50 m，最大直径 2.20 m，质量 445 kg。它的半球外形类似于切成两半的东方号"谢里克"（球形着陆装置）设计方案。

4）GE 救生船。美国通用电气公司提出了一种可容纳 3 人、刚性、不加压的救生船。这就要求乘员穿着全身加压服（类似于双子星座号或联盟号"隼"式航天服的舱内活动救生服——而非舱外活动航天服设计）。其气动外壳方案使用了具有泡沫芯层设计的新型非烧蚀材料，长 1.80 m，直径 3.00 m，质量 480 kg。整体式反作用控制系统低温气体制动火箭点火能力可以通过平视显示装置进行手动对准。每名乘员都有一套用于再入之后单独着陆的个人降落伞。

5）SAVER。这是应用个人弹射座椅的单人逃生方案（与双子星座号或早期航天飞机轨道飞行试验任务中使用的类似）。北美罗克韦尔公司提出在座椅后面放置头锥罩，吸收再入时的大部分热，而后从座椅处展开一个大型气球（直径 10.00 m），通过调整气球的大小可以改变再入过载和拖曳效应。

6）Airmat。美国固特异公司提出的设计，具有充气囊状结构，包围弹射座椅上 2 名穿着航天服的航天员。这需要研制新型弹性防热罩，设计长度为 1.5 m，直径 2.20 m，质量 1 140 kg。固特异公司考虑的是从空间站上分离的两人弹射系统，随后被包裹在防护性再入气囊中，并使用人员回收伞着陆。

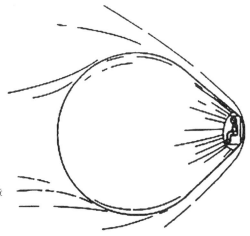

· 单人
· 大型可充气轻质气球
· 需要航天服和生命保障
· 新技术

图 7 - 8　SAVER 逃生方案（罗克韦尔公司）

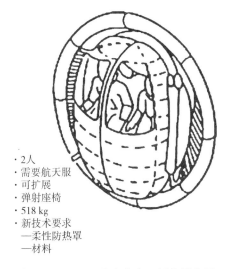

· 2 人
· 需要航天服
· 可扩展
· 弹射座椅
· 518 kg
· 新技术要求
　—柔性防热罩
　—材料

图 7 - 9　Airmat 逃生方案（固特异公司）

　　7）ENCAP。这一设计是基于折叠式防热罩的密封方案。一名穿着航天服的航天员离开航天器，气压驱动系统展开座椅结构后部的防热罩肋状结构。整体式制动火箭和反作用控制系统可手动定向，再入且座椅分离后，个人降落伞使人员回收成为可能（与双子星座号和东方号的方法类似）。它的长度估计为 1.40 m，最大直径 2.40 m，质量 266 kg。

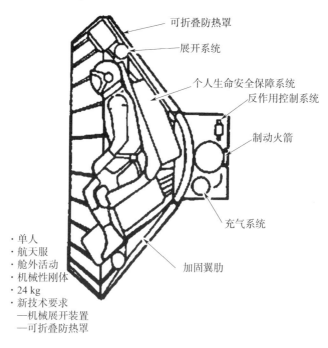

图 7-10　ENCAP 逃生方案

三项更先进的介绍如下。

8）紧急全球救援逃生与生存系统（EGRESS）。马丁·马丽埃塔公司研制，以 20 世纪 60 年代斯坦利航空公司为 B-58 轰炸机开发的密封弹射座椅方案为基础。EGRESS 长 2.0 m，直径 1.00 m，质量 370 kg，具有一个碟形的防热罩。它包括姿态控制系统、制导装置、环境控制系统、超高频通信系统、制动火箭和阻力稳定系统。装置启动后，在上升、轨道运行、再入和着陆的全过程中都可用手控开关选择适当的系统操作。任务序列开始于正面舱门的上部、中部和下部，分别从顶盖中的存放位置降至低位。这能把航天员密封起来，航天员可在航天器外舱门爆炸分离后的瞬间启动弹射。会短时间经历 13 g 的加速度；但减速阻力可能高达 22 g 。如果弹射在轨道上进行，则弹射火箭被隔离，只有小喷气发动机会在离轨点火前分离该装置。姿态控制系统对装置进行定向，航天员使用机载计时器为制动点火做准备。机载生命保障系统能够在 1.5 个轨道周期内维持一名航天员生存，使其有机会选择再入与应急着陆的最佳时机。回收伞在再入之后自动打开，缓冲支撑与稳定系统完成着陆缓冲。如果在水上着陆，安全环状浮袋根据设计要保证该装置能转为背面朝下，像一个里面载有航天员的大型封闭式茶碟一样浮在水面上。

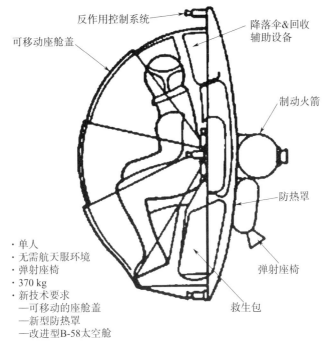

图 7-11　EGRESS 逃生方案（马丁·马球丽埃塔公司）

9）MOOSE。这是 20 世纪 60 年代最流行的人员救援系统设计方案。空间简易逃逸系统（Man Out Of Space Easiest，MOOSE）是一种能让航天员快速离轨的设计。当时的报纸头条都是关于航天员在防护囊中从航天器上"跳下"并落到地面的内容。这一设计由通用电气公司提出，长 0.87 m，最大直径 1.8 m，质量 215 kg。该系统的工作方式是：一名穿着航天服的乘员把 MOOSE 绑到背上，然后打开舱门，把自己推进太空中，基本上就是"跳下"。开伞索上的一个拉手能展开折叠式防热罩，然后在防热罩和航天员后背之间充入大量能够适应形状的聚氨酯材料以填充空间。手持式定向装置和制动火箭可以提供离轨和定向能力，从而航天员可以"落"回大气层内，在此期间，防热罩和泡沫可为航天员提供保护。再入后，胸伞上的一个开伞索能展开人员回收伞，并使其与 MOOSE 装置分离。通用电气公司还为该设计进行了试验以证明方案可行。泡沫试验记录中，核心温度达到了 100 ℃，但热量没有传到试验对象身上。烧蚀材料也进行了试验，进一步增强了对于该系统的信心。试验对象建议在泡沫混合物中加入少量的油，以在再入之后可以顺利分离。在马萨诸塞州的一次试验中，一名试验对象从 6 m 高处跳下，成功着陆在河面上，该系统和使用者一起安全漂到了下游。但当时也有人指出，从 500 km 高的轨道上落下和从 6 m 高的桥上跳下还是有些不同的。它是为 X - 20 动力滑翔机和某些军事空间站设计的，如载人轨道实验室；但该项目在飞行运行之前就被取消了，MOOSE 也随之被放弃。

10）Paracone。道格拉斯公司也开发了与 EGRESS 类似的方案，特点为具有大型球形头锥的锥形可充气结构。实际上，Paracone 构成了航天员座椅的一部分，包含与航天器分离需要的弹射装置、定向发动机、再入发动机和着陆与回收标识包。从航天器中弹射出来之后，航天员启动存放在其座椅上方支柱上的 Paracone 制动火箭，并调整方向使面部朝前，降低速度、准备再入。然后，航天员再次调整方向使背部朝向再入燃烧的方向，利用气压展开座椅处的轻质再入罩，该气压装置也用于操作反作用控制系统。这是一个很轻、也很简单的设计，仅用于陆地着陆——它甚至没有降落伞！Paracone 由 Rene - 41 纤维制成，表面覆有特氟龙涂层。弹道式再入时乘

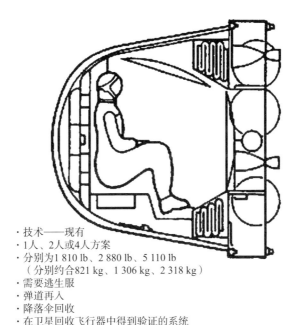

- 技术——现有
- 1人、2人或4人方案
- 分别为1 810 lb、2 880 lb、5 110 lb
  （分别约合821 kg、1 306 kg、2 318 kg）
- 需要逃生服
- 弹道再入
- 降落伞回收
- 在卫星回收飞行器中得到验证的系统

图 7 - 12　MOSES 载人轨道太空梭逃生系统逃生方案（通用电气公司）

员受到的过载不会大于 9.6 g，因此压力服能应对预期的热负载。着陆速度被头锥罩的缓冲结构吸收。该系统的基本试验、全尺寸冲击试验和自由落体模型坠落试验都是在风洞中进行的。结果令人欣喜，足以验证该设计基本可行。该设计选择了手动再入方式，使最大轨道寿命达 3 h（绕轨 2 周）。系统长 3.0 m，最大直径 2.0 m，其底座展开为 7.6 m，质量 227 kg。该系统还支持离开发射台、上升或再入后弹射，以及紧急回收。它的镍基合金机织物设计自带制动系统，常被形容为航天员的"飞毯"逃生系统。

　　以上介绍的这些人员逃生系统，都依赖于新技术的研制和新材料、新方法的发明。美国和俄罗斯的其他设计则突出使用成熟技术，如衍生自双子星座号、阿波罗号或联盟号飞船的各种航天器，并被纳入到航天飞机和空间站的方案中。

7.3　航天飞机应急操作

　　1972年，一份来自北美罗克韦尔公司的报告关注了地球轨道上的安全性，其中突出了航天飞机设计方案，随后得以研制，还提出了大型空间站计划。当时美国和苏联正在讨论制定以国际对接和空间救援系统为目的的国际对接任务，其前身后来成为"阿波罗-联盟"试验计划。它们有的能从航天飞机中逃生，有的使用轨道器作为救援飞船（Jenkins，2001，pp.156-159）。此项研究共历时12个月，集中讨论了5个与未来载人航天器安全运行相关的领域：运送危险载荷、航天飞机与空间站或其他飞行器（如另一架航天飞机或将来的俄罗斯航天器）对接、机上生存能力规范、航天器翻滚带来的影响及逃生与救援可选方案。

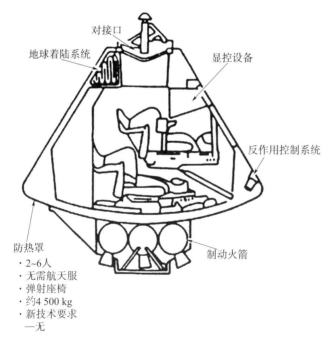

图-13　用于航天飞机的指令舱型逃生太空舱（诺斯洛普公司）

7.3.1　研究焦点

　　航天飞机应急操作研究项目的目的更多地在于乘员安全性，而非防止航天器损坏或损毁；该项目仅评估了飞行剖面的轨道段。北美罗克韦尔公司的早期研究也表明，航天飞机对于有效载荷舱中即使仅 0.05 kg TNT 当量引起的爆炸也很敏感。为更好理解，一枚手榴弹的威力相当于 0.01 kg TNT。受挑战者号爆炸事故影响，决定拆除携带液体燃料的人马座火箭的上面级，不再参与航天飞机有效载荷的部署。一枚装满燃料的人马座火箭相当于携带了 2 720 kg TNT！

　　同样还证实，对于轨道器的完整和飞行乘员的安全，大型有效载荷级和上面级的结构故障是灾难性的。处理这些危险有效载荷的推荐方法，包括早开、迟关轨道器有效载荷舱门、返回地球之前倾卸液体推进剂、加强轨道器结构、提高危险有效载荷的适人性，以及对于特定有效载荷加入投弃能力以减少着陆质量等。

图 7 - 14　正在新墨西哥州白沙试验场着陆的航天飞机（STS - 3）
白沙是肯尼迪航天中心和爱德华空军基地的备用着陆地点

　　机上生存能力重点评估标称操作中，航天员在轨道器周围的预计移动、可能的逃生路径及在轨故障时乘员隔舱的安全程度。无需预呼吸的快速穿戴救生压力服是一个可选方案。该项目还建议航天飞机的乘员隔舱中应有两个相互独立的加压隔舱，由防烟、防火的舱壁隔开。该项目进一步建议，其中一个"隔舱"应能当作拟议的轨道器气闸，为所有不需要压力服的乘员提供空间。此时，经由对接与转移设施或经由地面检修口、轨道器的头锥提供了进入救援船的通路。在任何情况下，轨道器设计都要求一些飞行乘员穿好航天服并留在驾驶舱内，从而尽最大可能控制飞行器。

轨道器翻滚可能意味着乘员伤亡和飞行器损毁，因为它无法自主再入定向，也几乎不可能与另一架飞行器对接。

图 7-15　模拟从航天飞机上紧急撤离

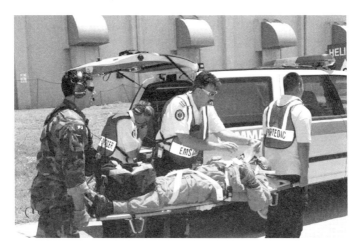

图 7 - 16　模拟救回受伤的航天飞机乘员

图 7 - 17　太阳神号撤离模拟

　　为提供救援能力，该研究项目旨在为航天飞机全体乘员提供逃生并安全返回地球的手段。该项目还评估了由另一架飞行器提供的救援能力及在重大事故中存活的方法。在一些情况下，航天飞机可以充当"救援船"，当然，受困轨道器本身得提出救援要求。该研究报告发布 30 年后，研究人员仍在评估发射救援用轨道器营救哥伦比亚号乘员的可行性，但前提只能是在 STS - 107 任务乘员遇难之后。在 1972 年的研究中，更受重视的一项设计是改进的阿波罗指令舱型 8 人飞船，它位于有效载荷舱前端，通过内部转移通道与中部舱室连接。还提出将单舱型空间实验室设施置于货舱中，为被困乘员提供"安全港"。此处的难点在于提供独立的生命保障途径，而这通常是由航天飞机轨道器提供的。空间实验室在当时与航天飞机是一个整体，不是自由飞行的装置，因此姿态控制和热控制要由轨道器完成。

　　与大多数空间救援系统的研究发现相同，它们都依赖于乘员能否接近系统，以及是否有时间隔离或抛弃问题舱。和平号空间站和航天飞机上的乘员并不总有足够的时间，而且他们可能未必都处于适当的位置来有效实施救援或安全程序，正如已演示验证过的情况一样。

　　1972 年的研究报告建议，当其他轨道器仍在建造时，应为早期航天飞机任务准备一些可提供救援能力的阿波罗剩余硬件。在土星 1B 或大力神 3C 运载火箭顶部安装救援用的阿波罗指令舱，是天空实验室计划中提出的观点，并建议在预计 1974—1978 年试飞航天飞机期间使用。该研究还评估了前述 20 世纪 60 年代初的人员救援系统设计（Airmat、Paracone、EGRESS 和 ENCAP，以及升力体设计）。

　　该研究开始时刻，恰逢航天飞机获得最终批准，美国佛罗里达州卡纳维拉尔角基地和加利福尼亚州范登堡基地的计划发射率均为每周 1 次任务，每 2 周各增加 1 次任务。这意味着要有足够多的轨道器来保持这个发射率。但并不是说要有专用的航天飞机救援飞船，而是说，要能在发射周转周期中的下一个轨道器上安装成套配件，以支持救援任务。这是天空实验室采用的方法。在天空实验室轨道器运行期间，并没有专用的阿波罗土星 1B 火箭，但有关方面很快提供了下一组发射器和航天器，以救援天空实验室上驻留的乘员，他们在无法使用自己的阿波罗指令舱返回时被困于空间站上。

　　可能计划太过宏伟，截至 2008 年，项目存在各种限制、资金限额和技术障碍等，使得航天飞机很难保持每年 8 次任务的发射率，更不要说每年 52 次飞行了。因此，无法想象第 2 架航天飞机能足够迅速地准备好开展救援，但这一点在 STS - 107 之后的任务中几近部分实现。

7.3.2 航天飞机乘员应急保障

STS - 107 任务后，NASA 进行了国际空间站上受困航天飞机乘员救援的可行性研究，该研究从地面发射开始，对运载火箭（固体火箭助推器、外部贮箱和轨道器上的相机）、对接前国际空间站驻留乘员对相关事项的检查以及向地传输数据进行综合评价，得到的结论是，轨道器再入与着陆环境不安全。应该有可能协调的一些因素，如发射的第 2 架航天飞机应有足够的时间提前量，以救援被困乘员，被困乘员在国际空间站上应能生存到救援航天飞机到达的时刻，国际空间站此时实际上成了被困乘员的安全港。

为了规划与生产，用于两次往返飞行任务（STS - 114 和 STS - 121）的应急航天飞机飞行分别命名为 STS - 300 和 STS - 301。指派执行这两次救援任务的航天员应从训练中的后两次飞行乘员中选出。STS - 121（STS - 300）和 STS - 114（STS - 301）任务的详细分工见表 7 - 1。

表 7 - 1　STS - 300 和 STS - 301 任务分工

STS - 300	史蒂夫·林赛	指令长，遥操纵系统后备操作员
	马克·凯利	驾驶员，遥操纵系统主要操作员
	迈克·福萨姆	1 号任务专家，2 号出舱活动乘员
	皮尔斯·塞勒斯	2 号任务专家/随机工程师，1 号出舱活动乘员
STS - 301	布伦特·杰特	指令长
	克里斯·弗格森	驾驶员，遥操纵系统后备操作员
	乔·坦纳	1 号任务专家，1 号出舱活动乘员，遥操纵系统主要操作员
	丹·伯班克	2 号任务专家/随机工程师，2 号出舱活动乘员

将挑战者号、哥伦比亚号与其他任务的飞行事后调查研究及建议综合起来，往往会纳入航天飞机项目中，并为飞行规则、程序和操作提供修订方案，以改进飞行活跃时期和轨道运行期间的安全性和保障性。

图 7 - 18　不可或缺但常被忽视的地面支持与研制团队：
简易舱外活动救援辅助装置研制团队（STS - 64，1993 年）
（前排，从左至右）拉塞尔·弗拉克和鲍勃·洛
（后排，从左至右）杰克·汉弗莱斯、查克·迪森、比尔·伍德和詹姆斯·布朗

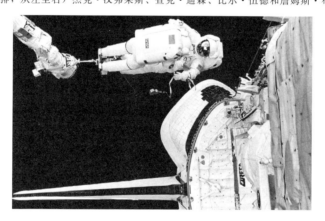

图 7 - 19　评估模拟救援舱外活动中被困的乘员

7.4　简易舱外活动救援辅助装置舱外活动

　　第 1 章中已经详细介绍过一种基于航天飞机的轨道救援系统。另一种救援系统最早也是针对航天飞机舱外活动操作开发的，后来

扩展到国际空间站舱外活动操作。这就是简易舱外活动救援辅助装置。

简易舱外活动救援辅助装置是低成本的小型机动装置，连接在航天飞机舱外机动装置的生命保障系统上，可在紧急情况下使用。它没有内置备用系统，因为简易舱外活动救援辅助装置系统本身就是一个备用系统。该装置比马丁·玛丽埃塔公司的载人机动装置简易很多，在《太空行走》（*Walking in Space*）一书中有详细说明（Shayler，2004，pp. 74 - 76）。

如今，简易舱外活动救援辅助装置是国际空间站上俄、美两国航天员进行舱外活动的标准配置。在航天飞机与国际空间站对接期间，通过轨道器机动能够"捕获"受困航天员的情况下，禁止采用标称航天飞机舱外活动解除对接、从空间站分离、卸下连接结构并追及缓慢飘移的航天员。所以在系绳松开或压力服出现问题时，简易舱外活动救援辅助装置能为返回空间站提供冗余度，从而可以选择更快、更直接的路线，而不是标称的双手轮流交替或由遥操纵系统支撑的舱外活动操作。

在航天飞机舱外活动操作中，一贯的做法是至少对两名航天员进行舱外活动技能训练，以共同完成预定和应急的舱外活动。计划外的应急行走包括打开或关闭有效载荷舱门的操作，分离或降下已展开的有效载荷，校准通信设备，闭合排水管、通风口或地面检修门，或者检查轨道器外壳表面。通常，有效载荷舱内的舱外活动都在其他航天员的视线范围内进行，并由他们拍照记录、操作遥操纵系统或配合操作完成。在早期的轨道飞行试验中，应急用的单人舱外活动是可能的，但最终没有要求。

早期东方号和双子星座号上的舱外活动试验中，乘员是由系绳连接在航天器上的，这不仅验证了在航天器外穿着压力服执行工作的可行性，还演示了在这类工作中遇到的局限和困难。基于航天飞机的舱外活动，研究人员扩展了对维修与服务任务的了解范围和数据库，但地球轨道舱外活动的真正发展是 1971 年以来在运行过的各种空间站上完成的，且为参与其中的乘员安全带来了更多挑战。

7.5　空间站紧急需要

针对多乘员空间站的需要，设计人员开始研制这种空间复合体上发生紧急情况时可用的多人再入与救援飞船。这些救援系统中既有在轨生存系统，也有地面发射救援系统，其中一些被整合到可实施的空间站方案中，其他一些则几乎从未脱离过图纸，如早年提出的个人救援系统。20 世纪 60 年代以来，类似于升力体方案的空间救援系统就一直是设计研究的原型，还在 1968 年的电影《蓝烟火》（Marooned）中占据了重要位置，且得以持续研究，直到最近，提议在国际空间站乘员扩展操作期间实施这种方案。

7.5.1　从 FIRST 到 X-38

利用升力体空天飞机概念开展救援和回收工作已持续近 50 年。20 世纪 60 年代初，喷气飞机公司看中了原本为回收双子星座号提出的罗格里奥机翼方案，打算将其用于自己的空间救援系统，称为 FIRST。从那时起，出现了很多升力体方案，但一个接一个都主要因为资金原因而被放弃。

（1）FIRST——试验用可充气再入结构体

这是 1960 年的设计，存放在一个圆筒中并连接在空间站的外表面上。在紧急情况下，航天员将飘浮进入圆柱形、棺材大小的中心隔舱内，然后密封舱门，并用爆炸力分离该装置与空间站。由超细纤维、超合金和灌注弹性硅胶基体材料的金属丝布制成的滑翔伞将被展开并充气。随后，使用者使用气体稳定控制系统确定该装置的方位，以便执行制动点火并在再入过程中保持适当的姿态。假定该装置在空间站高度（600 km）点火制动火箭，据估计将于 26 min 后再入大气层。升阻比为 0.5，再入角 70°，允许自动或手动部分控制，伴随的加速度水平不超过 2.0 g。该装置长 6.5 m，最大直径

0.71 m,质量 407 kg，最大跨距 2.75 m。借助亚声速时的升阻比，该装置的机动能力可达 345 km，从而抵达适合的着陆地点，驾驶员可操纵该装置到任何可达的平坦区域，以 55 km/h 左右的速度着陆。但如果恰在着陆前执行了一次滑行平飞，水平速度可降到 9 km/h。万一再入之后滑翔伞发生故障，使用者可以脱离该装置舱，且从高度低于 9 000 m 开始，该装置可以炸开，从而可以使用人员回收伞下降。

（2）LREE——升力式再入

这是 1960 年的设计，由美国通用电气公司提出的 3 人升力式再入舱。它的长度为 5.17 m，跨距 3.96 m，质量 1 303 kg，具有烧蚀材料表面和回收伞。

（3）REES——再入逃生系统

这是小型升力体再入舱的替代设计，由 ASC 公司在 1963 年为单名乘员设计。它的长度为 6.82 m，跨距 4.7 m，质量 1 171 kg。

（4）SOREEV

这是滑翔伞逃生系统的放大版，最多能救援 6 名航天员，由喷气飞机公司提出。它的长度为 8.45 m，跨距 13.0 m，质量 3 514 kg。它能为乘员提供 24 h 的氧气供给，但必须在离开空间站（或其他高级航天器）后的一天之内着陆。

（5）LBEC——升力体逃生方案

这是诺斯洛普公司在其先前 HL-10 和 M2-F3 升力体成果的基础上设计的一种 3 人升力体方案。乘员隔舱加压，以形成无需航天服的环境，驾驶员必须对飞行剖面中的制动点火、再入和着陆阶段非常熟练。在这个方案中，可以先不用穿航天服而快速离开，但缺点是必须多训练 1 名航天员，以防在紧急时刻主驾驶员受伤或患病导致无法操作时，进行替代操作。该飞行器长 5.80 m，跨距 3.50 m，质量 1 950 kg，使用滑翔伞回收。它使用固体火箭发动机进行离轨点火。在轨姿态控制由一组反作用控制系统喷气发动机提供。

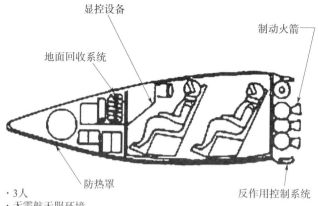

· 3人
· 无需航天服环境
· 1 850 kg
· 新技术要求
　—新防热罩
　—再入技术
　—高速自动驾驶仪技术

图 7 - 20　诺斯洛普公司的升力体逃生方案

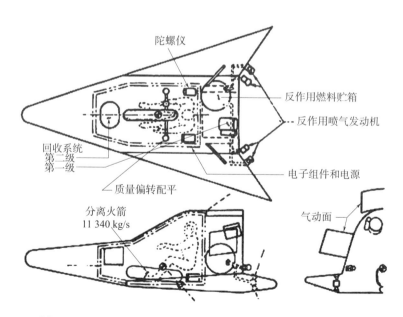

图 7 - 21　马克·韦德的乘员轨道逃生用的有翼再入飞行器提案

（6）ACRV——可靠乘员返回飞船

这是 NASA 针对航天飞机无法对接的情况下为空间站紧急救援提出的解决方案。在某些情况下，一名乘员能在等待航天飞机救援时将空间站当做"安全港"，但挑战者号事故表明这并不一定值得信任。在与俄罗斯人合作之前，研究人员开发出了一种替代设计，为 20 世纪 80 年代后期演进为自由号之前的空间站提供足够的乘员救援能力。人们研究了各种设计，如空间站乘员返回替换舱，它是一种 6 人快速返回舱，会使乘员承受高过载，且其成本超过 6 亿美元。还有一种称为载人轨道航天飞机逃生系统（MOSES），是在美国空军发现者号可回收军事卫星的经验基础上，为航天飞机设计的；该设备需要使用压力服，能容纳 1～4 名乘员（质量 730～2 320 kg）。硬件由通用电气公司设计并经过验证，针对空间站进行了改造。其他考虑用在空间站上的 ACRV 设计还包括利用阿波罗计划中翻新的和全新的阿波罗指令舱，及 HL - 20 和 X - 38 升力体飞行器。

图 7 - 22　联盟号飞船：服役超过 30 年的空间站乘员转移与救援飞船

(7) HL - 20

HL - 20 并不是原预算为 20 亿美元的版本，由 NASA 兰利研究中心研制，大致以苏联 BOR - 4 空天飞机设计（曾用于支持暴风雪号航天飞机项目研制）为基础。计划运送 8 名乘员，一些设计中还设想了单人发射系统——用改进型大力神 4 号火箭将小型航天飞机发射入轨。但它的主要目的是作为空间站救援飞船使用。该项目承担了大量的研究和试验，包括在水平和垂直位置的实物模型中评估 10 名志愿者的状况。试验清晰演示了它在快速再入和发生紧急情况时的优势，尽管穿着局部压力服在某种程度上限制了活动范围。该飞行器的设计寿命为在独立于空间站的地球轨道上运行 3 天。它的长度为 8.93 m，跨距 7.16 m，质量 10 884 kg。虽然该方案因成本过高而取消，但确实为后续的 X - 38 设计提供了有用信息。该飞行器可以搭载 2 名飞行乘员和 8 名人员，其特点是能够手动操纵着陆并在飞机场跑道滑升，比之前设计中的着陆更为舒适。所选择的运载火箭同时提供了地基和轨道储备发射能力，但该项目最终因其过高的成本结束了命运。

(8) X - 38

这一较新的空天飞机/升力体方案用于空间站乘员救援和紧急施救情况，是一项基于先前升力体技术和设计的 NASA 计划，由美国轨道科学公司制造。该设计的特点是无限的轨道储存能力（据称可达 4 000 天）和仅有 9 h 的独立设计寿命。它能运送 6 名乘员，与空间站保持连接直到需要时用做乘员返回飞船，而后使用低温氮气进行姿态控制。由于 X - 38 横程能力达 1 300 km，每 2～3 个轨道周期（最多 6 个）就有着陆机会。应该指出的是，由于该设计是用于飞机场全自动着陆系统的，因此并不具有机上乘员控制功能。再入之后，展开减速伞，随后展开可操纵的冲压式翼伞。X - 38 长 8.69 m，跨距 4.42 m，质量 8 163 kg。研制始于 1995 年，回应了最初关于俄罗斯联盟号飞船能否为国际空间站提供足够的乘员救援能力及其可靠性的质疑。在 20 世纪 90 年代的大部分时间里，利用 NASA/美国空军共同设计的模型（称为"楔子"）完成了验证 X-38 演示机方案的试验。1992 年至 1996 年间，第 1 阶段共完成 36 次飞行试验，以"楔子"的 4 种模型为重点，第 2 阶段完成 45 次飞行，第 3 阶段完成 34 次飞行，从这些试验中获得的经验被应用到 X-38 的设计中。利用现有技术和材料的成本要比研制全新的飞行器低得多。2 年内在 3 架试验机上完成了大气层坠落试验。无人静态试验开始于 1997 年 7 月。1998 年 3 月 12 日，X-38 进行了第 1 次坠落试验并取得成功。依照计划，将于 2000 年从哥伦比亚号航天飞机上部署一架无人驾驶试验机，并设定自动着陆程序，但这一计划被不断推迟。1999 年完成第 2 次坠落试验之后，该计划因 2002 年的预算限额而取消，仅完成 2 次试验飞行（Miller，2001，pp. 378-383）。

图 7-23　X-38 乘员救援飞船研制机试飞

7.5.2　太空舱救援方案

多年以来人们都在考虑，将经过验证的太空舱设计改造成空间站乘员救援飞船，而乘员逃生方案就是这样演进的。

　　从阿波罗应用计划的早期研究到天空实验室系列运行，飞行乘员都由阿波罗指令舱发射到轨道工作站并返回，在轨道运行 30～60 天，指令舱始终与空间站保持连接。在美国空军载人轨道实验室的研究中，两位美国空军乘员本计划乘坐改进型双子星座号往返于轨道，同样也在 30 天任务期间与实验室保持连接。在 1971～1986 年的礼炮号和钻石号空间站任务及 1986～2000 年的和平号空间站运行期间，使用联盟号飞船同样清楚演示了如何（通过轮换联盟号货运飞船）进行乘员调换及如何延长任务轨道寿命，每 3～6 个月发射一艘新飞船，从而提供了在紧急情况下快速离开空间站的能力。针对每位航天员身材不一，苏联人通过不同航天器之间通用的个人座垫解决了由此产生的安全问题。

　　这些研究中提出的救援飞船是基于双子星座号、阿波罗号和联盟号飞船设计的。

　　麦克唐纳·道格拉斯公司提出用大力神 3C 火箭发射加大型双子星座号的方案，它能运送 5 名乘员，并有可能从在轨空间站上救回被困的航天员。双子星座号再入舱的直径被增加到 3.05 m，从而可为 3 名被救航天员提供隔舱，并为加大型双子星座号设计及其救援月球上被困乘员的潜在能力提供基准。过高的研制成本以及转而开展阿波罗任务的期望使得这些设计只能停留在图纸上，而无法再有进展（Shayler，2001a）。

　　在天空实验室项目中，NASA 研制了一种工具箱来装备阿波罗指令舱，从而使其能搭载 2 名飞行乘员发射，并对接到工作站的第 2 个侧对接口上，从而救援被困的 3 名航天员，然后运送 5 名航天员返回地球。在空间站第 2 次有人驻留期间，当指令舱已对接而站上乘员发现服务舱发生泄漏时，就几乎到了采取了上述措施的时候。而当通过其他方法解决问题后，就不再需要进行救援任务和发射了，但该方案仍可用于天空实验室项目的其他阶段。该系统依赖于正常（或加速）发射程序中已就绪的下一架飞行器。因此，天空实验室 2 号（第 1 次载人任务）的救援船是 SL3，天空实验室 3 号计划使用

SL4。类似地，天空实验室 4 号依靠已为阿波罗-联盟试验计划
（ASTP）做好准备的土星 IB 和指令舱作为其救援船（Shayler，
2001b）。

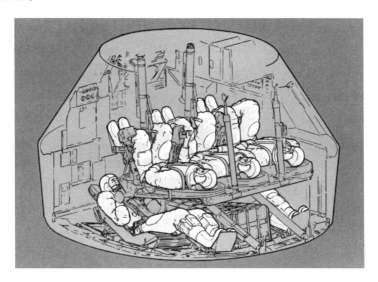

图 7-24　5 座椅的天空实验室救援指令舱构型剖面图

　　为阿波罗指令舱添加座椅的想法并不新鲜。20 世纪 60 年代对第
3 代阿波罗指令舱（Block III）进行了研究，使其支持空间站并拓展
阿波罗应用于月面计划。格拉曼公司还研究了带有遥操纵系统的地
球轨道救援用登月舱方案。同样，这些研究进展也没有超出书面提
案的范围（Shayler，2002）。

　　为进行航天飞机救援能力的开拓性研究，罗克韦尔公司于 20 世
纪 70 年代初重新提出了 6 人阿波罗指令舱逃生方案，其特点是捆绑
在尾部防热罩上的附加固体推进剂火箭组（类似于水星号的制动火
箭组设计）。在用于空间站的可靠乘员救援飞船研究中，这一想法又
得以重新讨论。

　　20 世纪 90 年代初，俄罗斯为加入国际空间站计划而进行合作谈
判，人们渐渐清楚地认识到，具有丰富飞行经验的联盟号飞船是现

有飞行器中最适于乘员救援任务的（至少在国际空间站计划早期阶段），它在过去 20 年间一直在苏联国家空间站计划中充当着类似的角色。当时正在使用的联盟 TM 飞船又做了一些修改，演进为 TMA型号，以在早期驻留乘员训练中容纳体型更大的美国航天员。为和平 2 号计划在原设计基础上的较大型联盟号，称为曙光号。1995 年的研究评估了一种在曙光号基础上设计的国际空间站救援船，它具有一台固体制动火箭发动机和若干低温气体推力器，最多可在空间站上储备 5 年，能救回 8 名乘员。这种基于曙光号的太空"救生船"质量 12 500 kg，长 7. 20 m，最大直径为 3. 70 m。它由航天飞机发射到空间站上，但其独立寿命仅为 24 h。1996 年，为短期（至少持续一段时间）有利于联盟 TMA 飞船设计并长远支持 X - 38 计划，这些设计方案都被驳回了。虽然联盟 TMA 飞船现在是国际空间站的乘员返回飞船，但俄罗斯对于将曙光号作为联盟号飞船后继者的研究仍在继续，同时与欧洲空间局开展合作，研究航天飞机退役后国际空间站（或其他空间站）可用的独立乘员空间飞船（Hall and Shayler，2003）。

7.6　空间站上的安全

在对空间站上的乘员安全进行评估时，必须考虑部件与分系统的长期设计及使用寿命。有一些元件和部件能更换、替换和升级，但还有很多重要部件不能被简单替换或从系统中拆除。从早期空间站（尤其是和平号）中了解到，由于联盟号飞船返回有效载荷的限制，要在航天飞机抵达之前处置陈旧或不需要的设备已经变得不切实际甚至是不可能的了。

在设计国际空间站时，必须制定和遵守相应的认证准则和界限等标准。国际空间站的复杂性及其国际性范围使这一任务更加错综复杂。首先通过设计或操作消除障碍，残余危险因素必须由安全系统遏制或隔离而被最小化。需要优先考虑的是防止设计中纳入危险项，以及冗余、备份或应急系统的规定。还必须研制安全装置和警报系统网络，制定可行的维护与维修计划，并准备支持工具与备件。

7.6.1　问题领域

在长期运行的空间站上，主要风险是易爆混合物，包括高压流体、挥发性气体和临界流体，必须安置到尽可能远离居住区的位置。舱室压力设计应首先考虑泄漏再考虑破裂，并结合安全装置以同时防止过压和失压。所有的阀门、调节器和其他受压部件都要有额外的安全系数，能随地对耐压壳体进行检查、维护和修理。

此外，有毒物质、有害流体、爆炸装置和污染物的用量应限制为最低水平，使乘员或其他部件与危险因素隔离的方法应经过全面试验，尤其是在有排水管、通风口和排气管的地方。

乘员健康是最为重要的。对于任何有毒物质或污染物，都必须有相应的健康与安全防护设备，而且如果有要求的话，还要有维护或维修程序。另外，还必须对火情控制做好充足准备，防止过度暴露于辐射、温度变化与微生物。

7.6.2　安全港

1984 年首次提出自由号空间站时，NASA 意识到了要为乘员准备"安全港"，它能在空间站无法提供另一艘飞船时为等待救援的乘员提供暂时的安全地带。1984 年 3 月的条款规定：

"空间站应在出现危险或威胁生命的情况时，为乘员提供能退避的区域。安全港区域应能从站上随时、随地到达，能与危险环境隔离，并应装有应急设备，包括灭火、生命保障、通信系统和医疗物资，以及在一段待定时间内维持乘员生存的供给品。空间站应提供在最坏情况下将乘员转移到救援飞船的能力，如穿过未加压的舱段"（NASA，1984）。

在该文件发布以来的约 25 年中，虽然空间站计划经过无数次修改，自由号和国际空间站始终瞄准着这一目标，但要实现它却是捉摸不定的。计划延期、预算削减、哥伦比亚号事故、退役航天飞机的决定和操作性难点，使得联盟号飞船一直是唯一可运行的国际空间站安全港和乘员救援飞船。虽然空间站的设计无法使乘员集中到具有上述所有供应物的专设位置，但它仍提供了绕过危险区域到达救援飞船的通路。

在 1997 年和平号的火灾和碰撞中，通往第 2 艘联盟号飞船的通路被有害气体阻挡住了。由于并未要求两艘联盟号飞船必须同时分离和执行再入剖面，所以联盟号飞船再入所需的最新轨迹分析信息对于两艘飞船是相同的。因此，这两艘飞船有相同的再入数据点，而现在的情况是，为每艘飞船提供不同的离轨数据。随着空间站发展到现在的大小（2008 年），再加上从 2009 年起将长期乘员增加到6 名的计划，至少有两艘联盟 TMA 飞船连续可用的规定被保留了下来。2016 年标志着美国结束在国际空间站上的优先权，之后将如何发展尚待分晓。

一直以来都有关于在轨穿孔维修工具的规定。自从 STS－114 返航以后，航天飞机热防护系统的在轨维修研究和演示论证始终在继续，还提出了名为 KERMIt（舱段碰撞外部维修工具箱）的系统。1980 年以来，航天飞机隔热瓦在轨维修的相关理论就一直存在，显而易见，随着空间站老化，舱外活动将在未来的维护和维修工作中起到更重要的作用。实际上，事态可能发展到国际空间站的一些组成部分不得不关闭或隔离，并因此不再适于居住，正如 1997 年进步号与和平号碰撞之后光谱号舱的情况一样。

7.7　你好，休斯顿

载人航天的性质决定了首要关注焦点在于飞行乘员和正在进行的任务。但却常常遗忘和忽视来自 NASA 及国际支持承包商和机构的数以千计团队成员，是他们使任务得以成功完成，或通过努力使事故或紧急情况转危为安。活跃在地面工作最前线的是任务控制中心，无论是在休斯顿（德克萨斯州）还是在莫斯科（俄罗斯）。

　　与太空中的航天员相比，地面控制人员可以使用的数据往往多得多。飞行控制人员身上承担的内在的训练、压力和献身精神，与执行飞行任务的人是相同的。从本质上来说，飞行控制人员是在地面参与了每次飞行任务的看不见的"乘员"。任务控制的详情有待完整陈述，但还是有一些著作为休斯敦任务控制中心的发展、运行和人物角色提供了极好的概述（Liebergot and Harland，2006；Kraft，2001；Kranz，2000；Murray and Cox，1989）。

7.7.1　任务控制中心的作用

　　事实上，任务控制中心并不真正控制航天器——那是由机载系统和乘员完成的。不管是在休斯顿或莫斯科还是在最近的北京，任务控制中心的作用都是一种分析性工作，无论是对机载系统或轨道，还是与乘员的口头交流、电视/视频链路的可视化信息或遥测与跟踪提供的数据。太空中的乘员与地面的"乘员"密切合作；他们共同完成训练和模拟科目，内容涵盖标称飞行阶段及异常中止、意外事件与严重故障等非标称情况，这些都被仿真工程师设计到了训练科目中。这些仿真工程师不仅多少有点奇怪的幽默感，而且这种幽默感有时还是反常的，设计挑战那些最有经验且久经锻炼的飞行控制人员或航天员。

　　对于很多航天器及其无数种系统而言，乘员无法完全看到或时时监视它们。机载和地面计算机网络能够处理大量数据，地面团队能快速分析他们看到的东西，并希望照此执行。航天器上的指令长可采取他认为必要的下一步措施，以安全、有效地控制航天器。这一点不仅基于当前的飞行计划，还有来自地面的补充资料和建议。在出现严重问题时，指令长和其他乘员被要求（而且都习惯）与地面上的控制人员紧密配合以解决问题，安全结束或终止任务。指令长当然能够自己作出决定，但如果这一决定与地面建议冲突，他最终必须为其决定及后果负责。结果可能是要检查鉴于实时状况所采取的措施、地面建议和从任务中检索到的任何证据。最后决定要采取的适当的行动步骤，可能这位指令长再也不能执行飞行任务了。确实，乘员表现不佳也会对他们以后的太空事业产生不利影响。

随着项目与硬件的发展，且同时基于民用和军用航空航天模型，任务控制中心的作用也在随之演进。任务控制中心负责在飞行计划中加入多个时机，以继续飞行任务、进行修改或终止。这些术语称为"继续/终止"决策。只要有可能，最新的信息和补充资料都会传送给乘员，为他们提供地面上所能得到的、最准确的最新信息，从而能综合各种信息做出决定。而后，新的事件序列将被视为当前的飞行计划，但指令长可能会选择改变或推迟某个特定步骤，如果他们觉得这样做更好。如果决定正确，将会受到称赞，但如果是错误的，他们将不得不向当局解释为什么要这样做。

一支有能力、富有经验而自信的地面团队和太空中一支同样有经验、自信和有能力的团队之间平衡通常是最佳组合。地面团队由飞行指挥官领导，他们常从飞行控制人员级别晋升而来；而太空中的团队则由一名经验丰富的乘员指挥。为保障任务控制团队的飞行控制人员轮班工作，通常有若干"幕后"人员团队负责关键情况、系统和硬件，其中一些是总承包商的代表，他们反过来又得到了遍及全国的宇航学者和管理团队网络的支持。随着对国际空间站的关注日益增长且愈加国际化，每位驻留乘员的安全和成功都依赖于全球范围内的控制人员、工程师、管理者、理论家和技术人员国际团队全天候、不间断的支持。

在发生危急问题或情况时，必须对地面设备在当时及稍后一段时间内记录的数据加以保护，用于日后分析。包括阿波罗 13 号、挑战者号和哥伦比亚号在内的各个事故形成了可用于后续调查和查询的数据库，称为"保护数据"。

7.7.2　应急措施计划

在规划有希望的标称任务时，还必须为可能出现问题的情况制定计划并做好准备。每次航天飞机任务都准备了应急措施计划，这能很好地解释，地面如何对严重超出标称范围的任务运行问题做出响应，如从太空中救回一名乘员（NASA，n.d.）。

7.7.3　谁负责任

对于飞行准备工作、发射上升和着陆后的操作，由肯尼迪航天中心的发射总装经理负责制定应急计划。如果上升时无法进入稳定轨道，则由发射总装经理继续负责直到着陆完成。一旦航天飞机进入安全轨道，所有应急职责都由航天飞机项目总装经理承担，直到着陆完成。

继续飞行并保持其连续性的决定是由任务管理团队处置的，该团队由来自工程部门、系统集成部门、太空飞行运营合同办公室、航天飞机安全办公室的代表及约翰逊航天中心飞行乘员运行指挥、任务运行、空间与生命科学的主管组成。该团队在发射前几天被召集起来，一直保留到轨道器安全着陆。该团队负责人直接向航天飞机项目经理报告。该团队的任务是解决发射主管或飞行指挥官职责之外的未决问题。在发射前的活动中，任务管理团队负责人由肯尼迪航天中心的发射总装经理担任，在飞行期间则由约翰逊航天中心的航天飞机项目总装经理担任。

在发射（或着陆）准备期间，该团队会在关键时刻召开会议来评估当前状况，并解决一系列"继续/终止"决策中的所有未决议题。飞行期间由任务评估室评估任务，由飞行器工程办公室人员管理，他们要向任务管理团队报告所有情况、异常和工程分析。

如果要采取某项应急措施，则航天飞机项目经理会根据意外情况决定，何时停止任务管理团队对计划的运行性监督。

NASA 已对意外事件设立标准，涵盖财产、设施和设备损失（及其估值）、人员伤亡及对应的调查程度，总结如下。

（1）幸免于难

设备财产损失不超过 1 000 美元，没有人员受伤，没有干扰生产性工作。调查工作应与其可能导致的更高一级灾难一致。如果事故不止涉及一个 NASA 中心，则建议成立调查委员会。这是可能引起下列更严重灾难的事件。

（2）任务失败

足以导致主要任务目标无法实现的灾难（如阿波罗 13 号）。此时要求成立调查委员会，并遵循 A 型或 B 型灾难的调查程序（见下文）。

（3）事故

损失相当于 1 000 美元至 2.5 万美元之间，人员受伤程度小于 C 型，但所需援助超过基本急救。调查和/或分析与 C 型灾难相同。

（4）C 型

损失相当于 2.5 万美元至 100 万美元之间，职业损伤或患病导致一个工作日的损失。副助理局长任命一名调查员或指定一次调查。

（5）B 型

损失相当于 25 万美元至 100 万美元之间。1 人或多人永久伤残，或 3 人及以上住院治疗。太空飞行办公室副局长（AA - OSF）或副助理局长任命调查委员会，对灾难进行调查。

（6）A 型

导致人员死亡（如阿波罗 1 号、挑战者号和哥伦比亚号事故）且财产损失超过 100 万美元的事故。由 AA - OSF 任命或由 NASA 局长选定调查委员会，由该委员会对灾难进行调查。

7.7.4　职责

航天飞机项目经理负责依照太空飞行办公室应急计划保证各中心都有应急响应行动，这样才能分配必需行动以使损失最小化，并在意外情况下保全证据，才能在根据需要转交给正式调查委员会之前控制意外情况。

在肯尼迪航天中心，发射总装经理负责管理可疑发射或启动任务结束着陆之后的应急活动。然后，他将任命灾难调查团队负责人并在必要时依据 AA - OSF 的批准启动该团队。

如果在轨期间发生事故，则航天飞机项目总装经理在着陆之前担负这一职责，此后转移给发射总装经理。

如果航天飞机项目组成部分中的任何一种硬件或设施（轨道器、固体火箭助推器、外部贮箱、有效载荷设施等）发生故障、意外或事故，相应组成部分的经理负责采取适当措施以防更严重的伤害，保护现场，按照规定记录并通知上级管理者。这些领域包括马歇尔太空飞行中心管理的项目、舱外活动、有效载荷加工、航天飞机加工、总装、飞行器工程和飞行乘员运行指挥部的问题。

如果事故、意外或灾难发生在任务运行期间，则值班的飞行指挥官将负责实施应急程序。这时，所有的飞行控制与保障人员都要参与其中，并在可能的意外情况发生之前和之后记录每一件设备的状态。通过整合来自其他人员的日志并根据需要上交至灾难调查委员会，飞行指挥官任务日志尽可能快地使用和完成。一旦宣布事故/意外、灾难，每位人员都要验证他们的日志是最新的，并对开关、按钮、指示钮和其他控制器采取"请勿动手"措施，以在遵守后续飞行安全规则的同时保护信息安全。任务控制中心将继续支援并保持活动，直到由 AA - OSF 赦免。

7.7.5　团队精神

在预定发射前两周将拟出合格人员名单，他们要为可能的意外情况行动保持戒备。这些团队包括适合的医疗成员和轨道器回收人员，分别为：

1）灾难调查团队。灾难调查团队负责立即前往事故地点收集第一手信息、目击者陈述和其他有价值的材料。在灾难调查组下达命令之前，任何检修/抢救团队都不能开始操作。

2）快速反应团队。在越洋异常中止着陆（TAL）地点支持应急着陆操作的一组人员，包括回收轨道器；团队将在应急着陆后 18 h 内到达着陆地点。如果在一个 TAL 地点着陆，另一名训练有素的成员可从其他 TAL 地点被转移到该着陆地点，该团队则称为扩大着陆地点快速反应团队。如果在备选或应急着陆地点着陆，则从 TAL 地点或肯尼迪航天中心派出一支非扩大着陆地点快速反应团队。

3）乘员回收团队。如果在美国本土之外着陆，则约翰逊航天中心飞行乘员运行指挥部将从埃林顿菲尔德机场派出一架 KC - 135 空中加油机前往飞行乘员位置，将其尽快带回美国。如果需要，所有受伤的乘员都将以适当途径撤离到最近的美国军事基地。

7.7.6　小结

不管乘员是在安全等待任务正常结束，还是在为紧急或应急着陆做准备，都必须策划和安排着陆支持，这样，任何早于计划的终止行动都能得以保障。

在乘员离开地球期间，必须灵活制定飞行计划，监视机载系统和飞行乘员自身及任务控制中心、配套设施人员的行为，尽可能地保证乘员的健康和安全。

任务结束时，每名乘员面临的挑战都是安全返回地球。

7.8　重返月球、去火星或更远

从第 1 次飞到月球以来的 30 年中，我们一直都在讨论重返月球及载人火星飞行的相关话题。这些后续计划是辩论、规划、讨论、预算波动、政客设想和公众接纳的主体。随着航天飞机项目结束而国际空间站继续运行，中国载人航天工程进一步扩展及太空"观光"飞行运营机遇的到来，又一次突出了月距上安全、救援和回收的需求：我们在太空中的下一步工作。

要准确决定采取什么措施来保证探月途中上的乘员安全都为时尚早，不管是在绕月轨道还是处在月面上，也不管是长期任务还是短期任务。从那里快速返回地球的可能性要比从未来的地球轨道基地返回更加困难。但不会有在火星、小行星或更远距离上支持异常中止或救援情况那么艰难。在前往那颗红色星球的 6 个月或 9 个月任务中，无法轻易获得类似于阿波罗那样快速返回地球的机会（3 天）。在这种情况下，中止前往火星轨道或表面的任务并等待救援，可能要比尝试将受损航天器中的乘员带回家更简单、安全而适宜。对这些距离的地面支持包含了发送和接收信号的时间。因此可以想象，任务控制中心的主要功能应在火星航天器本体上，而不是在地球上。

　　未来几年，我们将看到猎户座乘员探索飞行器和阿瑞斯运载火箭问世，以及为维持乘员在太空生存所做的工作和相关程序。根据事故、灾难或意外事件的状况，当新硬件进行试验并最终飞行时，这一点将愈加显而易见。

参 考 文 献

[1] Erik Burgaust. Rescue in Space: Lifeboats for Astronauts and Cosmonauts. G. P. Putnam Sons，New York，1974.

[2] Michael Collins. Carrying the Fire. Farrar，Straus，Giroux，New York，1974.

[3] Arthur L，Greensite. Emergency escape systems. Analysis and Design of Space Vehicle Flight Control Systems. Spartan Books，New York，1970.

[4] Rex D，Hall and David J，Shayler. Soyuz: A Universal Spacecraft. Springer/Praxis，Chichester，U. K，2003.

[5] Jenkins D R. Space Shuttle. Midland Publishing，Hinckley，U. K，2001.

[6] Chris Kraft . Flight: My Life in Mission Control. Plume Books，New York，2001.

[7] Gene Kranz. Failure Is Not an Option. Simon & Schuster，New York，2000.

[8] Sy Liebergot and David M. Harland . Apollo EECOM: Journey of a Lifetime，Second Edition. Apogee Books，Burlington，Ontario，2006.

[9] Jay Miller . The X - planes. Midland Publishing，Hinckley，U. K，2001.

[10] Charles Murray and Catherine Bly Cox . Apollo: Race to the Moon. Simon & Schuster，New York，1989.

[11] NASA (n. d.) . Space Shuttle Program Contingency Action Plan，NSTS 07700，Volume VIII，Revision E. NASA，Washington，D. C.

[12] NASA . Space Station Program Description Document Book，3: System Requirements and Characteristics. NASA，Washington，D. C. ［prepared for the Space Station Task Force in March 1984］.

[13] NASA (1999a) . Apollo 9 Press Kit，23 February 1969，Release No. 69 - 29，Apollo 9 NASA Mission Reports. Apogee Books，Burlington，Ontario.

[14] NASA (1999b) . Apollo 11 Press Kit，July 6，1969，Release No. 69 - 83K，Apollo 11 NASA Mission Reports，Volume 1. Apogee Books，

Burlington, Ontario.

[15] NASA (1999c). Apollo 12 Mission Operations Reports, November 5, 1969, Release No. M – 932 – 69 – 12, Apollo 12 NASA Mission Reports, Volume 1. Apogee Books, Burlington, Ontario.

[16] NASA (2000a). Apollo 7 Press Kit, October 6, 1968, Release No. 68 – 168, Apollo 7 NASA Mission Reports. Apogee Books, Burlington, Ontario.

[17] NASA (2000b). Apollo 8 Press Kit, December 15, 1968, Release No. 68 – 208, Apollo 8 NASA Mission Reports, Second Edition. Apogee Books, Burlington, Ontario.

[18] NASA (2000c). Apollo 10 Press Kit, May 7, 1969, Release No. 69 – 68, Apollo 10 NASA Mission Reports, Second Edition. Apogee Books, Burlington, Ontario.

[19] NASA (2000d). Apollo 13 Press Kit, April 2, 1970, Release No. 70 – 50K, Apollo 13 NASA Mission Reports. Apogee Books, Burlington, Ontario.

[20] NASA (2000e). Apollo 14 Mission Operations Report, January 22, 1971, Release No. M – 933 – 71 – 14, Apollo 14 NASA Mission Reports. Apogee Books, Burlington, Ontario.

[21] NASA (2001). Apollo 15 Mission Operations Report, July 17, 1971, Release No. M – 933 – 71 – 15, Apollo 15 NASA Mission Reports, Volume 1. Apogee Books, Burlington, Ontario.

[22] NASA (2002a). Apollo 16 Mission Operations Report, April 3, 1972, Release No. M – 933 – 72 – 16, Apollo 16 NASA Mission Reports, Volume 1. Apogee Books, Burlington, Ontario.

[23] NASA (2002b). Apollo 17 Mission Operations Report, November 28, 1972, Release No. M – 933 – 72 – 17, Apollo 17 NASA Mission Reports, Volume 1. Apogee Books, Burlington, Ontario.

[24] David J. Shayler. The Apollo 13 explosion, 1970. Accidents and Disasters in Manned Spaceflight. Springer/Praxis, Chichester, U. K, 2000.

[25] David J, Shayler (2001a). Gemini: Steps to the Moon. Springer/Praxis, Chichester, U. K.

[26] David J，Shayler（2001b）. Sky lab：America's Space Station. Springer/ Praxis，Chichester，U. K.

[27] David J，Shayler . Apollo：The Lost and Forgotten Missions. Springer/ Praxis，Chichester，U. K，2002.

[28] David J，Shayler . Walking in Space. Springer/Praxis，Chichester，U. K， 2004.

[29] Mark Wade's website. Available at http：jjwww. astronautix. com ［for further details of the varied space rescue concepts over the past 50 years］.

[30] W David Woods . How Apollo Flew to the Moon. Springer/Praxis，Chich- ester，U. K，2008.

第 8 章 返回地球

在过去的 50 年中，有好几次返回航行表明，返回地球就像起初离开地球一样困难和危险。开发保护航天器及其载人舱从真空空间穿过逐渐增厚的大气层、最终轻轻地着陆地球的技术是航天器设计者面临的挑战之一。

在正常和应急情况下都能确保航天员幸存、回收航天器和营救返回航天员所增加的复杂性，不仅增加了设计的考虑因素，而且还增加了每次任务的费用。在具有陆地和海洋两种组成部分的星球着陆，意味着多年来对于采用海上回收技术还是陆地回收技术一直存在分歧。如果这还不够复杂，想一想天气条件、地理环境、距离、进场、后勤和通信——所有这些因素都必须考虑到任务的规划，以使"飞行"完成。再加上不可避免地、不可预见地着陆于不友好国土上的政治后果，以及硬件是否需要再次使用——对于没有进行实际太空飞行的人来说是一个庞大的任务。对于已经进行过太空飞行的人来说，返回家园可能同样惊心动魄、令人惊恐，有时像起初搭乘近程火箭离开地球一样致命，或者像学习如何在我们的星球之外生活和工作一样具有挑战性。

8.1 着陆记分板

人类第一次到地球之外探险是在 1961 年 4 月，大约 47 年后（2008 年 7 月），我们已经记录了 260 次进入太空的任务，其中 2 次（水星 3 号和 4 号）是 1961 年的亚轨道飞行，2 次（1975 年的联盟 18-1 和 1986 年的挑战者 STS-51L）发射失败。此外，在 1962 年和 1968 年之间有 13 次 X-15 "载人飞行"，轨道高度超过了 80 km

的大气/空间分界层。2004 年宇宙飞船 1 号的 3 次"载人飞行"领取了"X -奖"。最后，在 1983 年进行了 1 次联盟号航天器的紧急中断发射。

在 13 次 X -15"载人飞行中"，只有 1 次 X -15"载人飞行"完成陆地着陆，另有 1 次载人飞行导致飞行中航天员丧生、飞行器解体。宇宙飞船 1 号的 3 次载人飞行也都返回地面。

水星计划的两次亚轨道飞行，返回时在大西洋进行回收。在 1961 年和 1975 年间飞行的所有水星—双子星座和阿波罗/天空实验室/阿波罗—联盟任务，美国航天员都倾向于在海上（大西洋或太平洋）回收。

自 1981 年以来，所有美国航天员都打算在陆地完成他们的着陆任务，航天飞行 123 次飞行中有 121 次在陆地着陆（2 次着陆失败是 1986 年挑战者号发射事故和 2003 年哥伦比亚号着陆阶段事故），俄罗斯联盟号也在陆地着陆。

1967 年以来，联盟号一直是苏联航天员从太空返回的工具，而且还将持续使用几年。就像它们之前的东方号/上升号一样，虽然有 2 次（1967 年的联盟 1 号和 1971 年的联盟 11 号）任务结束期导致机组人员丧生，但在 98 次联盟号的载人发射中，最后都采取返回陆地着陆的方式（1961 年到 1991 年回到苏联领土，自 1991 年以来回到哈萨克斯坦领土）。在联盟号计划的整个过程中，有几次着陆十分艰难，有 1 次（1976 年的联盟 23 号）实际上溅落在了冰冻的湖面上。1983 年联盟号紧急中断发射导致机组人员在应急条件下安全着陆。

最后，中国有两次神舟号载人发射并在陆地着陆。随着 2008 年的第 3 次发射任务，在中国领土继续使用降落伞回收系统已被确定为未来神舟号载人的回收计划。随着猎户座的确认，对美国航天员来说，在 2010 年航天飞机退役之后，未来十年将回归到用降落伞着陆在美国领土或海洋的方式，除非乘联盟号从国际空间站返回家园。

8.2　安全下降服

由大高度军用加压服发展而来的早期"航天服"本质上是救生系统的备用件,在基本的氧气和压力供应出现故障时使用,能够支持机组成员直到出现合适的机会使航天器脱离轨道并把机组成员安全带回家。这些被归类为"安全下降服",像军用加压服一样。这是在东方号、水星号和双子星座号期间穿的舱内活动加压服的目的。

双子星座舱外活动服增加了对穿戴者的保护,上升 2 号的航天员穿着加压服就能从事舱外活动。上升 1 号机组没有空间穿加压服,因此,研究人员决定,除非在舱外活动,从联盟 1 号以后,不要求机组成员穿加压服。正是这个决定让联盟 2 号航天员悲剧性地付出了生命的代价。在 1971 年 6 月再入期间,由于一个阀门故障,舱内空气泄露,他们在堵住泄露前丧生。从 1973 年开始,联盟号机组成员在他们飞行的所有动态阶段均穿着 Sokol 加压服。

图 8-1　乘航天飞机中间舱返回家园

在阿波罗（和天空实验室/阿波罗—联盟试验计划）工作时，机组人员在任务动态段穿着对舱外活动增加保护的全压服。航天飞机轨道飞行试验后，机组人员只在发射和再入时戴着蚌壳式的头盔，不穿加压服。1986 年挑战者号失事后，所有机组成员的逃生服再次被引入计划。如果机组随暴风雪号飞行，将穿联盟号 Sokol 型工作服的改进型，它适合于轨道应急操作以及发射和再入阶段的逃生。

图 8 - 2　联盟号着陆回收小组

2008 年 6 月，一个设计、研制和生产新航天服以支持星座计划的合同授予了休斯顿海洋工程国际公司。这个合同将持续到 2014 年 9 月，合同标的为提供合适的加压服，为 2015 年起的猎户座首次载人飞行、国际空间站乘员飞行和计划中的重返月球提供支持。型号 1 是设计用于支持发射和着陆阶段以及意外的舱内活动的；它还将在紧急中断发射和航天器中压力下降时使用，如果需要，也为意外的舱外活动使用。这与下面介绍的俄罗斯 Sokol 加压服类似。型号 2 设计用于月球表面活动，它将由航天员对型号 1 重新装配而得到，使用时装上专门为表面勘查用的元件。

8.3 空间猎鹰加压服

空间猎鹰（Sokol K，kosmichesky）类型的航天服中，服务期最长的是联盟号配备的航天服，它于 1973 年引入，是 2 年前联盟 11 号航天员失事导致的直接结果。这种由星辰 918（Zvezda 918）工厂研制的加压服质量轻，针对各个航天员剪裁而成，并与联盟号着陆舱内部的 Kazbek 减震座椅衬里相当。

它的主要目的是在发射、在轨或在再入期间，舱内降压时维持航天员的生命，随后对它进行了一次升级（KV-2）以支持联盟 T、联盟 TM 号和联盟 TMA 号改进型。Sokol K 或 KV-2 的全压模式工作在 41 kPa 条件下，另有 26 kPa 的冗余能力。Sokol K 可以支持穿着加压服的航天员在增压舱最长 30 h，或者在非增压舱维持 2 h。它质量约 10 kg，是一种速穿加压服，用几分钟就可以穿上，30 s 达到工作压力条件。虽然完全是为舱内活动设计的，但它在小型便携双肩背包的支持下，确实具有支持应急舱外活动的能力和设施。必须备有附加保护层，附加保护层通常贮存在联盟号上。1973 年 12 月首次在联盟 12 号上试验，虽然在试验中遇到了一些困难，但很快就克服了，此后联盟号加压服成为所有载人联盟号救生和营救设备的标准产品，有望成为未来一段时间内联盟号飞行的主要元素。1971～1981 年的运行寿命期间，最初的 Sokol K 包括 66 个试验和训练模型、89 个飞行模型，由联盟 12 号（1973 年）到联盟 40 号（1981 年）上的苏联航天员穿戴，KV-2 经过 6 年的试验程序，于 1980 年在联盟 T-2 号任务中引入，此后所有的机组人员都穿 KV-2。试验和训练模型的数量超过 60 件，飞行模型的数量超过 220 件（Hall and Shayler，2003；Abramov and Skoog，2003）。

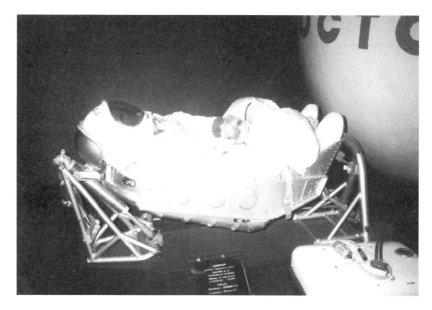

图 8-3　联盟号加压服和航天员座椅

8.4　降落伞

　　能留住空气、减缓悬挂有效载荷下降速度的可展开降落伞的想法产生于几个世纪以前，作为气球、滑翔机、飞机和超轻型飞机的飞行员安全装备已经有超过一个世纪的时间了。

　　字典中对降落伞的描述是"一种矩形或伞状的、使附属的人或重物从高空缓慢下降的装置。"正是这个功能吸引首个载人航天器的设计者，研制航天器的降落伞着陆和回收系统比有翼飞机飞到着陆场、再重新装备后发射要容易得多。

　　虽然美国航天飞机的跑道着陆在 1981 年后的 30 年期间发挥了重要作用，但在过去的 50 年中。许多国家的空间探索者仍然由降落伞带回家园。降落伞不仅是空间机组的标称着陆配置，还是（如果携带的话）空间机组的应急和意外着陆配置。

8.4.1　东方号和上升号

随着制动火箭点火、再入舱下降到上层大气，苏联航天员乘坐的再入舱舱门在 7 000 m 高处被打开，座椅弹射器起动，弹出航天员，乘专门的降落伞系统着陆。无人的东方号着陆舱由自己的降落伞着陆。在 4 000 m 高处降落伞伞盖打开，降落伞展开，在 2 500 m 高处打开主伞。与此同时，苏联航天员在 4 000 m 高处从弹射椅上分离，用个人回收伞系统着陆在无人的着陆舱附近，东方号/上升号着陆系统和技术研发的全部详情见 Hall and Shayler（2001）以及 Siddiqi（2000）的著作。

通常，在哈萨克斯坦着陆区域附近农场上劳动的人们会看到，苏联航天员在着陆后，等待回收队伍对他/她进行初步的医学测试，然后再乘飞机飞回莫斯科进行进一步的飞行后询问和诊断。苏联人培养了一支特殊的医疗小组，如果出现紧急情况他们可以通过降落伞到达现场。他们可以在主搜救队未到着陆点时处理受伤的航天员。一支由直升机队、支援人员以及工程师组成的回收队伍到达着陆地点，一些人重点关注航天员，另一些人的重点回收下降舱。这种形式在近 50 年中已经有所发展，虽然它的基本形式与早期相同，但现在包括了一个空间机组人员搜救的专家小组。

降落伞训练和弹射试验使航天员为东方号任务结束时出现的情况做好准备，硬件也已经过充分试验，可支持飞行结束段和飞行器发射段弹出操作。最充分的试验任务是在伏尔加大高度气球项目试验，经验丰富的跳伞员从气球上弹出或从平流层气球或飞机上跳下，以此评估东方号的硬件。1962 年 11 月 1 日的这个试验，导致苏联一名最有经验的降落伞试跳员措洛涅尔·佩奥特尔·多尔戈夫（CoLonel Pyotr DoLgov）丧生。降落伞和弹出系统的试验还在载有生物标本、动物和人体模型的无人东方号（Korabl - Sputnik）上进行过。

图 8 - 4　虽然东方号航天员预期在陆地着陆，但他们必须为可能的水中着陆进行训练

图 8 - 5　搜救队不久就出现在东方号着陆地点

　　有趣的是，根据国际宇航联合会规定，飞行员必须在同一飞行器中起飞和着陆，才有资格获得新的航天记录。当然东方号航天员

不是这么做的；最初关于加加林从发射到返回一直待在他的东方号中的报道直到 1978 年才被认为是真实的。他像其他 5 个东方号航天员一样，按计划弹出、着陆、与航天器分离。

升级后的东方号称为上升号，且去掉了弹射座椅；因此执行任务的 2 名机组人员必须乘下降舱着陆。为减缓硬着陆，1 个 3 部分结构降落伞系统（1 个减速伞、1 个制动伞衣和 2 个主伞衣）将展开，位于降落伞背带处的固体推进剂制动火箭由舱下伸出的 1.18 m 探针点火，制动火箭点火后再加上航天员预应力弹簧 Elbrus 躺椅的支持，将着陆速度从 8～9.75 m/s 减小到较舒适的 0.15 m/s。如果软着陆火箭或上升号上的降落伞系统确实出现问题，航天员仍有生存希望，但他们不可能像东方号航天员那样，从航天器中弹出，通过个人救生降落伞着陆。

8.4.2 水星号

美国开创性载人航天器计划回收系统的研制重点，放在了降落伞海上着陆回收系统上，伞衣套悬于舱下、附在防热层上，在水中起缓冲和稳定航天器的作用。在 1959 年和 1960 年，曾考虑用 Rogello 翼回收水星舱，虽然 NASA 对它的研究持续了几年（并导致对双子星座号进行慎重考虑），但是在 1961～1975 年间的美国载人航天器中没有被采用。

水星舱的回收部分，即设计最尖端的部分，以降落伞的装载（stowage）组件为特征，对于亚轨道和轨道任务，两个气压调节器中的一个将监测大气压力，在 6 400 m 高度触发着陆系统，直径 1.8 m 的带条式减速伞展开，起减速和稳定作用，然后在 3 050 m 高度抛弃天线容器和减速伞，直径 19.2 m 的主伞或环帆设计的降落伞展开。

另一对气压调节器监测减速伞的分离和主伞的展开，在 4 s 的时间内将伞展开至最大直径的 12%，以减小打开时的冲击，然后再全展开。一旦主伞失效，航天员可以手动展开备用伞。主伞和备用伞都可提供 9 m/s 的下降速率，回收舱还包括一个天线、一个闪烁的信号浮标灯和通信装置，帮助航天员获救。

主伞展开 12 s 后，着陆包展开。这是一个橡胶布组件，接近 1.2 m 长，展开前折叠好并装在航天器防热大底和增压舱之间。一旦机械门闩释放，它将松开至全长。对于水中着陆，内部储有空气的着陆包将着陆冲击从 45 g 减小到 15 g；然后着陆包填满水，起"锚"的作用，协助漂浮和稳定，等候搜救队的到来（NASA，1999；Catchpole，2001）。

降落伞下降系统的试验在 NASA 成立之前就已经开始。1958 年 8 月，当时的空间任务组请求对降落伞进行一系列的着陆试验，这些试验用于证明有人驾驶的飞行器所使用的"地面着陆系统"合格。不到一周后，与先锋降落伞公司的协商内容主要在于试验降落伞的研发和预测，计划的试验飞行器比生产模型小，为 14.1 m，因此比实际的飞行模型轻。空投试验计划一个月后获得批准。

这是一个 3 阶段的试验过程。第 1 阶段在直升机上进行，用充满 208 L 混凝土（起压载物的作用）的油桶模拟水星舱的主动降落伞筒（active parachute canister）。试验期间，火工品点火，打开降落伞筒，并展开降落伞。

第 2 阶段于 1958 年 9 月 29 日进行，从 C - 130 运输机后舱门空投了试验样机舱。这是第 3 阶段期间要用到的一个展开系统的试验。这个系统附加在一个货板上，当飞机尾部舱门打开时，降落伞拉出货板和试验样机舱，试验样机舱分离，用自己降落伞系统下降。第 3 阶段包括从 1958 年 11 月 25 日到 1959 年 3 月 24 日之间这个系统的 5 次分离试验。这个过程由 T - 38 跟踪机组拍摄，空投高度从 1 524 ～7 010 m，试验结果变化较大，从而引起地面着陆系统设计的更改（这些试验计划在载人飞行检定之前进行）。

由于前两次空投出现了不稳定性，这就要求增加大高度阻力伞，在主伞展开前先展开，以稳定还在下降的航天器。开始时，水星号防热层是丢弃掉的，但在第 3 次空投试验时，模拟的防热大底对航天器形成冲击，并且着陆后漂浮在它旁边，不能竖直起来。在下一次试验时，模拟的防热大底对伞箱形成冲击，使系统释放电路闭合，导致系统未全部展开就被弹射，最终的结果是歪斜的航天器以很大的速度降到水面而毁坏。这种情况要求改变丢弃防热大底的计划，采用了原来的想法，在丢弃它 1.2 m 后展开降落伞包，以缓解冲击，并维持航天器向上的位置。可是，在第 5 次空投试验时，降落伞不断打开和合上，总是不能完全展开，再一次导致与水面硬冲击，毁坏航天器。

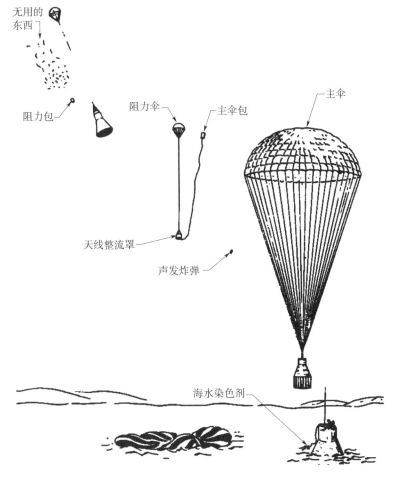

图 8-6　水星号降落伞着陆顺序

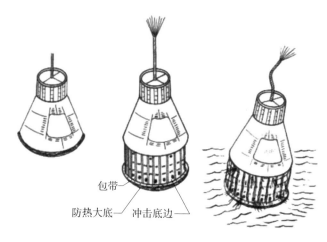

包带

防热大底　　冲击底边

图 8 - 7　　水星号降落包拉直

1.降落后，解开约束和个人绳索，摘下头盔，去掉仪表面板的右侧，装在主面板的顶上。漂浮包的充气由冲击开关启动

2. 坐在舱右侧，打开舱门。舱将随飞行员的移动而倾斜

3. 在有腿沙发的顶上装舱门，踩在座位上爬进打开的舱门

4.检查救生包的系绳连接，将伞箱和救生包推出舱外

5.通过降落伞外壳机动

6.撤收救生包和充气筏

7.进入充气筏

8.固定好充气筏，开始紧急营救规程

图 8 - 8　　水星号教导项目中的水星号航天员顶部舱门出舱规程（1959 年 5 月）

　　为解决这个问题，降落伞改为直径为 2 m 的带条形稳定阻力伞和直径为 19.2 m 的环帆型主伞。试验在 1959 年 4 月～7 月间进行，共进行了 10 次空投试验。另外，用一系列空投试验证明地面着陆系

统能够用于大力神运载火箭上搭载的首个水星航天器的 Big Joe 发射器。最初的首个带条形稳定阻力伞被发现是不安全的，它由直径2 m 的锥形阻力伞设计代替。

对新的阻力伞拉直系统进行了 15 次空投试验，对主伞系统进行了 56 次从高度为 9 144 m 的直升机和飞机空投试验，以证明其合格。直升机用于模拟紧急中断发射时的高度。最后在 1960 年完成了水上的 3 种空投试验计划，这个试验的内容包括试验样机空投时着陆底边展开、一系列陆地着陆、高风速（高达 10 mile/h）和附属的防热大底在航天器与水面接触时撞到航天器的机会。还进行了 2 次无着陆包的空投，模拟拉直失效。鉴定程序在 Reef 项目期间完成，Reef 项目是用 19.2m 环帆型降落伞进行的较重的航天器（the heavier one-day spacecraft）的一个 20 次空投的试验。

8.4.3 双子星座

弹出座椅和个人回收伞系统已经在发射中止计划中试验过了，一旦需要，系统在下降过程可标称弹出。但是双子星座号航天员在下降过程中不需要从航天器中弹出。航天器降落伞系统和评估应急回收技术的方法需要一个单独的试验规程完成评估，并且要证明其既适用于 NASA 的双子星座任务，又适用于美国空军载人轨道实验室项目（此项目不是载人飞行）。

水星 Mark II 的特征是用降落伞进行海上着陆。但在 1961 年，研究人员希望载 2 人的航天器尝试陆地着陆，靠制动器沿滑道表面滑行，借助于 Rogello 型滑翔翼，经历了一系列困难和延期后，研发持续进行了 4 年，最终在 1964 年 8 月，NASA 确信要放弃这个计划，决定双子星座用降落伞在海上着陆。试验继续独立进行，尽管美国空军对使用这个系统进行可控的精确跑道着陆（载人轨道实验室中用于军事用途）有一些兴趣，但这个系统只对双子星座设计的航天器仿制件进行了试验（Shayler，2001）。

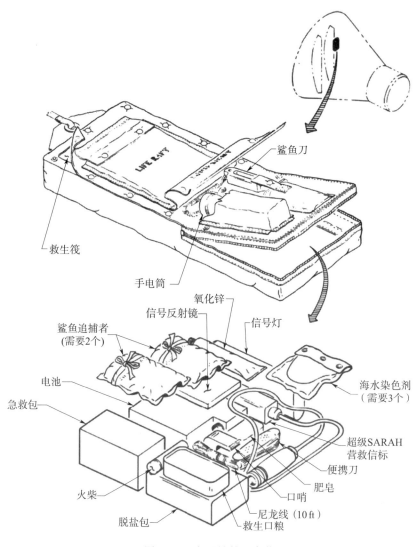

图 8 - 9　水星号救生套装

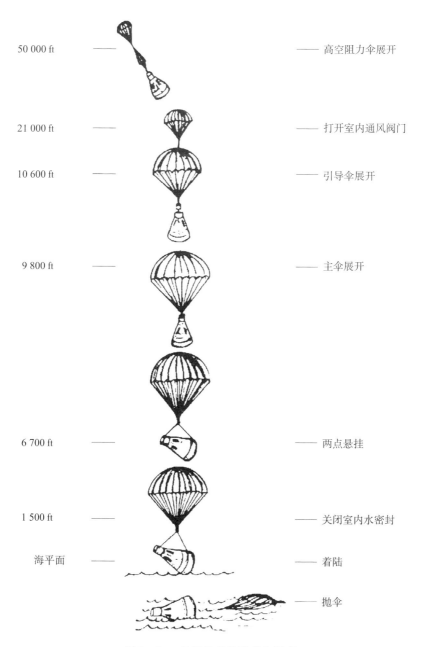

50 000 ft ——　　　　　　　　　　　　—— 高空阻力伞展开

21 000 ft ——　　　　　　　　　　　　—— 打开室内通风阀门

10 600 ft ——　　　　　　　　　　　　—— 引导伞展开

9 800 ft ——　　　　　　　　　　　　—— 主伞展开

6 700 ft ——　　　　　　　　　　　　—— 两点悬挂

1 500 ft ——　　　　　　　　　　　　—— 关闭室内水密封

海平面 ——　　　　　　　　　　　　—— 着陆

　　　　　　　　　　　　　　　　　—— 抛伞

图 8-10　双子星座号降落伞顺序

双子星座降落伞回收以 3.3 m 阻力伞在 38.6 km 高度拉直为特征，然后一旦在海上 2 mile 处稳定，一个 6.4 m 的引导伞拉直，将对接部分和航天器前端突出部分的回收区分离。直径为 25.6 m 的环帆型降落伞在 2.9 km 高度拉直，由位于两个控制台之间的两腿支承结构支撑。然后它落到两点悬挂结构上，使航天器呈水平 35° 向下倾斜，再以 32.8 km/h 的速度降落海面，接触时为机组提供更舒适的座椅位置。溅落时，降落伞弹出，回收标志展开。如果需要（还没有航天员用过）可用漂浮装置或者救生筏将航天器升起来，机组人员可以进入主回收舱等待救援。一般情况是，机组打开舱门，展开溅落屏（splash curtain），等待营救。

如果阻力伞失效，备用拉直程序将由航天员在 3 230 m 高度通过按一个开关人工激活，手动启动 4 个切断机（guillotine），使再入舱摆脱阻力伞。5 s 后引导伞包弹出并将伞拉直，再按正常着陆程序进行。

最初，水星 MarkII 设想由两个水星型主伞回收，但随着滑翔伞陆地着陆想法的出现，研究人员将研发重点放在滑翔伞陆地着陆系统上，将它作为水星 MarkII 的主目标，后来一度作为早期双子星座号项目研究的目标。但是，1962 年 3 月，NASA 要求北美航空公司在滑翔伞项目下为半尺寸（half - scale）和全尺寸（full - scale）飞行试验飞行器研发一种应急降落伞回收系统，这是诺思罗普公司在加州 Van Nuys 的轨道平面分部的子合同。降落伞着陆系统将用于首次无人试验飞行，并采用直径 25.6 m 的环帆型降落伞设计（Vince，1966）。

1962 年 5 月，应急降落伞系统合格试验开始进行，前 2 次试验取得成功，但第 3 次试验主伞未拉直，问题解决后，第 4 次试验足以证明系统适用于半尺寸试验程序。

同年 8 月，全尺寸试验飞行器的滑翔伞应急系统试验开始进行。同样，这些试验还是不很成功：第 2 次试验时 3 个伞中的 1 个未拉直；第 3 次试验时 2 个伞未拉直（两次都是小的损坏）；第 4 次试验时所有降落伞都失效，试验样机完全毁坏。

　　1963 年 2 月，共进行了 20 次空投试验，用 5.5 m 阻力伞确定对接和回收部分模型的下降速率（4 次空投），用 1 号试验样机测试直径为 27.3 m 的环帆型降落伞，这些试验都是降落伞回收系统的资格试验。从第 7 次空投开始全展开试验，虽然存在一些问题，但总的来说，这一系列试验是成功的，因此，鉴定试验可以在 1963 年 4 月开始。

　　滑翔伞研发中出现的问题，使系统的实际应用一再推迟，本来 12 次任务都要用，结果推迟到了第 7 次才应用，然后又推迟到第 10 次，最后从双子星座号中干脆取消了。同时，降落伞回收系统的鉴定试验原定于 1963 年 5 月开始，但由于伞衣边缘的缝褶问题而推迟，并增加了控制胶带以解决问题。试验重新定在 1963 年 8 月在加州 Salten 海域进行，前 5 次是陆地冲击试验，第 6、7 次是水面冲击试验。此外，还完成了滑翔伞着陆系统（在一个滑翔降落伞上进行）和环帆设计研究。但时间和资金的限制妨碍了进一步的研究。1963 年 8 月，放弃了双子星座上用滑翔伞陆地着陆的想法。1963 年 9 月，系统稳定问题要求将阻力伞引入系统。经过 3 个阶段试验，证明它是合格的。阶段 I 研究采用稳定伞拉直引导伞的技术，阶段 II 是完成拉直顺序的空投试验程序，而阶段 III 证明系统合格。1963 年 9 月，16 个第 1 组和第 2 组的航天员开始水上和陆地训练，以支持有可能的低级别的 21 336 m 高度以下中止试验。每个航天员都由直径 7.3 m 滑翔伞在塔上下降 12.2 m 后释放，滑翔着陆。

　　双子星座航天器的回收降落伞试验，不仅着重于水面着陆，如果两点悬挂系统失效，还要着重于垂直着陆。因为不能排除陆地着陆的可能性，因此试验在加州沙漠上进行，以获得垂直陆地冲击着陆的参数。

　　在两年半的研发和鉴定程序中，共进行了 89 次试验，阻力伞试验在加州 El Centro 的国防部联合降落伞试验设施（department of defense joint parachute test facility）上完成（15 次空投）；引导伞试验进行了 27 次空投试验（2 次在水上）；主伞系统进行了 32 次系统试验。还进行了一系列系统鉴定试验，包括 3 次无人飞行项目和 10 次载人飞行空投试验。

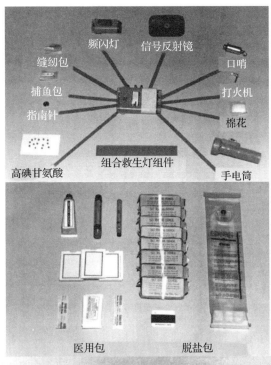

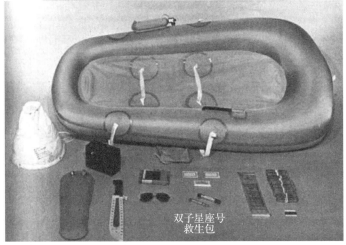

图 8-11 双子星座号救生设备

8.4.4 阿波罗

阿波罗降落伞回收系统以 3 个主伞、2 个阻力伞、1 个向前防热大底分离外推伞和执行相关操作的电子、机械和火工系统为特征。回收程序是由大气压力开关闭合启动或机组乘员用延时继电器手动启动的自动系统，目标是发射后或意外中止情况下实现安全稳定的机组乘员水上回收。几个研发项目都处在不断争论中，争论的焦点是系统的整体质量。

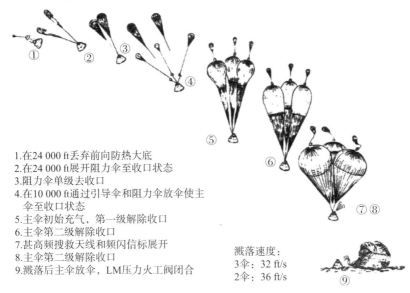

1. 在 24 000 ft 丢弃前向防热大底
2. 在 24 000 ft 展开阻力伞至收口状态
3. 阻力伞单级去收口
4. 在 10 000 ft 通过引导伞和阻力伞放伞使主伞至收口状态
5. 主伞初始充气，第一级解除收口
6. 主伞第二级解除收口
7. 甚高频搜救天线和频闪信标展开
8. 主伞第二级解除收口
9. 溅落后主伞放伞，LM 压力火工阀闭合

溅落速度：
3 伞：32 ft/s
2 伞：36 ft/s

图 8-12 阿波罗降落伞顺序

1962 年 1 月，阿波罗指令舱最初的技术指标发布，增加了综合降落伞回收系统。这个系统从研发到使用大约需要 13 个月。实际上，由于不断变化的质量问题，多个项目遭到延迟，并对系统做出更改，尤其是在 1967 年 1 月，阿波罗 1 号在发射台失火后，直到 1968 年 7 月、首次阿波罗载人太空飞行的前三个月，该系统才可供使用。相同的系统经改进后，在总共 11 次阿波罗载人任务、3 次天

空实验室任务和 1 次阿波罗-联盟试验计划任务中，只有 1 次主伞失效、不能完全拉直的记录（在阿波罗 15 号上，原因是燃料接触到降落伞纤维吊带）。1968～1975 年间所有的航天员都成功安全返回。非载人任务以及扩展的地面试验和机载试验对最终载人系统的研发做出了贡献。

标称着陆的布伞高度在 7 315 m 处，从这里与防热大底分离。一个直径 2.2 m 的小降落伞立即从前置防热大底上弹射展开，由此产生一个力将防热大底从指令舱推离，防止碰撞。前置防热大底弹出延迟 1.6 s 后，两个直径 5 m 的锥形带条伞弹射展开，接下来的 10 s 维持收口，之后全展开，保持连接，直到指令舱降至 3 352 m。然后丢弃阻力伞，3 个直径 2.2 m 的环帆型伞展开，也是由射伞筒完成，它们提供将主伞包从装载位置拉出的力。这些直径 25.4 m 的主伞需经 2 个阶段，第 1 阶段发生在出伞后 6 s，第 2 阶段在 10 s 后，大约处在 2 743 m 高度处。同时，将甚高频回收天线和闪烁的浮标布置在回收点，帮助回收定位。在与水面碰撞时，主伞释放，使飞行器浮在海面。3 个伞都正常的情况下，与水面的撞击速度是 9.7 m/s，2 个伞正常时（如阿波罗 15 号的情况）撞击速度增加到 11 m/s。

在意外中止的情况下，最大高度可能低于压力开关允许打开的高度，这时应启动定时顺序器。在这种情况下，这个顺序器是地面着陆系统在逃逸系统启动意外中止模式后的第 14 s 启动的。地面着陆系统启动的同时，发射逃逸塔、助推器保护盖和对接环（docking ring）被丢弃，0.4 s 后前置防热大底分离，2 s 后阻力伞打开，主伞在 28 s（意外中止后）后打开。

（1）研发

研究人员在阿波罗计划研发的早期就意识到，为实现 1969 年载人登月的设计目标，必须对指令舱进行大改变，以使最初的设计能够覆盖月球任务的距离。考虑到已经完成的工作、可获得的经费和时间，决定延续最初的指令舱结构（当时称作 Block Ⅰ），这个结构将用在无人和载人地球轨道验证试验中，同时为月球距离的飞行研

图 8 - 13　双降落伞着陆（阿波罗 15 号）

制升级版（Block Ⅱ），支持早期的月球着陆，实现计划目标。除此
之外，还进行了一项设计，研究可能的第 3 版（Block Ⅲ），目的是
将阿波罗的硬件用于超出最初意图的任务，以支持初始着陆后扩展
的月球探索和在当时称为阿波罗应用（后来称为天空实验室）计划
下扩展的地球轨道科学研究任务。Block Ⅲ飞行器没有研制，不过升
级后的 Block Ⅱ使附加的科学目标在最后 3 个阿波罗登月任务（"J"
系列）中完成，而且 Block Ⅱ航天器还用于支持登月计划之后的天
空实验室和阿波罗-联盟试验计划任务。

　　1959 年 12 月，在 NASA 兰利研究中心做出的早期月球任务计
划包括降落伞着陆返回地球的研究。在接下来的 3 年里，阿波罗采

取的设计之争在弹道设计和升/阻设计之间进行，最终导致在肯尼迪
总统质疑 NASA 20 世纪 60 年代末实现载人登月目标后的 6 个月，
即 1961 年 11 月北美航空获得建造弹道舱、阿波罗指令舱和附加服
务舱的合同。下一年在确定使用月球轨道对接作为实现载人着陆的
方法后，格鲁门公司获得研发登月舱的合同。北美航空接到合同后
不久，将阿波罗的降落伞和地球着陆系统通过子合同分给诺思罗普
公司的轨道平面（后来叫做凡吐拉）分部。阿波罗的初步计划是具
有水上着陆和陆基着陆能力。评审着陆的各种备选想法（包括旋翼、
滑翔和降落伞）时，确定使用 3 个降落伞是最佳的选择，尤其自预
期用于双子星座号的滑翔伞出现研发问题后。

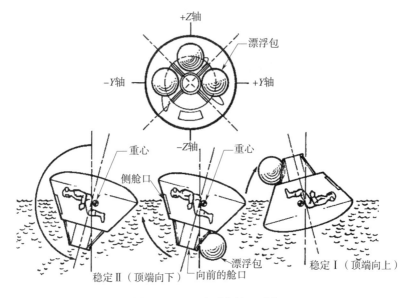

图 8 - 14　阿波罗自扶正系统

　　1962 年 5 月 16 日，北美航空公司被告知执行降落伞回收提案，
搁置其他系统，待未来评审确定。这是对降落伞和水上着陆的极大
支持，尤其在水星号航天员约翰·格伦和斯科特·卡朋特成功获救
后。在阿波罗上实行陆地着陆和替代降落伞着陆的想法并没有完全

图 8 - 15　阿波罗安全环状浮袋（flotation collar）和自扶正气球

从阿波罗长期计划中去除，但它们的前景显得很渺茫。但是陆地着陆的研究没有完全被放弃，1962 年初由北美航空唐尼公司专门为阿波罗建造的首批设施之一是高 46 m 的冲击试验台。常常被比作一个巨大的操场秋千，设计用于将下降舱举至高空并跌落，以试验冲击速度和对包括航天员座椅和减震系统在内的内部结构的影响。设施的一端是一个水池，另一端是可以堆积或用材料形成凹凸的沙石滩或卵石滩，用以评估不同的环境。到 1964 年北美航空公司工程研究报告的结论是，陆地冲击的问题十分严重，应当放弃将其作为阿波罗的主要着陆方式。这确定了阿波罗任务陆地着陆的命运。像双子星座计划进行的一样，航天器将用 3 个降落伞着陆于海上，和水星号经历的一样，由海军回收（Brook et al. , 1979）。

　　随着着陆方式的确定，是将理论付诸实践的时候了。虽然系统留用或者系统由 Block Ⅰ 或 Block Ⅱ 下降舱配置这两种情况会有轻微的变化，但主伞设计对这两种情况保持不变。在提供工作在极端和严酷条件下的下降舱回收系统方面投入了很大的精力。同时装载设备（stow the gear）将系统整合为一体所需的质量和体积不断增加。为克服这个问题，使用了新的制造和组装技术。确保质量和体积保持在分配给陆基着陆系统的范围内，并仍按宣传执行任务，这是对设计者的主要挑战。质量问题困扰了阿波罗几年的时间，但是在陆地着陆系统研发中不得不处理的其他挑战包括下降舱载荷极限变化后降落伞的尺寸、阿波罗 1 号发射台失火后的修改建议、主伞组的接口、降落伞吊带的磨损、主伞衣的强度增加、包装降落伞和确保按顺序正确开伞涉及的高密度问题、前置防热大底的再接触和由推进剂倾卸引起的降落伞和吊带燃烧等（如阿波罗 15 号的情况）。

（2）试验

通过将飞行试验获得的额外信息与主设计相结合，然后进行再试验，评估是否满足指标限制（主要关心质量和性能）的方法，试验和研发做到了相互补充。对 block I 完成了一项在温度、真空、结构和磨损、湿度和加速度、物理强度和浸泡条件下评估材料的实验室试验程序。对 block II 进行的大多数试验都针对 Block I 和 Block II 之间的变化。这包括重新设计的主伞伞衣套、主伞钢缆吊带和重新设计的主引导伞射伞筒。

空中空降试验在加州 El Centro 的空军/海军联合降落伞试验设施中完成。这个试验阶段使用的仪器化圆柱形试验飞行器（ICTV）常常指不需要下降舱组装件的炸弹空投试验飞行器、降落伞试验飞行器（PTV）和试验样机（BP）试验飞行器。降落伞试验飞行器模拟下降舱上的主要特征，舱下是简易锥体形状。试验样机精确表述实际的下降舱，包括几个航天器分系统或特征。

空中空投试验归类为研发或鉴定试验，后续的空投根据专用目标归为个体试验。最初，单人主伞在进入 Block II 的多重试验前，用于 Block I 的评估设计理念。

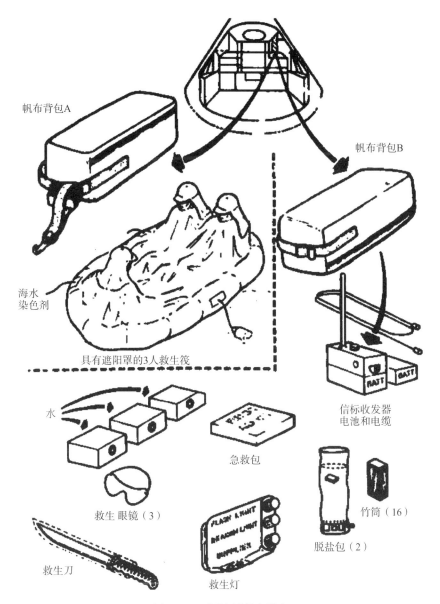

帆布背包A

帆布背包B

海水
染色剂

具有遮阳罩的3人救生筏

信标收发器
电池和电缆

水

急救包

救生 眼镜（3）

竹筒（16）

脱盐包（2）

救生刀

救生灯

图 8 - 16　阿波罗救生设备

图 8 - 17　阿波罗直升机和潜水员支援

图 8 - 18　主回收船接近阿波罗

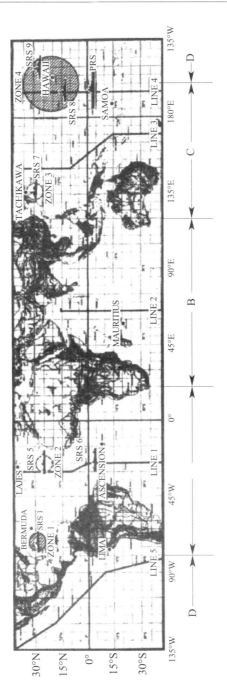

图8-19　阿波罗8号着陆区域，搜救力量部署：搜救区域和意外着陆区域（A~D）。每个落区基地（staging base）驻扎两架HC-130运输机

1965 年 5 月～1966 年 2 月之间，进行了 12 次空中空投试验，证明 Block Ⅰ 的陆地着陆系统合格，适于载人使用（不过在 Block Ⅰ 中没有机组人员）。1966 年 10 月 ～ 1967 年 1 月对当时认为是最终的 Block Ⅱ 陆地着陆系统完成了总的系统空投试验。但是 Block Ⅱ 降落伞的容量增加导致 1967 年 7 月～1968 年 7 月之间进行了进一步的研发和设计验证试验，逐渐发展为一个 6 项试验的计划。自此在 1968 年的 4～7 月间完成了一系列的 7 次鉴定空投试验。这个计划的完成全面证明了阿波罗陆地着陆系统适合于载人飞行。从土星号无人运载工具的陆地着陆系统的实际使用以及试验样机和运行的下降舱的回收中也得到了宝贵的经验。

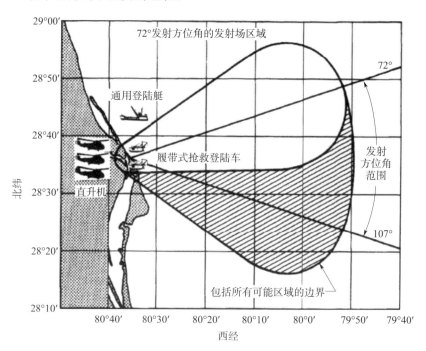

图 8－20　阿波罗发射台中止搜救力量，发射场区域和建议的力量部署

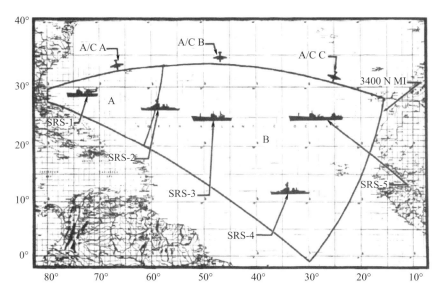

图 8 - 21　阿波罗发射段搜救力量覆盖范围

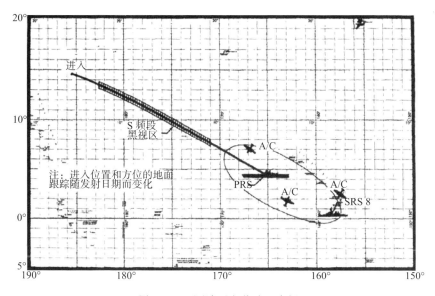

图 8 - 22　阿波罗主着陆区支援

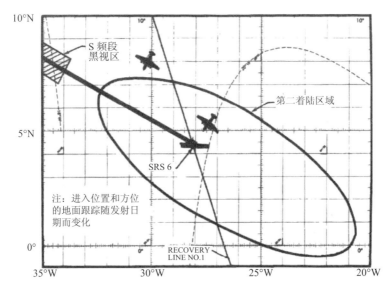

图 8 - 23　阿波罗第二着陆区域支援

8.4.5　联盟号

从联盟号用降落伞方式着陆已经过去 40 多年了，这已经被证明十分可靠。在近 100 次载人联盟任务中只有 1 次系统失效，不过存在几次硬着陆。联盟号使用双伞系统，每个伞放在自己的伞箱中。在大约 10 km 高度，引导伞和阻力伞展开，随后在 5 km 高度时主伞展开。如果需要的话，备用伞可以在 3～6 km 之间展开。在距着陆大约 3 km 高处抛弃防热大底，在距地面 1.5 km 处，伽马射线测高仪向下降舱（DM）底部的 4 个固体反推火箭发动机发出点火指令，将着陆速度降为 2～3 m/s。在已使用了备用伞而固体火箭发动机不能点火的故障情况下，必须承受 4～9 m/s 的着陆速度。

如果着陆在外国领土，在下降舱的基底上用俄文和英文标记辅助指示方位（还有一些危险警告标记）。

对联盟号上使用的降落伞的评估可追溯到 1961 年，OKB - 1、M·M·格罗莫夫飞行研究所 918 工厂、81 工厂和降落伞着陆服务研究和实验研究所之间进行了合作。在这些早期的研究中，工程师们提出一个类似上升号的系统，在主伞衣基座上安装了一个固体火箭制动系统，目的是将着陆速度减小至 8.5 m/s。如果它失效，着陆速度将为 10 m/s。制动发动机没有装在备份系统上，可能是由于装载隔间内缺少可用的质量和体积，因此，主要依赖于伞衣削弱冲击速度。在 7K 联盟号下降舱上，最初的质量模型下降试验在飞行研究所进行，1963～1964 年期间，当备份系统与主系统一起使用时，进行了改善备份系统可靠性的改进，一个新的设计从 1965 年逐步形成。降落伞的面积从 574 m² 增加到 1 000 m²，采用不大于 6.5 m/s的着陆速度，制动发动机重新安置在舱的基座、附带的防热大底下面，使它们既起主份的作用，也起备份的作用。

图 8 - 24　联盟号降落伞回收

作为试验计划的一部分，1965～1966 年期间，在 Fedosiya 的空军飞行试验站完成了 7 次空投试验。一架 AN - 12 飞机从 10 km 高度在不同的条件和不同的地形下空投试验舱。一些小问题，例如过

图 8-25　长时间任务后从联盟号协助机组出舱

氧化氢污染降落伞，必须在系统宣布使用前解决。联盟号上使用的降落伞的改进研究工作仍在继续进行。

　　联盟 T 号（1979 年起使用）使用了改进的逃逸塔设计，在机组舱从较高的高度下降的过程中使用主份伞而不使用备用伞，6 个软着陆发动机安装在原来的 4 个装置的顶上。在联盟 TM 设计中（1986年），降落伞伞衣的总质量通过在设计中使用减重材料而减小。飞行器的其他改进占去了伞箱的一些体积。一个新的测高仪用在软着陆发动机子系统上，在精确的高度点火帮助缓解着陆速度。对联盟 TMA（2002 年起使用）进行的一系列修改，使身体较高大的机组成员可以舒适安全地在国际空间站执行任务。这对一些子系统有影响，包括软着陆系统的子系统。在 TMA 号中修改了 6 个发动机中的 2 个，使其可以根据下降舱的着陆质量工作在两个不同级别的推力下，质量变化范围是 2 980～3 100 kg。联盟 TMA 号的总着陆质量是 7 200 kg，比联盟 TM 的质量多 200 kg。针对软着陆程序装置和机组

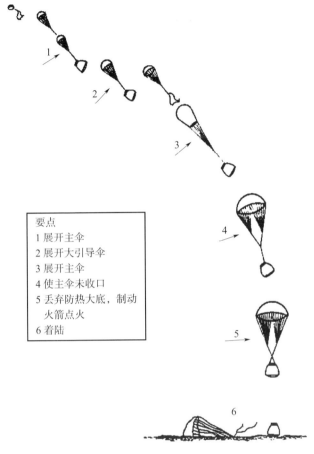

要点
1 展开主伞
2 展开大引导伞
3 展开主伞
4 使主伞未收口
5 丢弃防热大底，制动
　火箭点火
6 着陆

图 8 - 26　联盟号降落伞顺序

座椅支撑架上的冲击吸收器做了一些修改。一系列地面试验、地面模拟空投试验和飞机空投试验于 1997～2000 年进行，以在正式飞行前证明新的系统合格。

对联盟号航天器，未来将要完成的其他改进包括对自动着陆控制系统的修改和选择在较低高度展开降落伞，以改善着陆精度。通过进一步增加两个制动发动机，在俄罗斯而不是哈萨克斯坦的着陆精度还可能是未来的选择，这当然取决于资金的充足程度（Hall and

Shayler，2003）。

如果月球探测任务继续进行，可推测相似的回收和救生设备将进行修改以支持可能的海上回收。

8.4.6　神舟号飞船

神舟号飞船在外观和飞行剖面以及着陆技术上与联盟号航天器类似，不过中国研制了比联盟大 20% 的主伞。着陆顺序为，在地面上 15 km 处，引导伞展开 16 s、舱的速度从 180 m/s 减到 80 m/s 时，减速伞随后展开，进一步将速度减到 40 m/s，然后主伞展开。主伞全展开时它高 80 m，宽 30 m，表面面积 1 200 m²，表示它是到目前为止安装在载人航天器上最大的回收用降落伞。主伞挂在伞衣的下面 100 根直径 25 mm 的绳索上，每根可承受 300 kg 的张力。在全展开时，主伞进一步减速至 15 m/s。中国人宣称，降落伞由 1 900 张独立的薄但很坚固的纤维制成，可以承受高载荷和高温。主伞故障时有一个备用伞，但它只有 760 m²，比主伞小 60%。像联盟号一样，当距地面 1 m 时，一个伽马敏感器为软着陆固体燃料反推火箭点火，将速度减到 1 m/s。同时，降落伞被分离，防止强风将舱拖到地面上的其他地方（Harvey，2004）。

图 8-27　着陆支援队在联盟号着陆场提供医疗和后勤服务

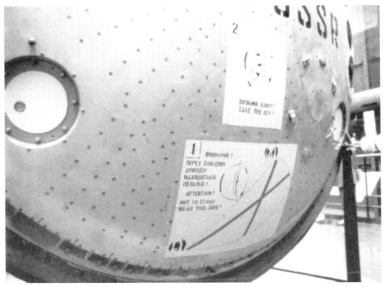

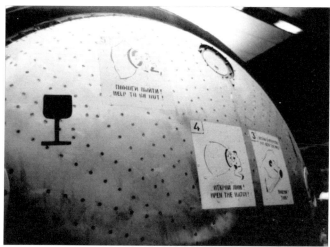

图8-28　显示软着陆发动机和营救信息的联盟号尾部隔离壁详情

（Andy Salmon 提供）

图 8 - 29　联盟号着陆支援全地形运输工具

中国用降落伞从太空返回有效载荷的经验积累从 20 世纪 60 年代初包括 T - 7A 在内的生物探空火箭开始，一些试验涉及狗、老鼠、幼鼠和其他生物标本的回收。可回收卫星的工作回溯到 1964 年，并且在 1975 年中国成为第 3 个轨道回收卫星的国家（在苏联和美国之后）。从研发降落伞系统获得的经验和对美国和苏联降落伞回收系统的研究有助于研发适合的降落伞回收系统，即神舟号降落伞系统。在地面和机载试验后，神舟号的降落伞分系统通过 1999～2002 年的 4 次无人试验飞行最终被证明合格。

8.5　返回家园

航天飞机的轨道回收技术研发了许多年，最终阶段是 1977 年展示航天飞机进场和着陆试验。对暴风雪号也进行了类似的试验。

8.5.1　航天飞机

离轨操作基本上在预定着陆前约 1 h 进行，取决于主着陆场（肯尼迪航天中心）的天气条件。如果天气不好，可能备降在爱德华或白沙基地。另外，有超过 60 个遍布世界的紧急着陆场可以供航天飞机着陆，不过它们具有的设备等级不像在其他主着陆场或紧急中断着陆场那样高。目前不是所有的着陆场都可用，同时轨道器再入在着陆前 30 min 发生。制动火箭点火、进入和航站区域能量管理机动（terminal area energy management maneuver）的设计，用于将轨道器置于最佳的位置，以在正确的高度和速度实现着陆进场走廊（landing approach corridor）。在大约 4 000 m，最终的着陆制导在约 12 km 的范围和 684 km/h 的速度下开始，现在有大约 90 s 的阶段是在机组的监视、指导和自控系统备份的情况下着陆的。最后进场时的滑翔斜度是 22°（比商业客机倾斜 7 倍），需要一个拉平（flare）操作将最后的滑翔斜度调整到 1.5°。接地前 22 s，起落架在机组启动下靠重力放下，主起落架的最初接地速度近似 326 km/h，飞机打开速度制动器，靠轮子行进大约 1 000 m，1992 年以来，用减速伞代替速度制动器使飞机减速。多年来对飞机的修改精炼了这些操作，但基本的着陆剖面没有变化。所有能够按这个剖面着陆的运载工具都非常成功（挑战者和哥伦比亚号事故除外）。航天飞机着陆部分的详细描述见 Jenkins 的著作（2001，pp. 260 - 261）。

对使轨道器减速的研究包括着陆阻拦索（arrester wire）、制轮器（skid）和减速伞；通过试验确定在爆胎的情况下减速伞是最有效的使轨道器减速的方法（1985 年 4 月在 STS - 51D 上发生）。OV - 101 计划用于确定着陆障碍物是否有效，1987 年 6 月在杜勒斯机场的试验是成功的，不过在主着陆场没有安装阻拦系统，但如果需要，在主跨大西洋着陆（TAL）场可以安装。

图 8 - 30　滑翔飞行的航天飞机轨道器

8.5.2　暴风雪号

如果暴风雪号能够飞行，它将以"迅速返回"和"早期返回"的模式展示早期返回的能力，以及从独立的联盟号航天器的营救能力。

迅速返回将能在接到紧急中断任务要求后的 40 min 到 3 h 之间离轨。40 min 被定为重置飞行器以准备尝试早期着陆的最短时间限制。在 Hendrickx 和 Vis（2007）的书中，作者解释，如果地面跟踪显示 3 个苏联着陆场（主着陆场是拜科努尔，还有位于苏联远东和克里米亚的两个备份着陆场）之一可以支持着陆，则在这三者之一处着陆；如果不行，则将放弃飞行器，机组人员弹出。除飞行器的状态外，考虑弹出的精确时机的一个重要因素是确信公众的安全（如需要，应急营救机组时刻准备）。

早期返回将能在 3～24 h 之间返回，为再入提供更多的准备时间，并为回到一个主着陆场提供更多的机会。

苏联非常重视通过独立的联盟号进行营救的可能性（例如，在轨道器不能离轨的情况下）。当然，准备好一个适合的、用于营救的联盟号需要几天的时间，在暴风雪号和联盟号上还需要准备好兼容的停靠系统，使机组可以容易地在飞行器间转移。当然，如果暴风雪号处在和平号或和平 2 号的范围，或者连接到和平号或和平 2 号，则空间站将起安全港的作用（就像现在的航天飞机/国际空间站操作），直到联盟号到达解救机组。对于联盟号发射的一人营救，每次只能带回暴风雪号上的 2 名航天员。假定对于 2 人的试验飞行，如果需要，一个联盟号将准备发射，以支持营救。营救更多机组人员的联盟号的多次发射不见得会对发射准备的基础设施、轨道地面支持和应急搜救队增加附加压力。早在 1969 年，3 次独立的联盟号任务在连续的日子发射、并在连续的日子回收。像这样的尝试再也没有进行，尽管理论上是可能的。

对暴风雪号，标称着陆可能采用自控模式、飞行指导模式或手控模式，载人着陆时优先采用自控模式，与美国采用的着陆模式类似。马赫数的范围内 10～3（高度 20～4 km）时，完成着陆前的机动顺序，使飞行器对准距跑道 14.5 km 的进入点，就像美国的航天飞机一样，可以根据最佳条件从跑道的任何一端实现着陆。17°～23°陡的滑翔斜度允许在拉平机动前在 400～500 m 高处进行小的修正，形成 2°的小滑翔斜度着陆。在 20 m 高处最后的燃烧导致以 300～330 km/h 着陆，一个主减速阻力伞用来减缓飞行器的速度。可悲的是，暴风雪号飞行员不能将理论和训练在真正的在轨任务中进行实践。然而，在研发过程中，在 1985 年 11 月 10 日—1988 年 4 月 15 日间总共完成了 24 次的进场和着陆试验，还进行了数十次地面模拟。

8.5.3　从暴风雪号迅速退出

为在弹出或飞行失压时支持机组，暴风雪号航天员需要穿 Strizh

（"雨燕"）加压服。加压服的研发和试验在 1981—1991 年间进行。
1988 年进行了唯一一次暴风雪号无人飞行，有两套加压服穿在人体
模型上，评估它们与个人机载生命保障系统的连接性能。

　　这个加压服是柔软型的，有一个整体头盔。主模式的工作压力
是 400 kPa，备份模式是 270 kPa，带换气的加压舱可支持两件加压
服 24 h，使用便携式生保系统失压时，应急模式最长可支持加压服
12 h。它的质量是 18 kg，可维持航天员在最高 30 km 高度、$Ma = 3$
时弹出。为试验和训练总计制作了 27 个模型，但只制作了 4 个飞行
模型（Abramov and Skoog，2003，pp. 352 - 353）。

8.6　救生设备

　　为支持偶然事件和非标称着陆，各载人航天器为每个机组成员
准备有救生包，包括口粮、防护衣和附件、提供饮用水的手段、发
信号的设备、医疗和急救包、工具，以及安全或保护设备。另外，
落下航天器或着陆设备上的拆用设备将补充救生包：最有用的物品
之一是回收伞。每个航天器还备有工具套包和家政套包，可以在野
外停留、等待救援的情况下使用。这些都是由航空、军事或野外救
生设备发展而来，但后被航天飞行所用。人们对它们做了很小的改
变，以满足新计划的需求，基本要求保持不变，保证机组人员安全
且状态良好，直到营救人员到来。

8.6.1　美国的救生设备

　　（1）水星号

　　位于飞行员座位左边的是个人降落伞，在主系统失效时可以作
为第 3 个备用伞。使用它逃出航天器的可行性相当微小。

　　救生包是国防部的常规套包加上 NASA 研发的附加物品，包括
单人筏、脱盐包、驱鲨剂、海水染色剂、医用注射剂的急救包、呼
救信号、信号反射镜、便携收音机、救生口粮、火柴、信号哨、3 m

尼龙绳、救生手电筒、折叠式小刀、救生刀、便携防水布、氧化锌、肥皂、盛水容器和 SARAH 浮标。

（2）双子星座号

双子星座号的救生装备安装在每个航天员的弹射座椅上，用尼龙线系在降落伞背带上。每个装备的质量是 10.4 kg，每个航天员的储备物资包括饮用水（1.6 kg）、大砍刀、带充气用 CO_2 瓶的单人筏（1.6 m×0.9 m）、海锚、海水染色剂、尼龙遮阳帽、手电筒（频闪）信号反射镜、指南针、缝纫包、4.3 m 尼龙绳、棉球和撞针（striker）、哈拉宗（halazone）片、哨子和电池。还有一个带归航信标和声音接收的救生无线电、太阳镜、脱盐包［足以使 8 品脱（1 品脱＝0.568 26 升）海水脱盐］。医用包里有兴奋剂、止疼片、晕船和抗生素片，以及阿司匹林、止疼或晕船注射剂（NASA，1966）。

（3）阿波罗

阿波罗计划具有在发出意外中止命令时返回到地球上多个位置的潜力。对可选或标称任务，救生包扩展到可以支持 3 个航天员 3 天（72 h）的时间。物品被装在两个帆布背包里。这些矩形的帆布背包装在指令舱右手边的设备区前部，它们由雅丽龙（Armalon）、一种涂覆特氟纶的玻璃纤维制作，用拉锁封口，带皮带提手。这种设计在着陆后的紧急情况下可以迅速从装载点撤出，并防止在这个过程中包里的物品溢出。虽然在阿波罗任务中从未遇到，但还是完成了机载设备的消防条例；由一个人处理和保证救生筏安全，在所有机组人员的操作训练过程中，进行消防训练，并用到条例中的内容（McAllister，1972）。

最小质量和最小体积的平衡是设计者面临的挑战，设计者必须设计出他们希望绝不会用到的、但一旦用上就要确保能救生的设备。组合救生灯组件就是一个最好的例子，实际上它是为双子星座计划研发的，但它也适用于阿波罗的需求。它是一个手握的装置，主要用于通过频闪灯、闪光灯或信号反射镜的方法发信号，这个装置还包括汽笛、哨子、打火机、棉球、卤素片、盛水容器、刀片、针、尼龙绳和鱼钩。

还有一个脱盐包，包括两个处理袋、8 个化学小包和修补胶带。每个化学小包可以产生 1 品脱饮用水。航天员可以收集一定量的海水，放入一个化学小包，等待预定的时间，然后经过过滤产生饮用水。这是一个被稍作修改的国防部装置，设计用于满足空间安全飞行的载人设备需要。还有 3 个盛水容器，每个可盛 2 kg 水，附有金属盖。用于水星和双子星座号的盛水容器是由 PVC 塑料薄膜制作的，后来增加了氯丁橡胶涂覆的尼龙限制。用于阿波罗号的盛水容器由铝制作，以满足压力、流出和易燃性要求，并提供足够的冲击载荷试验（78 g）。在研发中发现，由于压力差导致侧面弯曲。为解决这个问题，在两个大的侧面引入锯齿形的"X"。另外，盖子最初是按压式的，在减压试验时容易爆开，因此改为螺纹式。在训练过程中，一些航天员抱怨铝材料使水有一种不好的味道，后来采用亚麻薄膜减轻了这个问题。

救生包还包括偏振光太阳镜、铝制砍刀和护套，砍刀一侧切刃是 18 cm 长的刀片，另一侧是锯刃。双子星座号上使用的易燃的尼龙手柄在阿波罗上由铝材（不易燃）替代。它在丛林中切割和锯切训练时很好用，但在用于撬动物品时，容易折断，因此在未来使用时建议用更结实的刀片。

在应急撤离时，为把机组、航天器和救生筏连在一起，提供了一个长 7.6 m 的系绳系统。有了一个在端部加有速拆卡扣的系泊绳索（mooring lanyard），就可形成 3 人队，为第 1 个机组成员撤离提供 2.4 m，第 2 和第 3 个机组人员提供 4 ft。另外，每个机组成员有一件救生衣，在发生意外中止和飞行结束后水中救援时使用。加压服中位于颈部和腕部的障碍在水中救援操作时提供附加的水密封。有一个形状是三角形的三人救生筏，设计在 25 s 内由两个二氧化碳瓶通过两个独立的浮管完成充气。也可手动充气，作为备用的充气方法。1 个海锚、3 个捞砂筒和 2 个海水染色剂（黄—蓝）装在救生筏套包里。染色剂可以从 1 524 m 的高度、1.6 km 的范围看到。

信号无线电是由一个干电池组供电的手持仪器，可与航天器天线连接使用，因此如果发生着陆后的搜救延迟，可以满足恒定应急信号和通信的要求。训练频率是 242 MHz，工作时是 243 MHz（国际呼救信号频率）。双子星座的装置在阿波罗 7～11 号上沿用，然后专门为阿波罗研发的装置在救生包中使用。

从阿波罗 12 号起，还附加了一个 152 cm×132 cm、由细网尼龙制作的实用网，主要用于防昆虫，还可以在帆布背包中充当包好的救生包的有用填塞物。为热防护（救生毯）和发信号（反射）的目的，提供了 3 张尺寸为 152 cm×106 cm 的聚酯薄膜；这也是有用填塞物，在已经受限的质量和体积下，减少了对无功能填塞物的需求。有 3 个后面带斗篷的遮阳帽，用以保护颈部，以及 2 个塑料的挤压瓶，每个装有 56.7 g 护肤液。2 个救生刀装满套包，救生刀是美国海军使用的标准三刃全金属刀。

1968～1975 年间，完成了所有月球任务、地球轨道任务、天空实验室和阿波罗-联盟试验计划的阿波罗机载救生装备，只随后续的飞行和训练进行了微小的改动。

（4）航天飞机

因为航天飞机设计用于陆地着陆，所以对支持远距离的救生装备的需求有所降低。有应急撤离规程和装备，并且救生装备也支持这个需求。1981 年以来，轨道器为所有机组人员装载一个最长支持陆地或海上 48 h 功能的救生包（取决于 2～8 人之间的机组定额），在从轨道器应急逃逸的过程中使用。它装在单个容器内，包括一个带 CO_2 充气系统的 8 人救生筏和一个系泊绳索组件。有两个带吹口的充气管、隔膜泵、捞砂筒和海锚。每个机组人员还有一个 24 h 的漂浮救生衣，这些最后装在每个座位上，便于在需要时获取。发信号的设备包括 1 个个人呼救信号套包、2 个烟雾/照明弹、1 个太阳反射镜、2 个带备用电池的无线电信标和 2 个海水染色剂。救生包还包括 1 个两部分单独的救生包（基于国防部和水星—阿波罗早期的机载套包）、救生毯、救生刀组件、脱盐包和化学小包（NASA，

1981）。

从 1988 年起，撤离救生包装在每套工作服腿部的下口袋里，一个口袋装 PRC－112 救生无线电，还有 Scop/Dex 动晕药片，另一个口袋包括化学灯、昼/夜信号弹、笔形枪（带笔形枪弹）和频闪灯。

8.6.2　苏联/俄罗斯的救生设备

自从 1961 年 NAZ 便携应急套包贮存在东方号舱内部以来，救生包在苏联/俄罗斯航天器上一直携带。联盟号上，这些套包（由星辰生产）重约 32.5 kg，放在两个三角形的手提箱里，塞在两个航天员的座位中间。包里装有 1 个大水罐、1 个软瓶、干制食品、医疗包、信号和照明、搜寻包（foraging bag）、钓鱼用具和用做锯子或狩猎的金属绞线，还有一把带有弹药筒（TP－82 M）的马卡洛夫（Makarov）手枪和砍刀（Hall et al.，2005）。

除配有 Sokol 航天服、回收降落伞和机载工具包外，每位航天员用的 Granat 6（"石榴"）救生包还配有：

1) Forel（"鲑鳟鱼"）防水服，一种单件、橘色、尼龙材质、带脚底和帽子的漂浮服。"Neva"可充气颈圈上有应急吹口、应急浮标，肩膀处有信号装置。衣服上还有用橡胶处理过的袖口、粘扣衣兜、一副防水口连指手套和尼龙腕带。这是在东方号时代的基础上改进而来的，航天员必须穿上加压服或在小的单人救生艇上完成漂浮和救生训练。

2) 皇家蓝、前拉链带风帽厚茄克式的 TZK－14 防寒服和附带的连指手套。还有一个羊毛巴拉克拉法帽、一顶线纹羊毛结（lined wool knot）帽子、羊毛手套、一双保暖袜和一双尼龙高腰靴。

2003 年 TMA－1 着陆后，与未落在标称着陆区域的机组立即通信的需求由联盟 TMA 下降舱中所带的移动电话通信设备完成。

在暴风雪号载人任务中，本来计划携带与美国航天飞机相似的、联盟号上用过的搜寻、营救和救生设备。

8.6.3 中国的救生设备

根据发布的照片显示，中国航天员使用类似于俄罗斯所用的多元救生装备进行训练，包括水上救生设备和发信号装置。因此，认为神舟号的救生和营救设备与俄罗斯联盟号航天器相似是合理的，当然，研究人员对这些进行了适应性修改以支持中国的实际操作。

8.7 搜寻和营救

无论是正常着陆还是意外着陆，都需要网络化的人员和运载工具支持，这些通常由军队来完成。对水上着陆，这需要很大数量的水面舰艇，还需要飞机加入到整个任务中。除此之外，还需要世界范围的跟踪和通信网，天基跟踪和数据中继卫星的出现大大增加了所有载人任务的全球通信覆盖范围。

在确定救援需求时，必须对非标称着陆区域和标称着陆区域都进行考虑。这包括任何发射场在飞行器发射前的意外中止，支持这个过程的逃逸和营救规程、设备和基础设施。意外中止的着陆区域需要先于安全进入轨道进行考虑。这可能是返回发射场、跨过海洋、飞过大陆块，或者完成绕地球的一个单轨道后发生的。首选着陆区域为标称任务运行而准备，而计划着陆区域是为任务正常结束之后由于首选着陆场的异常天气或航天器条件而准备的备选着陆地点（例如，航天飞机转而着陆在爱德华空军基地，而不是在卡纳维拉尔角的边界天气下着陆——这不是应急情况，而是在运行良好情况下的备选方案）。理想的意外着陆地点是那些在应急情况下使用，并提供最好的着陆支持设施的地点。备选的着陆区域是那些一旦需要较快速返回地球时提供更广泛机会的地点。救援人员的数量由首选、计划、意外和备选着陆场而确定。

8.7.1　美国的搜寻和营救工作

1961~1975 年之间，美国的太空航天员救援主要由海上搜救队完成。自从 1981 年航天飞机出现后，搜救区在发射段更多以美国大陆、非洲和欧洲的陆地设施为中心，不过一个意外着陆的标记范围仍然支持航天飞机的运行。

（1）水星号搜寻和营救

研究上述学说，以确保水星号航天员在任何可想到的危及航天员安全着陆条件下得到救援。救援本身分为着陆区定位和跟踪网络区域着陆信息早期通知。最初由飞机进行航天器的目视观测。然后，救援工作进入撤收阶段，由支援直升机、潜水员和主回收船上的人员完成航天员和航天器的水上回收。这一学说一直应用至 1975 年的阿波罗-联盟试验计划。

水星号出舱有点困难，因为它太小。在早期的设计中，航天员被锁在舱中，用多达 70 个力矩螺栓保护舱门，发射台应急情况下需用炸药将其打开。溅落后，航天员必须爬行穿过航天器的颈部。这极其不容易，因为首先必须从仪器单元将面板移除，然后必须推开主伞和应急伞箱，紧接着推开救生筏和应急包，最后航天员才能挤出来。一旦落在水中，穿戴好的航天员必须为救生筏充气，爬入其中，与航天器固定好，使其不会漂走。直升机的回收顺序是航天员先于航天器，这在训练中被证明存在问题：如果航天器充满水，并开始沉没，会危及航天员的生命。这个工作还很辛苦，需要在高温下进行。通过改变顺序，让直升机固定回收箍线（hoop line），侧舱门可以被掀开，为航天员提供一个通道来进入直升机的第 2 道安全线，使航天员进到一个"马颈圈"，用绞车吊进飞机。一旦进到内部，直升机将航天器拉出水面。之后一个伞降救援潜水员用 Stullken 安全环状浮袋环绕航天器。航天员可以选择原地不动，在航天器内部由主回收船托起，或者丢弃舱门，选择直升机营救。

除沃利·希尔拉留在他的航天器内等待救援外，所有的水星号航天员选择个体回收。1961年7月这几乎让航天员格斯·格里索姆付出生命的代价，"自由钟7号"航天器的侧舱门被过早炸开，导致充满海水，尽管直升机机组成员做了很大的努力，舱最终还是沉没了。格里索姆几乎溺水，但被安全救出。大约1年后的1962年5月，斯科特·卡彭特由于制动火箭点火延迟，导致着陆在主搜救区域的402 km下靶区。当主伞未能自动打开时，他开始手动打开。溅落后，他感觉到舱内较热且不舒服，决定通过颈部过道离开曙光（Aurora）7号，然后他给救生筏充气，爬到上面。意识到救生筏处于倒置位置，他再次进入水中，将它翻过来。他在水上渡过了"愉快"的两个小时，在救生筏中等待直升机的营救，成为唯一一名在1961～1975年间美国载人航天的先驱阶段使用了救生设备的航天员。

（2）双子星座号的搜寻和营救

对双子星座号任务，着陆区域分为计划着陆区域和应急着陆区域。计划的区域包括在西太平洋的主着陆场，第2着陆场在东太平洋、西大西洋和太平洋中部，那里有几艘支援舰。

初始上升阶段的意外中止发射模式使用的发射场区域是卡纳维拉尔角朝海向65.6 km和朝香蕉河内陆距19号发射台4.8 km的区域。发射中止的着陆区域在距卡纳维拉尔角65.6 km以外的海上，向右延伸到非洲西海岸。

应急区域是除计划着陆区域外的航天器地面轨迹区域，需要飞机和伞降救援潜水员在溅落后18 h内搜救到的区域，这个时间内，一旦需要撤出航天器，机组成员可以依靠机载救生设备和个人救生包支持生存。

航天员称赞双子星座号是一个好的航天器，但救生船很糟糕。约翰·杨评论说，GT-3以具有"俯仰、停息和倾侧"的能力为特征。双子星座6号机组是唯一由回收船在航天器内将航天员救援的机组，双子星座8号航天员由于提前结束飞行着陆于第2着陆区域。

（3）阿波罗的搜寻和营救

月球计划采用水星号和双子星座号上使用的基本原理，不过航天器从月球返回需要在搜救力量的部署、专用工具、操作规程和设备研发等方面进行修改。美国国防部的支持对于安全和迅速搜救1968—1975 年间各个阿波罗航天器上的机组成员十分关键。

对于地球轨道任务，引入 4 个着陆区域概念，两个在大西洋，两个在太平洋，其中西太平洋是主着陆区。对月球任务，这依赖于何时着陆，即是在发射期间与发射场较近（B 区——160～5 440 km 下靶区）还是远东跨过大西洋（A 区——5 440 km 一直到非洲西海岸）、从地球停泊轨道（西大西洋或太平洋中部）、月球外轨道变轨到任务结束（太平洋中部线或大西洋中部线）。阿波罗 13 号从意外中止变到自由返回轨迹时，意味着在印度洋着陆。通过增加关机后点火可能在太平洋中部线着陆。正常结束任务在太平洋中部着陆。

在应急情况下，冲击衰减系统的确允许陆地着陆，但没有出现过这种情况（不过新的猎户座下降舱将具有陆地着陆能力）。地面研究（earth studies）揭示了下降舱有两个漂浮姿态，稳定Ⅰ控制垂直稳定性，稳定Ⅱ控制翻转，防热大底处在最高位置。很明显，第 2 种模式不适于机组的有效救援；因此 3 个可充气袋安装在下降舱的上舱，由压缩空气充气；这有助于下降舱在 5 min 内处于向上位置。该项目进行了在只有 2 个可充气袋充气情况下的试验，让 2 名航天员从座椅移动到下降舱尾部，降低重心；试验是成功的，但在运行中从没遇到这种情况。使航天器朝上用时 12 min，但是如果 2 个可充气袋和压缩机失效，下降舱不能自行变为朝上位置。一旦位置朝上后，伞降救援组在下降舱被吊到主运输工具上之前，将漂浮装置（flotation gear）固定于航天器周围，等待直升机对 3 名机组成员的救援。阿波罗 7 号机组成员在吊起过程中选择留在航天器中。所有 3 个天空实验室的机组成员也都留在下降舱中，天空实验室的主回收场是太平洋，和阿波罗－联盟试验计划的主着陆场一样（NASA，1975）。

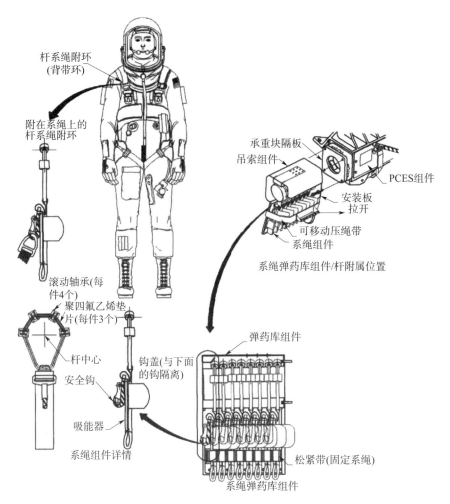

图 8-31　航天飞机逃逸装备：系绳弹药库（lanyard magazine）组件

（4）航天飞机的搜寻和营救

航天飞机的出舱主要是通过侧舱门；第 2 条路线是弹出座椅面板和左顶窗的逃逸面板系统。当它们从哥伦比亚号去掉后，所有后续航天器的逃逸面板系统组合到左顶窗上。机组训练仍包括从这些紧急出口撤出航天器，最初评估在 1977 年由航天员杰里·卡尔完成。

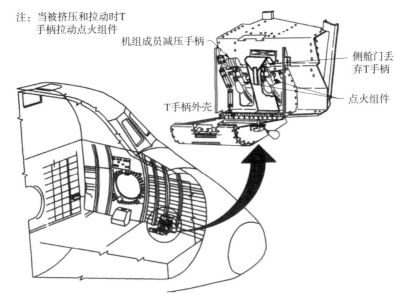

图 8 - 32　航天飞机逃逸装备的位置

　　撤离闩固定在侧舱门上，用做辅助跳出的扶手。防热挡板用于保护机组成员远离由于再入被加热的轨道器外表面。系统提供了一个下降"天神"（sky-genie）系统（轨道器上有 7 个），使航天员以可控的下降速率从头顶上的逃逸路径或侧舱门面板降到地面。而在轨时，通过窗户 8（端口—左顶窗）从头顶逃逸，机组使用 MS2 的座椅 4 通过窗户爬上去。

　　挑战者号后，选择滑动杆（slide pole）的方式为机组在 9 144 m 及以下高度的"可控的滑翔飞行高度"提供飞行中救援系统。不过需要对系统进行修改，允许炸开侧舱门，以使滑动杆伸展，并让航天员将航天器清理干净。穿着加压服从驾驶舱到中舱时，入口必须增大，使航天员从轨道器的这两级之间容易通过。检测表明，航天飞机轨道器只选择滑动杆海上迫降着陆方式（在计划早期通过评估）是不能生存的。

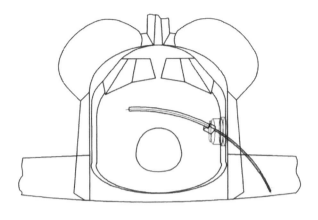

展开状态的杆
(尾部看去)

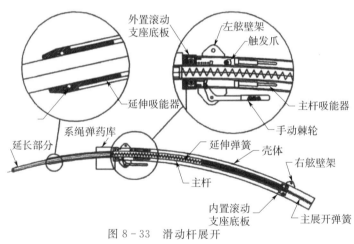

图 8 - 33　滑动杆展开

　　紧急地面滑行与商业客机提供的快速通往地面的可充气撤离滑道相似。它装在中舱下面、附在侧舱门上，舱门弹出时打开，然后由高压氩气瓶充气，60 s 充好。它设计可维持 6 min 的功能，使所有航天员下降约 3.2 m 到地面。如果失火或需要营救车支援受伤的航天员，它可被分离。

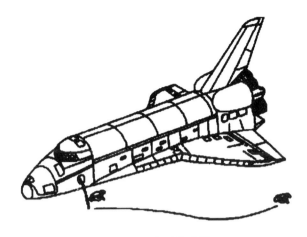

图 8 - 34　离开轨道器

图 8 - 35　试验牵引式火箭逃逸系统

滑动杆是一个弯的、弹簧加载的、伸缩钢或铝制的圆筒，装在中舱天花板的铝壳中。伸展后长出侧舱门 2.7 m。正常运行时从发射位去掉，再入时重新安装上。它的质量为 108 kg，机组成员连接用的 8 个系绳装在弹仓里，附在滑动杆端部。它们用于引导机组成员跨过滑动杆，向下滑，脱离滑动杆的端部，逃到海中。

这个系统在1988年春天试验。试验结果说明滑动杆既安全，又易于操作，比曾经考虑的牵引火箭安全、容易得多。经试验确定，所有机组乘员撤出航天器的时间大约是90 s，每个航天员离开航天器的间隔大约是12 s。

图8-36　艺术家印象中的航天飞机机组舱剖面图

实际上，在大约18 290 m高处，就必须通过将飞行控制系统设置到自动驾驶模式，做出使用这个系统的决定。在约7 620 m高处和约368 km/h的速度下，在中舱的一名机组成员（正式说法是：坐在MS3侧舱门旁边，称为跳伞组长）启动火工品，使航天器内外的压力相同。在7 620 m高处，由飞行员将航天器攻角变为15°，并保持住，让所有机组成员安全离开。此时，由一名机组成员丢弃侧舱门，跳伞组长开始使滑动杆伸长。每个机组成员将自己连于系绳上，跳出侧舱门，杆的长度使他们可以通到轨道器左翼之下。所有机组成员本应在到达3 050 m高度前离开轨道器，靠各自的回收降落伞下降。1988年9月系统及时安装在发现号上，为STS-26任务服务。自那时起，它成为所有任务的标准装备。

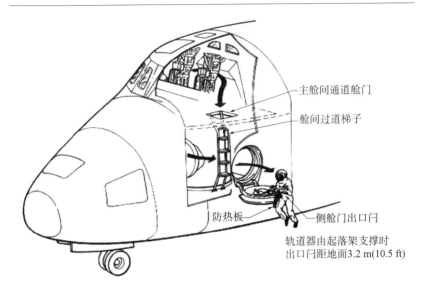

主舱间通道舱门

舱间过道梯子

防热板 —————— 侧舱门出口闸

轨道器由起落架支撑时
出口闸距地面3.2 m(10.5 ft)

图 8 - 37 试验侧舱门逃逸系统

图 8 - 38 虽然航天飞机的航天员不希望在水中着陆，但如果航天飞机
在冲击后幸存，这是让他们漂浮的设备，直到营救到来

为支持发射和进入过程逃逸的想法，提供给 STS - 26 的机组成员半加压服（模型 S1032）。它们称为发射再入航天服（LESs），由麻省伍斯特（Worcester）的戴维·克拉克（David Clark）公司制造。制造舱外活动半压力服和由美国空军现有服装设计变异而来的

机组逃逸服的合同于 1986 年签署。这个系统在 1988～1995 年支持
航天飞机飞行；然后由先进的机组逃逸服替代。它工作在 18.6 kPa
环境下，质量约 13.6 kg，加上 29 kg 的支持设备。主救生支援是通
过轨道器由备份系统提供额外的 10 min 的生存环境。1987～1989 年
间，为航天飞机制造了 49 套发射再入航天服（Thomas and Mc-
Mann，2006）。从 1994 年开始，引入了一种称为先进的机组逃逸服
（模型 S1035）的新服装，也由戴维·克拉克公司制造。这个系统包括
降落伞和漂浮系统，增加了可生存性。这种设计的研发于 1995 年开
始，力图替代发射再入航天服；自从 1995 年末，每个航天飞机的飞行
机组都穿着它，并将一直使用到 2010 年计划结束。系统需要全压力
服，不像发射再入航天服的半压力系统。使用轨道器上的主电源时，
工作压力为 24.1 kPa；还有 10 min 的备份能力。它的质量为 12.7 kg，
支持设备 29 kg。总计为航天飞机计划制作了 70 件这种工作服。

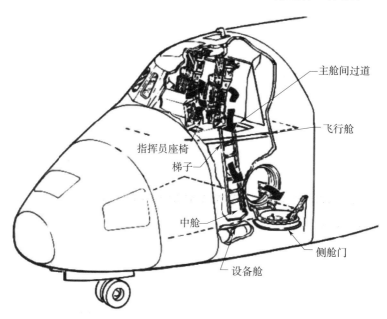

图 8-39　标称航天飞机侧舱门撤离

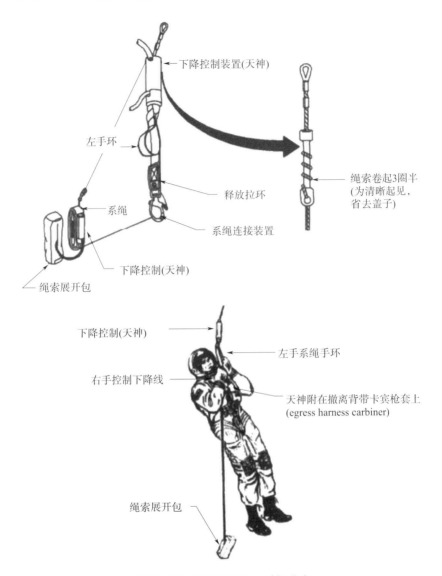

下降控制装置(天神)

左手环

释放拉环

系绳

系绳连接装置

下降控制(天神)

绳索展开包

绳索卷起3圈半
(为清晰起见，
省去盖子)

下降控制(天神)

左手系绳手环

右手控制下降线

天神附在撤离背带卡宾枪套上
(egress harness carbiner)

绳索展开包

图 8-40　从航天飞机上系绳逃逸

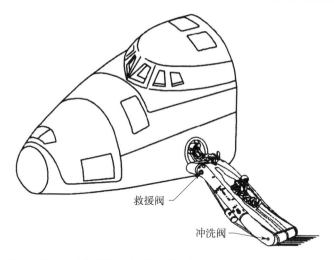

图 8-41　通过顶窗从飞行舱出舱：紧急撤离滑道及侧舱门弹开

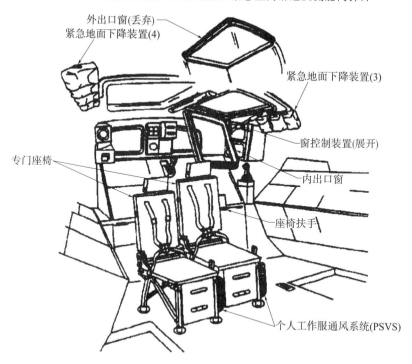

图 8-42　顶撤离窗丢弃

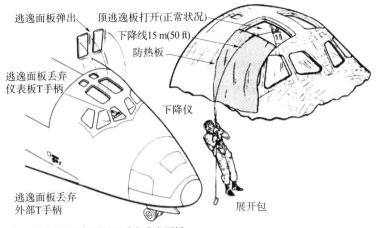

逃逸面板弹出　顶逃逸板打开(正常状况)

下降线 15 m(50 ft)

防热板

逃逸面板丢弃
仪表板 T 手柄

下降仪

逃逸面板丢弃
外部 T 手柄

展开包

注：两个 T 手柄都可用于丢弃逃逸面板

图 8 - 43　顶窗撤离详情

8.7.2　苏联/俄罗斯的搜寻和营救工作

　　支持东方号和上升 1 号机组着陆的救援队伍是现成的，但上升 2 号着陆在主回收区之外，必须在困难的情形下等待营救组找到航天器。有些联盟号飞船经历了搜救延迟，但到目前为止，没有着陆在苏联/俄罗斯领土以外的情况发生，不过在一些紧急情况下这不是不可能的。因此，不得不考虑在外国领土或领海制定搜救联盟号的计划。

　　联盟号飞船的应急和紧急着陆场一度选在哈萨克斯坦正常区域之外。每晚在机组安置睡觉之前，他们接到一个轨道号和一个最新的制动点火时间表格，以在紧急情况下到达设计的着陆场，并在随后的 24 h 内返回地球。联盟号似乎出现过 3 次紧急着陆区，在鄂霍次克海、北美大草原和哈萨克斯坦干草原。

　　回收由联邦领空搜索和救援管理局（Federal Air Space Search and Rescue Administration）处理，其责任是负责下降舱的定位和返回，以及航天员从着陆场返回。通常在白天着陆，有助于搜救的进行，不过由于某些飞行情况，这不总是可行的。搜救力量由若干飞机、直升机和全地形运输工具组成，通过与机组下降时直接通信链路的无线电设备引导，快速到达着陆区域。正常情况下，着陆由回收直升机用胶片记录，搜救队不久就到达着陆地点，撤收（retrieve）机组，此时需十分小心，因为航天器可能由于刚刚再入仍然很热。

支撑结构在朝上的下降舱旁支起，使机组出舱更容易，通过滑道，并由地面人员协助。在冬天，用毛皮衣服裹住机组成员，在飞机运回当地空军基地之前进行快速检查，然后飞回拜科努尔，之后前往莫斯科。下降舱在确认可以安全运输后，被抬到一个全地形运输工具上运回恩纳吉亚（Energiya）进行飞行后检查。

8.7.3　中国的搜寻和营救工作

中国效仿联盟号的紧急和标称航天器回收技术和设备的图像已经发布，以支持其载人航天飞行计划。随着此计划的继续，将出现更多的信息。

8.8　小结

就太空飞行的各个方面而言，支持各任务终端的工作就如同把机组送到太空或支持机组在太空生存一样复杂、棘手和危险。

随着国际空间站任务的继续和中国载人航天计划的扩展，月球返回和航天员在完成任务后返回地球的搜救需求也在扩展。设备、试验和研发、搜索和救援准备以及救生设备将是星座计划和迟早进行的载人登陆火星计划的特征。无论任务的时间多长，它的目标是什么，所有机组乘员都要在某一时刻安全有效地返回地球家园。毕竟，没有地方像家一样……

参 考 文 献

[1] Isaak P，Abramov and Å Ingemar Skoog. Russian Spacesuits. Springer/ Praxis，Chichester，U. K. 2003.

[2] Courtney G，Brooks，James M，Grimwood，Loyd S，Sewnson Jr.. Chariots for Apollo：A History of Manned Lunar Spacecraft，NASA - SP -4205. NASA，Washington，D. C. 1979.

[3] John Catchpole. Project Mercury. Springer/Praxis，Chichester，U. K. 2001.

[4] Rex D，Hall and David J，Shayler. The Rocket Men. Springer/ Praxis，Chichester，U. K. 2001.

[5] Rex D，Hall and David J，Shayler. Soyuz：A Universal Spacecraft. Springer/ Praxis，Chichester，U. K. 2003.

[6] Rex D，Hall David J，Shayler and Bert Vis. Russia's Conmonaut inside the Yuri Gagarin Training Center. Springer/ Praxis，Chichester，U. K. 2005.

[7] Brian Harvey. China's Space Program from Conception to Manned Space-flight. Springer/ Praxis，Chichester，U. K. 2004.

[8] Bart Hendrickx and Bert Vis. Energiya - Buran：The Soviet Space Shuttle. Springer/ Praxis，Chichester，U. K. 2007.

[9] D R Jenkins. Space Shuttle. Midland Publishing，Hinckley，U. K. 2001.

[10] Fred A，McAllister. Apollo Experience Report：Crew Provision and E-quipment Subsystem，NASA - TN - D - 6737，March. Manned Spacecraft Center，Houston，TX. 1972.

[11] McDonnell Douglas. Project Mercury Familiarisation Manual，revised 1 August，Publication Number SEDR 104 Copy，Number 8. McDonnell Douglas，AIS Archive. 1961.

[12] NASA. Gemini Press Kits GT3（March 1965）through GT12（November 1966）. NASA，Washington，D. C. 1966.

[13] NASA. Apollo Program Summary Report，April JSC - 09423. NASA，

Washington，D. C. 1975.

[14]　NASA. Space Shuttle News. NASA，Washington，D. C. 1981.

[15]　NASA. Results of the First Manned Orbital Spaceflight 20 February 1962. Apogee Books，Burlington，Ontario. 1999.

[16]　David J，Shayler. Gemini Steps to the moon. Springer/ Praxis，Chichester，U. K. ，pp. 301 – 317. 2001.

[17]　Asif A，Siddiqi. Challenge for Apollo，NASA – SP – 2000 – 4408. NASA，Washington，D. C. 2000.

[18]　Kenneth S，Thomas and Harold J，McMann. US Spacesuits. Springer/ Praxis，Chichester，U. K. 2006.

[19]　John Vince. Gemini Spacecraft Parachute Landing System，NASA – TN – D – 3496，July. Manned Spacecraft Center，NASA，Washington，D. C. 1966.

第9章　总结

太空飞行是固含危险的运输模式和探索方法，而且将一直如此。各种试验和事故不止一次地明确显示，虽然逃逸和营救的规定是可以训练和提供的，但这并不表明总是可能使用这些设备和规程。如果我们试图离开地球去其他星球探险，就必须意识到这些，并且需要接受的比这更多。

在最近的猎户座降落伞试验用运载工具的试验中，一个用于试验的降落伞失效，导致着陆载荷很大。这个伞不是回收降落伞，而是用于使模拟舱处于正确试验条件下的程序装置伞（programmer chute）。2008年7月31日，在尤马（Yuma）试验场的试验是猎户座降落伞组件系统的第1代设计，从C-17飞机上在7 620 m高度空投。试验使用了18个降落伞（10个用于将模拟舱置于正确位置，8个用在猎户座降落伞试验用运载工具上）。由于阻力伞打开故障，整个开伞过程延迟，导致载荷比预期值大，下降速度较快，着陆冲击增大。2个阻力伞展开，并如预期充气，但由于载荷比预期大，它们立即分离。3个引导伞将主伞拉出，但其中的2个由于增大的载荷超出它们的设计极限也提前分离。这2个伞可能将试验舱的下降减到足以使第3个伞能按设计工作（即保持连接，直到运载工具着陆）。试验舱在冲击时倾覆，受到一定的损坏，不过预期部分还可再次使用。

在降落伞系统能够适用载人任务前又进行了多次试验。虽然试验还不成功，但为新设备和设计积累了经验。媒体认为，这个试验是失败的，但NASA并不这么认为。对他们来说这是评估系统的研发实践，为载人飞行重新设计和改进系统及时锁定了潜在的问题和故障。虽然人人都希望看到，硬件和软件第一次就能并且每次试验都能如设计预期，但很明显这不总是可能的，或者是不现实的。从不利中学习是研究改进系统和规程的关键，之前的项目群如此，星座计划也不例外。

图 9-1　最近的猎户座紧急中断试验着陆

从发射逃逸系统、轨道应急规程和返回机组的适当方法得到的经验是 50 余年载人航天飞行关注的焦点，并在可预见的未来将继续受到关注。与商业客机如出一辙，希望不再需要个人逃逸系统，但安全规程当然仍是至上的。2004 年 NASA 预言第 4 代可重复使用运载工具将在约 50 年后到来，它将非常安全和可靠，不再需要逃逸系统。预期商业发射的年飞行率为 10 000 次，周转时间将不多于几个小时，飞行机组有能力自行发射，不需要地面协助……只有时间知道会怎样。

目前逃逸系统是必要的，具有自主再入能力的运载工具可以紧急中断简化了高速下机组的救援。若没有再入能力，则必须派出第 2 个飞行器来返回受挫的机组；当然具有实现它的时间和资源是满足这个目标的一个因素。可能有安全的处所，但必须可进入和可维持。与营救从火星或更远处返回的机组所用的时间相比，在环绕地球的轨道上返回家园的时间不会那么长，从月球返回也不长。距离和时间使营救和救援的准备更复杂，但如果我们要进行星球探险，必须面对这些。

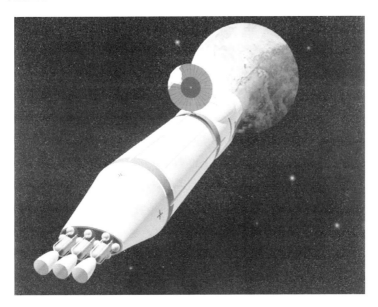

图 9-2　火星号——空间营救的新挑战

在前 8 章，作者尽力呈现历史，说明为机组提供营救和安全的计划有多么复杂、涉及面有多么广，无论是在发射台、在远离地球期间、在太空飞行阶段、探索天体表面期间，还是返回家园的尝试过程。这些计划经过试验、失败、再试验、最终成功，这个过程是漫长的、持久的，显然不能制造头条新闻，除非是在出问题时。但是在研发过程中遇到问题远比冒生命危险飞行要好。机组冒生命危险乘航天器飞到太空、返回家园，依靠他们不希望用到的安全和营救系统，并知道试验程序已证明这些设备是合格的。他们相信，如果需要，系统就会工作。这带给他们能够返回家园的信心和信念。否则他们真的会拼着性命进入发射台上的航天器吗？

参考文献目录

差不多 40 年前，我开始为本书收集早期阿波罗载人任务应急规程方面的数据。对阿波罗计划期间安全性方面的兴趣是美国和苏联对人类太空探索不断增长的兴趣的一部分。多年来，这个兴趣扩展到收集太空事故和灾难方面的额外数据，并扩展到太空营救系统、设备和规程。

编辑本书时，使用了许多资源，远多于此处所列。但除文中引用的例子，下列图书或出版物对将数据缩减到目前的数量方面产生了极大的帮助。作者期望收到进一步的更新和信息，并将在未来本书和早些时候的《载人航天飞行中的事故和灾难》的修订中考虑使用。

期刊

Spaceflight Magazine and The Journal of the British Interplanetary
Society（British Interplanetary Society）.
Aviation Week and Space Technology（McGraw – Hill）.
Flight International（Reed Business Information）.

NASA 历史系列

1963—2000 Astronautics and Aeronautics：A Chronology，NASA
（multiple volumes）.
1963　Project Mercury，A Chronology，NASA SP – 4001，James
　　　 M. Grimwood.

1966   This New Ocean, A History of Project Mercury, NASA SP - 4201, Loyd S. Swenson Jr. , James M. Grimwood, Clarles C. Alexander.

1969   Project Gemini, Technology and Operations: A Chronology, NASA SP - 4002, James M. Grimwood and Barton C. Hacker with Peter J. Vorzimmer.

1969   The Apollo Spacecraft: A Chronology, Volume I , NASA SP - 4009, Ivan D. Ertel, Mary Louise.

1973   The Apollo Spacecraft: A Chronology, Volume II , NASA SP - 4009, Mary L. Morse, Jean K. Bays.

1973   The Apollo Spacecraft: A Chronology, Volume III , NASA SP - 4009, Courtney G. Brooks, Ivan D. Ertel.

1977   On the Shoulders of Titans, A History of Project Gemini, NASA SP - 4203, Barton C. Hacker, James M. Grimwood.

1977   Skylab: A Chronology, NASA SP - 4011, Poland W. Newkirk, Ivan D. Ertel.

1978   The Apollo Spacecraft: A Chronology, Volume IV , NASA SP - 4009, Ivan D. Ertel, Roland W. Newkirk, Courtney G. Brooks.

1978   Moonport: A History of Apollo Launch Facilities and Operations, NASA SP - 4204, Charles D. Benson, William Barnaby Faherty.

1978   The Partnership: A History of the Apollo - Soyuz Test Project, NASA SP - 4209, Edwards C. Ezell, Linda N. Ezell.

1979   Chariots for Apollo, A History of Manned Lunar Spacecraft, NASA SP - 4205, Courtney G. Brooks, James M. Grimwood, Loyd S. Swenson Jr.

1980   States to Saturn, A Technical History of Apollo/Saturn Launch Vehicles, NASA SP - 4206, Roger E. Bilstein.

1983　Living and Working in Space: A History of Skylab, NASA SP - 4208, W. David Compton, Charles D. Benson.

1984　On the Frontier, Flight Research at Dryden 1946 - 1981, NASA SP - 43093, Richard P. Hallion.

1985　The Human Factor, Biomedicine in the Manned Space Program to 1980, NASA SP - 4213, John A. Pitts.

1988　NASA Historical Data Book, Volume Ⅰ: NASA Resources 1958 - 1968, NASA SP - 4012, Jane Van Nimens, Leonard C. Bruno, Robert L. Risholt.

1988　NASA Historical Data Book, Volume Ⅱ: Programs and Projects, 1969 - 1978, NASA SP - 4012, Linda N. Ezell.

1988　NASA Historical Data Book, Volume Ⅲ: Programs and Projects, 1958 - 1968, NASA SP - 4012, Linda N. Ezell.

1989　Where No Man Has Gone Before: A History of Apollo Lunar Exploration Missions, NASA SP - 4214, W. David Compton.

1993　Suddenly Tomorrow Came: A History of the Johnson Space Center, NASA SP - 4308, Henry C. Dethloff.

1994　NASA Historical Data Book, Volume Ⅳ: NASA Resources, 1969 - 1978, NASA SP - 4012, Ihor Y. Gawdiak, Helen Fedor.

1995　Exploring the Unknown: Selected Documents in the History of U. S. Civil Space Program, Volume Ⅰ, Organizing for Exploration, NASA SP - 4407, edited by John M. Logsdon.

1996　Exploring the Unknown: Selected Documents in the History of U. S. Civil Space Program, Volume Ⅱ, Relations with Other Organizations, NASA SP - 4407, edited by John M. Logsdon.

1997　Wingless Flight: The Body Story, NASA SP - 4220,

R. Dale Reed，Darlene Lister.

1998　Exploring the Unknown：Selected Documents in the History of U. S. Civil Space Program，Volume Ⅲ，Using Space，NASA SP‐4407，edited by John M. Logsdon.

1999　Exploring the Unknown：Selected Documents in the History of U. S. Civil Space Program，Volume Ⅳ，Accessing Space，NASA SP‐4407，edited by John M. Logsdon.

1999　Power to Explore：A History of the Marshall Spaceflight Center 1960‐1990，NASA SP‐4313，Andrew J. Dunar，Stephen P. Waring.

1999　The Space Shuttle Decision：NASA's Quest for a Reusable Space Vehicle，NASA SP‐4221，T. A. Heppenheimer.

2000　Challenge to Apollo：The Soviet Union and the Space Race，1945‐1974，NASA SP‐2000‐4408，Asif A. Siddiqi.

其他书籍

1974　Rescue in Space，Lifeboats for Astronauts and Cosmonauts，Erik Bergaust（G. P. Putnam's Sons，New York）.

2001　The X‐Planes，X1 to X45，Jay Miller（Midland Publishing，U. K.）.

2001　Space Shuttle：The History of the National Space Transportation System，the First 100 Missions，Dennis R. Jenkins（Midland Publishing，U. K.）.

Praxis **太空探索系列**
（与载人航天飞行历史相关的参考图书）

1999　Exploring the Moon：The Apollo Expeditions，David

M. Harland.

2000　Disasters and Accidents in Manned Spacefilght, David J. Shayler.

2000　Challenges of Human Space Exploration, Marsha Freeman.

2001　The Rocket Men: Vostok & Voskhod, the First Soviet Manned Spaceflights, Rex D. Hall, David J. Shayler.

2001　Skylab: America's Space Station, David J. Shayler.

2001　Gemini, Steps to the Moon, David J. Shayler.

2001　Project Mercury: NASA's First Manned Space Programme, John Catchpole.

2001　Russia in Space: The Failed Fronier? Brian Harvey.

2002　Apollo: The Lost and Forgotten Missions, David J. Shayler.

2002　Creating the International Space Station, David M. Harland, John E. Catchpole.

2002　The Continuing Story of the International Space Station, Peter bond.

2003　Europe's Space Programme: To Ariane and Beyond, Brian Harvey.

2003　Russian Spacesuits, Isaak P. Abramov and Å. Ingemar Skoog.

2003　Soyuz: A Universal Spacecraft, Rex D. Hall, David J. Shayler.

2004　Walking in Space, David J. Shayler.

2004　China's Space Program: From Conception to Manned Spaceflight, Brian Harvey.

2004　Lunar Exploration: Human Pioneers and Robotic Surveyors, Paolo Ulivi, David M. Harland.

2004　The Story of the Space Shuttle, David M. Harland.

2005　Russia's Cosmonauts, Inside the Yuri Gagarin Training Center，Rex D. Hall，David J. Shayler，Bert Vis.

2005 Women in Space：Following Valentina，David J. Shayler，Ian Moule.

2005 Marswalk One：First Steps on a New Planet，David J. Shayler，Andrew Salmon，Michael D. Shayler.

2005 Space Shuttle Columbia：Her Missions and Crews，Ben Evans.

2005 The Story of the Space Station Mir，David M. Harland.

2006 US Spacesuits，Kenneth S. Thomas，Harold J. McMann.

2006 Apollo：The Definitive Sourcebook，Richard W. Orloff，David M. Harland.

2007 NASA Scientist Astronauts，David J. Shayler，Colin Burgess.

2007 Praxis Manned Spaceflight Log，Tim Furniss，David J. Shayler with Michael D. Shayler.

2007 Soviet and Russian Lunar Exploration，Brian Harvey.

2007 Energiya – Buran：The Soviet Space Shuttle，Bart Hendrickx，Bert Vis.

2007 The Rebirth of the Russian Space Program：50 years after Spuinik，New Frontiers，Brian Harvey.

2007 On the Moon：The Apollo Journals，Grant Heiken，Eric Jones.

2007 Animals in Space：From Research Rockets to the Space Shuttle，Colin Burgess，Chris Dubbs.

2007 Lunar and Planetary Rovers：The Wheels of Apollo and the Quest for Mars，Anthony Young.

2007 Space Shuttle Challenger：Ten Journeys into the Unknown，Ben Evans.

2007 The First Men on the Moon：The Story of Apollo 11，David

M. Harland.

2007　The Story of Manned Space Stations：An Introduction，David M. Harland.

2008　How Apollo Flew to the Moon，W. David Woods.

网站

马克·韦德的航天大百科网址是 http：//www. astronautix. com/

缩略语

AA   上升异常中止
AA‑OSF   副局长‑航天飞行办公室
AAP   阿波罗应用计划（天空实验室）
ACM   姿态控制发动机
ACRV   确保乘员返回飞行器
AFB   空军基地
AFRSI   先进灵活可重复使用的表面绝缘
AGS   中止制导系统
AIAA   美国航空航天学会
AK   远地点发射
ALT   进场和着陆试验（航天飞机）
AOA   亚轨道故障返回
APU   辅助电源装置
ARD   异常中止区域测定装置
ARG   仿真救援服
ascan   备选航天员
ASIS   异常中止传感及实施系统
ASTP   阿波罗‑联盟试验项目
ATB   异常中止试验助推器
ATO   应急入轨
BP   试验样机
BPC   推进保护盖
BSLSS   "伙伴"辅助生命保障系统
CAIB   哥伦比号亚事故调查委员会

Capcom	舱通信设备
CB	NASA 航天员办公室，约翰逊航天中心，休斯顿，德克萨斯州
CEM	乘员逃逸舱
CEV	乘员探索飞行器
cg	重心
CLV	乘员运载火箭
CM RCS	指令舱反作用控制系统
CM	指令舱；乘员
CNES	法国国家航天中心
CSCS	应急航天飞机乘员支持
CSM	指令服务舱
CWC	应急水容器
DESFLOT	驱逐舰纵队（美国海军）
DoD	（美国）国防部
DOI	进入下降轨道
DOM	轨道机动发动机（俄罗斯）
EDS	应急探测系统
EGRESS	应急全球救援逃逸和生存系统
ELS	地球着陆系统
EMS	再入监控系统
ENCAP	密封舱
EO	紧急分离（俄罗斯）
EOM	任务终止
EST	美国东部夏令时
ET	外部贮箱
ETR	美国东部试验靶场，佛罗里达州
EVA	舱外活动
FCO	飞行控制官员

FCOD	飞行乘员操作指挥部（约翰逊航天中心）
FD	飞行日；飞行指挥仪/指挥官
FDO	飞行力学官员
FE	飞行师
FIRST	用于试验的可充气式再入结构制造
FSS	固定服务结构
FTA	飞行试验品
FTO	飞行试验办公室
GE	（美国）通用电气（公司）
GET	地面经历时间（从起飞开始计）
GNCS	制导、导航与控制系统
IAF	国际宇航联合会
ICTV	仪表化圆柱试验飞行器
IVA	舱内活动
JSC	约翰逊航天中心
KBOM	通用机械制造设计局（俄罗斯）
KSC	肯尼迪航天中心，佛罗里达州
LC	发射台
LES	发射再入航天服；发射逃逸系统
LM	洛克希德·马丁公司；登月舱
LOK	月球轨道飞船
LREE	升力再入
MCC	任务控制中心
MDF	轻度引爆信管
MDS	故障检测系统
MECO	主发动机停车
MET	模块化设备运输器
MIT	事故调查小组
MMT	任务管理团队

MOL	载人轨道实验室
MOOSE	空间简易逃逸系统
MOSES	载人轨道航天飞机逃逸系统
MPS	主推进系统
MS	任务专家
MSC	载人航天器中心，休斯顿
MV	返回机动（俄罗斯）
MWS	微型工作站
NAA	北美航空（北美罗克韦尔/罗克韦尔国际公司的前身）
NACA	（美国）国家航空咨询委员会
NASA	（美国）国家航空航天局
NIIKhSM	化学及建造机械科学研究所（俄罗斯）
OBPR	生物和物理研究办公室（NASA）
OFT	轨道飞行试验
OKB	设计局（俄罗斯）
OKP	航天员训练计划（俄罗斯）
OMS	轨道机动系统
OPF	轨道器处理设施（肯尼迪航天中心）
OPS	氧气管理系统
OT	轨道轨迹
OVEWG	轨道飞行器工程工作组
PA	发射前中断发射
PARD	无人驾驶飞机研究部门（NASA）
PCM	俯仰控制发动机
PDI	有动力下降启动
PEAP	航天员出舱空气包
PGNS	主要制导和导航系统
PLSS	便携式生保系统
PM	推进舱

POS   便携式氧气系统

PPA   飞行员保护组件

PRE   个人营救包

Prox ops   靠近操作

PTV   降落伞试验飞行器

RCC   强化碳-碳

RCS   反作用控制系统

RMS   遥机械臂系统

ROCAT   火箭弹射装置

RSLS   冗余装置发射定序器

RTLS   返回发射场（任务中止）

SCRAM   空间站乘员返回舱（美国救生飞船方案之一）

Scuba   自携式潜水呼吸器

SLF   航天飞机着陆设施（肯尼迪航天中心）

SOPE   模拟发射台外弹射

SPS   服务推进系统

SRB   固体火箭助推器

SSME   航天飞机主发动机

STG   空间任务组

STS   空间运输系统

TAL   定向中止着陆

TEI   进入飞向地球的轨道

TKS   运输补给船（俄罗斯）

TMA   运输、改进、适于人体测量学的

TsPK   航天员训练中心，莫斯科（联盟号）

TVC   推力矢量控制

USAF   美国空军

VA   返回装置

VAB   运载火箭总装大楼

VHF	甚高频
VTOL	垂直起降
WETF	失重环境训练设施
WSMR	白沙导弹靶场（美国）